黄河三门峡库区
越冬大天鹅研究

洪剑明　谢文燕　孔德生 ⊙ 著

中国林业出版社
China Forestry Publishing House

图书在版编目（CIP）数据

黄河三门峡库区越冬大天鹅研究 / 洪剑明，谢文燕，孔德生著 .
-- 北京：中国林业出版社，2022.8

ISBN 978-7-5219-1610-2

Ⅰ . ①黄… Ⅱ . ①洪… ②谢… ③孔… Ⅲ . ①黄河—水库—越冬性
—天鹅—研究—三门峡 Ⅳ . ① Q959.7

中国版本图书馆 CIP 数据核字（2022）第 047320 号

中国林业出版社·建筑家居分社

责任编辑：王思源　李　顺　　　　　　　　　　电话：（010）83143573

出版发行：中国林业出版社（100009　北京市西城区刘海胡同 7 号）
网　　站：http://www.forestry.gov.cn/lycb.html
印　　刷：北京中科印刷有限公司
版　　次：2022 年 8 月第 1 版
印　　次：2022 年 8 月第 1 次
开　　本：787mm×1092mm　1/16
印　　张：16.75
字　　数：330 千字
定　　价：98.00 元

前 言

　　2010 年，三门峡市被中国野生动物保护协会授予"中国大天鹅之乡"的荣誉称号。为了建设好依托三门峡库区的大天鹅越冬地，提高黄河流域生态环境质量，留住更多大天鹅，2014 年 2 月开始，首都师范大学与三门峡市天鹅湖国家城市湿地公园（以下简称"三门峡天鹅湖"）合作，采取了历史资料查询、现场实验、实地调查、实验室分析和 3S 技术相结合的研究方法，从越冬大天鹅的行为、食性、种群动态和栖息地评价与恢复 5 个方面开展了研究。

　　经调查记录到三门峡天鹅湖共有植物 4 门 74 科 173 属 247 种，分属 21 个主要群落类型。大天鹅在三门峡天鹅湖的日间行为分配规律研究表明，大天鹅在越冬期间游动（32.12%）行为占比例最大，其次是睡觉（25.03%）和取食（15.73%）行为，与笼养大天鹅行为分配规律研究结果有较大差异。

　　对湿地公园和库区大天鹅食性研究表明，大天鹅偏爱植物的叶和茎，也取食果实、种子和根，其中在三门峡库区取食最多的是小麦、玉米，对芦苇、稗、苍耳、牵牛和莲也有一定的取食量。对越冬笼养大天鹅日食量与能量代谢的研究表明，每只成鹅日均食用 0.278 kg 玉米，吸收 477.6 kcal 热量，每只幼鹅日均食用 0.172 kg 玉米，吸收 308.87 kcal 热量，越冬期成年大天鹅的摄食量和消化能均高于幼鹅。

　　2016 年 11 月—2018 年 12 月 3 个秋冬季，对三门峡天鹅湖和黄河公园湖水进行取样监测表明，青龙湖常年为劣 V 类水，苍龙湖水质在气温较低的 2、3 月份可达到 Ⅳ 类水；青龙湖天鹅数量与总磷、总氮有显著相关性，是影响水质的重要因素。浮游植物密度和功能群显示，两湖均为富营养型水体，苍龙湖因水生植物较多，具有一定自净能力，天鹅数量相对较少，富营养程度较轻。黄河公园水质相对较好，主要问题为总氮超标，应控制天鹅数量，通过人工湿地循环净化湖水。

　　通过对三门峡库区东起河南三门峡市王官村，西至山西芮城县圣天湖的河流及沿岸连续 5 年实地调查发现，三门峡库区越冬大天鹅栖息地主要有王官白天鹅保护区、三门峡天鹅湖、三湾大天鹅景区、北村湿地、北营湿地、车村湿地、圣天湖湿地等。

通过对三门峡库区大天鹅主要栖息地调查发现，大天鹅栖息地类型主要有浅水河流、浅水湖泊、滩涂、农田小麦地等。

对三门峡库区大天鹅的种群动态（连续 4 个冬季）、三门峡库区越冬大天鹅成幼组成（连续 3 个冬季）和家庭群特征（2016 年和 2018 年冬季）研究显示，库区越冬大天鹅种群数量年平均值（7 872 ± 1 569）只，2015—2017 年冬季稳步上升，2018 年冬季略有回落，但总体稳定。数量最大值出现在 2017 年冬季越冬期 12 月，为 9 643 只，数量最少年份为 2015 冬季越冬期，最大值为 5 830 只（受年初禽流感影响）。天鹅湖大天鹅种群数量最大，为（3 790 ± 326）只，且每年数量较稳定。

越冬大天鹅成幼组成和家庭群特征研究显示，夏季繁殖地气候条件好，营养充足，大天鹅拥有更多的能量与营养，使窝卵数增加，幼鹅孵化成功率增加。三门峡库区对大天鹅越冬期的食物补充也使大天鹅有足够的能量飞回繁殖地进行生殖活动，育幼成本降低使大天鹅双亲可以抚育更多幼鸟。

大天鹅越冬栖息地适宜性评价和栖息地选择研究表明大天鹅在越冬期多选择周边食物丰富、远离干扰源的宽阔水域，或者靠近宽阔水域且地势较低的沼泽、滩涂湿地。结合 GIS 空间分析和 K-means 聚类分析得到，库区最适栖息地有三门峡天鹅湖、圣天湖风景、三湾大天鹅风景区、库区黄河北村北营车村段和王官段，后两处基本处于自然状态，需要加强对这些栖息地的保护和修复。对三门峡天鹅湖适宜性评价显示，大天鹅主要适宜栖息地为开阔水面，与实地调查记录的天鹅在公园主要选择栖息于浅滩及周围水域和开阔水面的结果相似但不完全相同，主要原因是浅滩上人为投食对天鹅有较强吸引力，使大天鹅较多选择到浅滩及附近栖息。

根据前期研究获得的大天鹅适宜越冬栖息地环境条件，特别是三门峡库区大天鹅越冬栖息地适宜性评价的研究结果，结合湿地修复和水鸟栖息地构建等技术，从地形、水文、植被多方面对天鹅湖开展了大天鹅栖息地生境优化研究，并对库区大天鹅越冬栖息地修复提出了一系列的建议和相配套的技术方案。

通过以上研究，天鹅湖缺少觅食和休憩场所的情况得到明显改善，苍龙湖天鹅数量由过去百余只，增加到 2018 年冬季近千只，提高了苍龙湖天鹅承载力。栖息地修复使三门峡成为全国当之无愧的大天鹅最大越冬栖息地，带动了全市生态文明建设和旅游业发展，吸引了周边多个城市来学习借鉴。

为避免三门峡天鹅湖天鹅数量过于集中造成水质下降和禽流感发生的风险，项目组结合已开展的库区天鹅栖息地选择和栖息地适宜性评价研究成果，详细调研和分析了目前库区大天鹅越冬栖息地保护中存在的问题，提出重点修复包括王官、北营到车村、灵宝老城渡口三处库区大天鹅野外自然栖息地的建议和技术措施，实施效果显著，为提高整个三门峡库区的越冬大天鹅承载力提供了技术支撑。

2014 年，在为三门峡天鹅湖清淤和天鹅越冬栖息地修复提出技术方案的同时，选择黄河公园作为应用栖息地恢复技术构建大天鹅栖息地和开展招引的目的地，并提出两套技术方案。经比较后选择了利用黄河公园现有湖中的 100 亩[*] 水面，将现有湖心岛高程降低，形成缓坡入水，便于天鹅上岸，同时扩大小岛面积，在岛上种植小麦，为大天鹅提供部分食物。在湖心岛附近增加浅滩浅水区，周边和浅水区补种天鹅喜食的野生植物和莲藕等，作为大天鹅栖息地构建和大天鹅招引的首个实施项目。

通过地形整理、水文调控、食物链构建等措施，成功实现了黄河公园大天鹅的生态招引和种群数量逐年增加，最多时达到了 600 余只。在监测同时开展了栖息地评价，评价结果显示，天鹅出现概率较高区域集中在湖心岛周围浅滩区和水面，体现了食物、水位和安全三原则，与实际监测结果相符。因夜晚静园后安全性高，黄河公园还成了大天鹅重要的夜栖地之一。该项目不仅成了人与自然和谐共生的生态修复案例，而且对库区其他栖息地修复和大天鹅在整个黄河中下游的合理分布具有指导意义。

黄河三门峡库区越冬大天鹅研究的开展，为进一步优化黄河流域的生态环境质量，改善野生动物的栖息地条件，提高流域的生态环境容量和生物多样性，实现人与自然和谐共生奠定了基础。项目实施对周边地市起到了示范引领作用，带动了沿黄河各省市生态旅游发展，使黄河更好地造福两岸人民，向着实现习近平总书记提出的黄河流域高质量发展迈进了一步。项目所形成的栖息地选择研究方法和栖息地修复技术，也已在黄河沿线的河南、山西、陕西等省，以及黑龙江扎龙、河北张家口等地的水鸟栖息地研究和构建中应用并取得成效。为使项目成果更好地惠及湿地保护修复事业，实现中央提出保护优先，自然恢复为主的生态修复方针，现将研究成果整理成书出版，以满足全社会对生态保护修复技术的需求。

时光飞逝，从 2014 年三门峡库区越冬大天鹅研究启动至今已有 8 年。课题开展期间，得到了三门峡市林业和园林局的大力支持，三门峡市天鹅湖国家城市湿地公园的李云锋、高如意、茹文东等领导高度重视，为研究工作开展创造了良好的条件；研究生牛童、张健、吴渊、于海龙、刘亚东、司世杰、杜博、孙浩、鲁照阳、张有强等同学参加不同时期的工作，为课题圆满完成做出了贡献；雷富民、马鸣、张正旺、张国钢、陈卫、杜桂森、胡东等专家对课题开展给予了多方面的指导。在此，一并向为课题付出辛勤劳动的所有人员表示衷心感谢。

洪剑明

2022.01

---

* 1 亩 =1/15 公顷（hm²），下同。

目 录

第1章
天鹅文化

1.1 中国古代天鹅文化

从古至今，从中国至世界，天鹅都一直为人所熟知和歌颂。白天鹅外表洁白美丽，寓意感情忠贞不渝，其气质高贵，勇敢坚强，承载了丰富多彩的意象，也因此受到人们的尊敬和赞美。

在古代中国，人们对天鹅的称呼有多种，如鹄、鸿、鹤、鸿鹄、黄鹄、黄鹤等。白天鹅以其洁白的外表和高贵的气质，被人们赋予很多种意象。创作于战国时期的《庄子·外篇·天运》有云："夫鹄不日浴而白，乌不日黔而黑；黑白之朴，不足以为辩"，表明白天鹅羽毛天然的洁白无瑕。在《楚辞》里，屈原对天鹅飞得高远表现出极度的赞美，如《楚辞·卜居》中"宁与黄鹄比翼乎，将与鸡鹜争食乎？"《楚辞·惜誓》中"黄鹄之一举兮，知山川之纡曲。再举兮，睹天地之圆方"，等等。天鹅还常被古人用来比喻远大的志向，《吕氏春秋·士容》有云："夫骥骜之气，鸿鹄之志，有谕乎人心者，诚也。"《史记·陈涉世家》有言："嗟呼，燕雀安知鸿鹄之志哉！"天鹅也用来比喻有才干的人，汉高祖刘邦的《鸿鹄歌》唱道"鸿鹄高飞，一举千里。羽翮已就，横绝四海。横绝四海，当可奈何？虽有矰缴，尚安所施？"

此外，还有许多古籍诗词中也出现有天鹅。司马相如《子虚赋》中"于是乃相与獠于蕙圃，婴姗勃窣，上乎金堤。撑翡翠，射鳦鸃。微矰出，孅缴施。弋白鹄，连駕鹅。双鸧下，玄鹤加。"的"白鹄"指的就是天鹅。唐代王维的诗《双黄鹄歌送别》中"天路来兮双黄鹄，云上飞兮水上宿，抚翼和鸣整羽族"的"黄鹄"；李白诗《张相公出镇荆州寻除太子詹事余时流夜郎》中"鸿鹄复矫翼，凤凰忆故池"的"鸿鹄"；李贺诗《昌谷诗》中"晚鳞自遨游，瘦鹄暝单跱"的"鹄"；李煜诗《句》中"九重开扇鹄，四牖炳灯鱼"的"鹄"等等，均描述天鹅。在不同的诗词意境中天鹅被赋予了不同的意象，这也说明了天鹅为古人所熟悉和喜爱。然而，最早出现"天鹅"一词可能是唐朝诗人李商隐的《镜槛》："拔弦惊火凤，交扇拂天鹅，"表达了作者对诗人李贺作品的赞美，称赞其诗作可惊火凤，可拂天鹅。

1.2 中国现代天鹅文化

今天在我国主要有四种天鹅，大天鹅（*Cygnus cygnus*）、小天鹅（*Cygnus columbianus*）、疣鼻天鹅（*Cygnus olor*）、黑天鹅（*Cygnus atratus*），全国大部分地区可以见到它们的身影。新疆和黑龙江地区是大天鹅在我国的主要繁殖地，因此，大天鹅成为新疆维吾尔自治区的区鸟。随着大天鹅在黄河中游越冬数量逐年增多，三门峡市于2015年将大天鹅定为市鸟。由于人们对野生动物和自然环境的保护越来越重视，更多惹人喜爱的大天鹅出现在人们的视野。

我国还保留着很多与大天鹅有关的传统文化及神话传说。与天鹅文化有关的民族有满族、蒙古族、哈萨克族和鄂温克族等。

满族人信仰的萨满教提倡万物有灵性和自然的生活，满族人崇拜白色，认为那是高贵、圣洁的象征，也代表着好运气。工艺品制造方面，满族人制造的青铜器和碾玉作品有很多是以天鹅为主题的。风俗民情方面，满族人的订婚仪式上，男方要在女方头上插一枝洁白的天鹅羽毛，代表着他们的婚姻是圣洁的。文学方面，深受乾隆皇帝喜爱的诗篇《海东青拿天鹅》广为流传，描绘的是天鹅与矛隼搏斗的场景。

我国内蒙古自治区的陈巴尔虎旗居住着巴尔虎人，他们的祖先布里亚特蒙古人曾在贝加尔湖畔生活，那里有很多天鹅。巴尔虎人崇拜天鹅图腾，如《霍里土默特与霍里岱墨尔根》，作品标明是两个人，但只是讲了霍里土默特的故事。单身青年霍里土默特在贝加尔湖畔漫游时，看到九只天鹅化为仙女在湖中洗澡，他将一只天鹅的羽衣偷来潜身躲藏。浴毕，八只天鹅身着羽衣飞去，留下一只作了他的妻子。仙女为霍里土默特生下十一个儿子后，巧妙拿回羽衣，变成天鹅展翅飞走。天鹅化作女子与青年霍里土默特婚配生子繁衍成为霍里、巴尔虎等布里亚特部族，从而天鹅被认定是这些部族的始祖母。布里亚特蒙古萨满在举行宗教仪式时，开始便要吟唱"天鹅祖先、桦树神杆"的颂诗。当春季天鹅北归凌空翱翔时，巴尔虎和布里亚特人便要以洁白的鲜奶祭洒以示祝福。

哈萨克族是我国的少数民族之一，在我国主要分布于新疆维吾尔自治区。哈萨克族崇拜天鹅图腾由来已久，族间流传着很多关于白天鹅的传说。《新疆哈萨克族舞蹈天鹅形象的文化阐释》中记载最有名的就是关于哈萨克族起源的传说。远古时，有一位名叫卡勒恰·哈德尔的首领，深受人们的拥护和爱戴。后来，在一次远征中因战争失利被困在戈壁滩，奄奄一息之际，天上飞来一只白色雌天鹅。它给了卡勒恰·哈德尔几滴口涎，救了他的性命。突然，白色的雌天鹅化为一位美丽少女，于是两人结合，生下一个男孩，取名哈萨克，意即"白天鹅"。后来，哈萨克生下三个儿子，他们的后裔分别为哈萨克族的大、中、小玉兹（玉兹，相当于地域性的部落联盟）。类似的记载在我国的《周书·突厥传》、苏联史学家夏克仁的《哈萨克的历史世系部落》中均有出现。天鹅图腾承载的是哈萨克人对始祖母的信仰观念，象征着真善美的价值观念和道德内涵，因此，天鹅被哈萨克人尊崇为神。还有关于天鹅至死不渝的爱情传说，以及据此制作了天鹅形象的库布孜乐器。在宗教信仰方面，哈萨克族的萨满巫师每次法事活动，都要穿戴天鹅样式的服装，用库布孜演奏，以此表现他们能够与神灵沟通，为祈求人们幸福。此外，哈萨克族还有很多模仿动物的舞蹈，最具代表性的是《天鹅舞》，女演员用柔美与优雅的舞姿，表现人们内心对美好对象的向往。

鄂温克族是跨越中国、俄罗斯居住的跨界民族，在我国主要分布在内蒙古自治区。鄂温克族也崇拜天鹅图腾。传说古代失散的鄂温克军队根据天鹅的飞行方向找到了聚居地。因此创造了一种新颖、别致的鄂温克族民间舞蹈《天鹅舞》，以表达对天鹅和大自然的热爱。

1.3 国外天鹅文化

天鹅的文化内涵丰富，为人们所喜爱和传颂。人们也对天鹅研究兴趣浓厚，并留下了诸多研究资料。古希腊文明中关于天鹅的描述和记载较多，如亚里士多德的《动物志》中记载了天鹅的习性和行为，还对天鹅的形态构造解剖、消化排泄系统作用等进行了对比研究；《埃里安》《雅典那俄》的《群鸟》中记载了天鹅勇猛而不失原则的特点，"倘鸷鹰袭击它们（天鹅），它们会加以还击，并力能制胜。但它们从不先行侵犯它鸟"；《希腊鸟谱》中对于天鹅临终的鸣叫有生动的描述，"天鹅知音能鸣，而只在临终时刻才作生命的哀歌，将死的天鹅必飞向海上，航行经过利比亚海外的人们常听到许多天鹅唱着悲凉的丧曲，目睹其中有些曲终时便葬身大海"。在西方文化中，人们将文人的临终绝笔称为"天鹅绝唱"（Swan song）就是来源于此。在古希腊神话中，天鹅被赋予神圣的意象，众神之王宙斯化身成为天鹅与斯巴达王妃丽达私通，丽达生下两枚蛋，四个孩子，其中一对男孩儿成为"双子座"（卡斯托和普乐克斯），另一对女孩儿成为引发特洛伊战争的倾国美女海伦和克吕泰墨斯特拉。

人类发现最早关于天鹅的记载可能是旧石器时代的克鲁马努人所为。在俄罗斯北部的克鲁马努人山洞遗迹中，人们发现了大天鹅形象的壁画，时间追溯到公元前18 000年。古往今来，每年春季有数十万只天鹅到俄罗斯的西伯利亚地区繁殖。俄罗斯人喜爱天鹅，在其古代的北方罗斯文化中，天鹅被认为是"神圣之鸟""生命之鸟"。宗教信仰方面，俄罗斯文化受到东正教的影响，人们认为天鹅是"神圣""纯洁"的象征。风俗习惯方面，由于天鹅的"终身伴侣制"，俄罗斯人将天鹅视为对爱情忠贞的象征，普希金的童话诗《沙皇萨尔坦的故事》中描述了一位美丽的天鹅公主帮助受到陷害的王子夺回王位的故事；此外，关于天鹅的文学作品还有克雷洛夫的寓言故事《天鹅，鱼狗和虾》，象征派诗人康斯坦丁·巴尔蒙特的诗歌《白天鹅》等等。艺术创作方面，柴可夫斯基谱曲的芭蕾舞《天鹅湖》家喻户晓，这部芭蕾舞剧中将天鹅的纯洁形象以及对爱情忠贞不渝的象征体现得淋漓尽致；米哈伊尔·弗鲁别利的代表绘画作品《天鹅公主》根据普希金的《沙皇萨尔坦的故事》创作，表现天鹅洁白高贵的形象特征；著名歌手谢尔盖·柳巴温创作的《白天鹅》，不仅歌颂了天鹅的纯洁高贵，也成了俄罗斯脍炙人口的歌曲。

在挪威的神话故事中，世界之树（枝干构成了整个世界，有三条分别延伸至地狱、人间和天堂的根系）深入天堂的根系附近有一眼圣泉，名为兀儿德之泉。这眼泉水是由掌管人类过去的女神兀儿德（位列掌管人类过去、现在、未来的三女神之首）的名字命名的，兀儿德的职责就是用兀儿德之泉的泉水浇灌世界之树，有两只白色的大天鹅在这树根附近游泳嬉戏。这兀儿德之泉太神圣也太纯净以至于任何接触到这眼泉水的物体都会变得洁白的如同蛋壳里的薄膜。神话故事中，这就是大天鹅纯白色的由来，也是大天鹅成为其他天鹅祖先的原因。挪威的一些文学作品中，大多把天鹅比作美丽的女子，如诗歌 *Volundarkvida* 和 *the Lay of Volund*，散文 *Edda* 等。

在爱尔兰的传说中，天鹅往往成为美丽的公主被施以妖术幻化作的对象，比如《李尔的孩子们》《追求艾泰恩》等作品。为了纪念爱尔兰成为欧盟轮值主席国，他们专门印制发行了带有天鹅图案的纪念币。天鹅也经常出现在爱尔兰的文学作品中，比如威廉·巴特勒·叶芝的诗歌《库利的野天鹅》着重描写了天鹅的迷人特点。

在芬兰的民族史诗《卡勒瓦拉》中，天鹅生活在图内拉的图奥尼河，这是亡者的地下王国，因此，无论什么人杀死一只天鹅他也会立刻死亡。世界著名作曲家让·西贝柳斯的交响曲《图内拉的天鹅》就是据此创作的。今天，北欧五国的标志是一只拥有八根翎羽在空中飞翔的天鹅（图1.1），分别代表了北欧五国及三个自治领土。

此外，北欧五国中，芬兰的国鸟是大天鹅，丹麦的国鸟是疣鼻天鹅。

图 1.1　北欧五国标志

在拉丁美洲的文化中，被尊称为"诗圣"的尼加拉瓜诗人鲁文·达里奥把天鹅奉为艺术的灵感，他追求"纯粹的美"，认为天鹅是美的象征，并因此被称为"天鹅诗人"。在印度，天鹅被认为是爱、高贵、团结、纯洁、美丽、梦想、平衡的象征，倍受人们尊重。天鹅也被比喻为圣洁的人，出淤泥而不染，就像天鹅在水中但不会沾湿自己的羽毛。印度教中的辩才女神萨拉斯沃蒂的坐骑就是一只天鹅，传说这只天鹅是"辨别力"象征，它能够审慎辨别善与恶，永恒与短暂。在印度《吠陀经》中有记载，天鹅夏季生活在我国藏族的神湖玛旁雍错，冬季迁徙至印度的湖泊。在日本，天鹅被认为是传递人间美好心愿的"神鸟"。它们从天而来，又回到天上去。这传达着上苍的旨意，因此，天鹅被赋予了"希望"和"生机"，人们产生对天鹅神秘、眷恋、奢求、缅怀的感情。公元 1051—1062 年战乱期间，人们向天鹅祈求保护，期望神灵赐予人们白鸟般的勇气和力量。结果，如愿以偿，叛军被消灭。后来，人们建立了很多供奉和祭拜天鹅的神社。

除此之外，还有很多关于天鹅的世界闻名的古典音乐、舞蹈、童话故事、绘画等作品。比如奥地利音乐家舒伯特创作的《天鹅之歌》、俄罗斯芭蕾舞剧《天鹅湖》、法国作曲家圣桑的大提琴曲《天鹅之死》、丹麦作家安徒生创作的《丑小鸭》、意大利画家达·芬奇的油画《丽达与天鹅》等等。英国大文豪莎士比亚的雅号是"艾冯的天鹅"（因其故乡位于艾冯河畔而得名）。世界地图上还有很多以天鹅命名的著名地区，比如英国的威尔士大港斯旺西，澳大利亚的斯旺角等等。

第**2**章
国内外天鹅研究进展

　　天鹅隶属鸟纲雁形目鸭科天鹅属。全世界的天鹅种类有 6 种,北半球有 4 种:包括主要分布于欧亚大陆的疣鼻天鹅、大天鹅、小天鹅,以及主要分布在北美洲的黑嘴天鹅(*Cygnus buccinator*);南半球有 2 种:包括原产于澳大利亚的黑天鹅,以及主要分布于南美洲的黑颈天鹅(*Cygnus melancoryphus*)。北半球天鹅均为洁白色,故统称为白天鹅。在我国最常见的为大天鹅、小天鹅和疣鼻天鹅。

2.1　天鹅物种简介

2.1.1　大天鹅
学　　名:*Cygnus cygnus*
别　　名:咳声天鹅、鹄
英文名:Whooper Swan
形态特征:大天鹅属于大型游禽,体长120~160 cm,体重 7~12 kg。全身洁白,喙基黄色,喙端黑色。雌雄同色,体型雌性略小于雄性。虹膜暗褐色,喙黑色,上喙基部黄色,此黄斑沿两侧向前延伸至鼻孔之下,形成一喇叭形。跗跖、蹼、爪都是黑色。幼鸟全身灰褐色,头和颈部较暗,下体、尾和飞羽较淡,喙基部淡

图 2.1　大天鹅

黄色，喙端黑色（图 2.1）。

生活习性： 广泛分布于泰加林和桦木林带附近的沼泽低地、河流三角洲、山间积水盆地。喜在水草丰茂的浅水湖泊和流动缓慢的河流中活动。植被有芦苇、苔草、多种沉水植物和浮游藻类。冬季亦见于浅水水塘、河流、海滩和开阔农田地带。性喜集群，警惕性高。主要以水生植物叶、茎、种子和根茎为食。

大天鹅 4 龄时性成熟。1 龄亚成体经过夏季换羽脱去灰色羽毛，变成与成体相同的洁白羽毛。到第四个冬季开始配对，并不一定参加繁殖。大天鹅配对在冬季或春季迁徙路上形成，结合较固定，如无配偶死亡，可维持一生。5~6 龄的配对繁殖，往往由于经验不足，成功率低。大天鹅通常营巢开始于到达繁殖地 2 周内，边筑巢边产卵，经过 30~40 d 孵化出幼鸟。孵化期间，由雌性大天鹅单独完成孵化，雄性大天鹅站在旁边警戒。大天鹅的寿命可达 20~30 年。

大天鹅 9 月中下旬开始离开繁殖地往越冬地迁徙，10 月下旬—11 月初到达越冬地。翌年 2 月末 3 月初又离开越冬地往繁殖地迁徙，3 月末 4 月初到达繁殖地。迁徙时常成 6~20 只的小群或家族群迁飞。飞行高度一般为 50~400 m，队列整齐，常成"一"字形、"人"字形和"V"字形。通常边飞边鸣，鸣声响亮而单调，有似"ho-ho-"或"hour-"的喇叭声音。迁徙多沿湖泊、河流等水域地区进行，沿途不断停息和觅食，因此迁徙持续时间较长。

分布范围： 大天鹅繁殖在冰岛和欧亚大陆北部，从斯堪的纳维亚半岛经芬兰、俄罗斯北部，一直到库页岛，包括我国西北和东北地区。越冬在英国、欧洲西北部、地中海、里海沿岸地区以及印度北部、朝鲜、日本和我国。在我国主要繁殖地在新疆、内蒙古和东北地区，越冬地在山东沿海、黄河和长江中下游以及东南沿海和台湾地区。现大天鹅主要越冬地在青海湖、山东荣成、河南三门峡、山西平陆、陕西榆林等地。

2.1.2 小天鹅

学　　名： *Cygnus columbianus*

英 文 名： Tundra Swan

形态特征： 大型游禽，体长 110~135 cm。全身洁白，喙端黑色，喙基黄色，外形与大天鹅相似，但体型明显较大天鹅小，颈和喙亦较大天鹅短，喙上黑斑大，黄斑小，黄斑仅限于喙基两侧，沿喙缘不前伸于鼻孔以下。雌雄同色，成鸟全身羽毛白色，仅头顶至枕部常略沾棕黄色（图 2.2）。幼鸟全身淡灰褐色，喙基粉红色，喙端黑色。

图 2.2　小天鹅

生活习性： 繁殖期主要栖息于开阔的湖泊、水塘、沼泽、水流缓慢的河流和邻近的田园低地和苔原沼泽地上，冬季主要栖息在多芦苇、蒲草和其他水生植物的大型湖泊、水库、水塘与河湾地方，也出现在湿草地和水淹平原、沼泽、海滩及河口地带，主要取食水生植物的叶、根、茎和种子，也吃少量谷物、种子、螺类、软体动物、水生昆虫和其他小型水生动物。

分布范围： 繁殖于欧亚大陆和北美洲北部，越冬在欧洲、亚洲和美洲中部。在我国属于冬候鸟，越冬在长江中下游、东南沿海和台湾地区。小天鹅有 3 种亚种分化，包括俄罗斯亚种、指名亚种以及东北亚亚种。

2.1.3 疣鼻天鹅

学　　名： *Cygnus olor*

别　　名： 瘤鼻天鹅、哑（声）天鹅、赤嘴天鹅、瘤鹄、鹄

英 文 名： Mute Swan，White Swan，Polish Swan

形态特征： 疣鼻天鹅是天鹅中体型最大的一种，体长 130~155 cm，雄性体重可达 15 kg。成体通体白色，喙红色或橘红色，前额具黑色疣突（图 2.3）。喙缘、鼻孔周围及眼先为黑色，爪、跗跖、蹼均为黑色。虹膜红棕色。雌雄同色。雌性体形略小，黑色疣突不明显。亚成体眼先及喙基黑色，喙灰紫色；全身绒灰色或污白色，颈侧时有沾棕黄色。游水时颈部呈优雅的"S"形，鸣叫如鼻息声嘶哑。

图 2.3　疣鼻天鹅

生活习性： 疣鼻天鹅常在温带沼泽、河流湖泊中觅食和栖息，喜好洁净而杂草丰盛的溪流，非繁殖季节也出现在咸或盐水之中。也经常在人口密集的城市水域内繁殖和栖息，成为依赖人类提供食物的半野生种群。疣鼻天鹅主要取食植物的水下部分，包括水草的根、茎、叶、芽和种子，如大叶藻、眼子菜、浮萍、狐尾藻和其他藻类，偶尔取食两栖类、蠕虫、软体动物、钩虾、昆虫等。同时还在稻田、草地取食作物和牧草。

分布范围： 主要繁殖在瑞典、丹麦、德国北部、波兰、俄罗斯、伊朗、阿富汗、蒙古和我国新疆中部及北部、青海柴达木盆地、甘肃西北部和内蒙古。越冬地在非洲北部、地中海东部、黑海、印度北部、朝鲜、日本和我国长江中下游、东南沿海和台湾地区。迁徙时经过东北、华北和山东部分地区。目前已被引入北美、澳大利亚和新西兰等地。

2.2　大天鹅形态与生理特征

大天鹅体型较大，雌雄成体型态特征较为相似，雌性体型与雄性相比略小。幼体羽毛呈灰褐色，头顶颜色较深。大天鹅幼体孵出当年冬季，羽色以各自不同的速率逐渐变白，至春季仍较难进行野外识别，喙部颜色由粉白色变至淡黄色，至次年冬季其喙部颜色类似成鸟，但黄色可能稍浅于成鸟（Kear，2005）。

马勇等（1991）使用电镜对大天鹅的卵壳进行扫描后发现：大天鹅卵壳的纵向切面明显呈现出 4 层结构，其卵壳厚度为（685±21.96）μm。范光丽等（1995）观察并解剖了一只已经成年的雌性大天鹅，发现大天鹅胸骨与家鹅胸骨相似，胸骨均较宽。程会昌等（1994）对大天鹅气管部位解剖研究，发现龙骨形成向前开口的腔，气管在龙骨腔内形成一"U"形的袢，与黑颈鹤（*Grus nigricollis*）、丹顶鹤（*Grus japonensis*）气管在龙骨腔内形成的"乙"状弯曲有着明显的差异。孙晓（2012）通过对大天鹅消化系统的形态组织学研究发现：大天鹅舌根的 2 个后角均有 1 个十分突出的角质栉状突，2 个主要栉状突之间还存在很多小一些的栉状突，食管下部没有形成真正的嗉囊，仅在相当于食谷和食鱼鸟类的嗉囊部位生长一段比前段食管扩大 3 倍左右，长 10 cm 的"嗉囊"，其贮存和软化食物的功能不甚发达。大天鹅消化道肌层排列顺序为食管、肌胃、十二指肠、空回肠、直肠（内环外纵肌）、腺胃、盲肠（内纵外环肌）。大天鹅肠道长度为身体长度的 2.5 倍，其盲肠具有免疫、消化、吸收功能。

2.3　栖息地环境

栖息地选择是生态学研究中经常涉及的问题，也是鸟类生态学研究的热点问题（战永佳等，2011）。它是指动物对居住场所类型的选择或偏好，所有动物都只能生活在一定的环境空间内（尚玉昌，1987）。在实际应用中，可以掌握栖息地变量与鸟类之间的关系，从而预测鸟类对人工或自然栖息地变化的反应，也可以采取适当的管理措施来增加和减少鸟类的数量（楚国忠和郑光美，1993）。对于鸟类栖息地的选择，国内外多集中于空间尺度（Bergin，1992；Miller and Hurst，1999；徐基良等，2006）、时间尺度、栖息地（Smith *et al.*，1982；Gabberta *et al.*，1999）和繁殖（Badyaev，1995）这几个方面。

大天鹅的繁殖栖息地类型较为多样，如靠近浅水湖泊或池塘的陆地（常位于小岛之上）、植被茂密的沼泽地带。在冰岛，大天鹅常选择低地农田沼泽、高地池塘与沼泽，以及海拔高达 700 m 的冰碛湖作为其营巢地带（Gardarsson and Skarphedisson，1984；Rees et al.，1991；Einarsson，1996）。在斯堪的纳维亚半岛与俄罗斯，大天鹅常于树林（包括针叶林）环绕的沼泽湿地与水塘繁殖，亦选择栖息于草原上芦苇环绕的湖泊（Cramp and Simmons，1977）。随着气候变暖，其繁殖区域曾向北推移至苔原地带，目前仅在西伯利亚极圈南部繁殖（Syroechkovski，2002）。非繁殖个体分群栖息于湖泊、河道或海湾中。而河口三角洲和避风港湾则常被用作其迁徙途中的停歇位点。

大天鹅越冬生境包括淡水湖泊与沼泽、咸水潟湖及海湾（Owen et al.，1986），开阔水面为更安全的栖息地。过去 30 年间，观测到越来越多的大天鹅开始利用欧洲西北部农田作为其越冬栖息地。

井长林等（1992）通过观察与研究发现，大天鹅在新疆巴音布鲁克越冬时，只在泉眼多的区域和非冰冻河段活动，其各自的家族群体占据了自己的泉区（领地）。通过对新疆巴因布鲁克地区大天鹅繁殖期生境选择的研究，发现影响大天鹅巢址选择的三种生境因子是：水深、植被高度与周围环境安全水平。对于育雏时期的大天鹅来说，对沼泽和湿地的选择是积极的，而远离草地。影响栖息地选择的两个最重要因素是干扰源的距离和安全水平（董超等，2013）。Helen and Chris（2001）对苏格兰疣鼻天鹅和小天鹅栖息地选择的研究发现，农作物类型（油菜籽）是影响疣鼻天鹅和小天鹅栖息地选择的主要因素。黄慧敏等（2013）通过研究洞庭湖越冬小天鹅栖息地选择，发现小天鹅在冬季生境选择的因子是隐蔽物、人为干扰程度、与水源（水面和湿地）距离、与取食地距离，其中人类干扰是最重要的因子。杜博等（2017）对大天鹅越冬栖息地研究结果表明，冬季因食物匮乏，大天鹅多会选择靠近人类投食地点和冬小麦地的区域，主要越冬栖息地的土地类型为：植被覆盖率较小的、坡度较缓的开阔坑塘和水面、滩地和洪泛湿地。

2.4 行为节律

为了更好地生存，大天鹅会根据周围环境条件的变化和自身的生理状态来调整自己的行为（Flannigan and Stookey，2002）。国内外学者对大天鹅的行为节律研究较多。Eileen（2005）在研究大天鹅对不同的人类活动反应时发现，如果增加对大天鹅的干扰频率，将会降低大天鹅对干扰的敏感性。Rebecca（2012）开展了影响大天鹅迁徙时间的因素研究，发现食物的竞争是影响其迁徙时间的重要因素，在温暖年的春季，大天鹅会比寒冷的年份迁徙得更早。

王保志等（2012）通过对大天鹅亚成体春季日节律的观察，发现其休息行为时间占 49%，游泳和取食行为时间占 24%，理羽行为时间占 13%，飞翔和鸣叫行为时间占 12%。池养大天鹅的日常节律与野生大天鹅不同。董超（2015）在对山西省运城市平陆县大天鹅日间行为模式的研究发现，大天鹅的休息行为占到 40.5% ± 1.4%、运动行为占 22.8% ± 0.9%、取食行为占 18.2% ± 0.8%。不同地点大天鹅的日行为节律不同，羽毛梳理、摄食和运动三种行为与温度呈正相关，警惕和休息行为与温度呈负相关。牛童等（2014）冬季开展三门峡市天鹅湖国家城市湿地公园大天鹅越冬行为观察研究，结果表明：在越冬初期（11 月份和 12 月份）大天鹅的游动行为占所有行为的 49%，且受人为影响较大；在越冬中期（1 月份）因受禽流感影响终断了人工投食，导致大天鹅食物匮乏影响了其行为时间分配，游动行为减小到 25%，而睡眠行为增加到 49%；越冬末期（2 月份和 3 月份），公园解除戒严，在 3 月 1 日开始投食，大天鹅取食、理羽行为增加，睡眠行为减少。田晓燕等（2016）在荣成天鹅湖研究发现，大天鹅在越冬前期主要的行为是运动，其次是觅食和静息。

John（1997）在对北美黑嘴天鹅从冬季到春季行为变化的研究中发现，越冬期间，休息行为的日节律占比为 42%，摄食行为的日节律占到 30%，理羽行为占 7%，游动行为占 12%，并且发现从早晨到晚上，其取食行为占比也随之增加。当冬天气温下降时，黑嘴天鹅会花费更多的时间用来休息。当气温降到 −17℃时，取食行为将停止。在春季的日节律中，黑嘴天鹅的摄食比例是最大的，达到 45%，其次是休息，占 17%，游泳占 13%，理羽占 12%。春季时，黑嘴天鹅的摄食率全天都维持在较高水平，这可能是为了储存筑巢所需的能量。

2.5 食性特点

鸟类食性不仅取决于其本身的习性，还与环境条件密切相关。刘利等（2015）在对包头南海子湿地春季迁徙大天鹅食性的研究中发现：大天鹅春季主要的食物是玉米（*Zea mays*）、酸模叶蓼（*Polygonum lapathifolium*）、光果甘草（*Glycyrrhiza glabra*）和东方香蒲（*Typha orientalis* Presl）。董翠玲等（2007）通过对山东荣成天鹅湖湿地越冬大天鹅食性的研究发现：大天鹅主要食物为小麦（*Triticum aestivum*）、大叶藻（*Zostera marina*）和海带（*Laminaria japonica*）。赵闪闪等（2014）对在河南省新乡市黄河湿地越冬的大天鹅进行了食性研究分析，结果发现越冬大天鹅的食物有 14 种，其中，芸薹（*Brassica campestris*）（又名油菜）是大天鹅越冬期间食用最多的食物，其在大天鹅粪便组成中所占比例为 80.35%。在 2014 年和 2015 年冬季对三门峡市天鹅湖国家城市湿地公园越冬初期大天鹅食性开展了长期研究，结果发现大天鹅以植物性食物为主，对食物的选择具有广泛性，对小麦的选择性稍高些。

比较其他种类的天鹅食性，张梅清（2016）对东洞庭湖越冬小天鹅粪便组成分析发现，其粪便中主要有苔草（*Carex obscura*）、荸荠（*Heleocharis dulcis*）和委陵菜（*Potentilla chinensis*）3种植物以及一些杂质，其中苔草的含量最高。东洞庭湖小天鹅种群在越冬期不同阶段主要取食植物不相同，越冬早期主要为菹草（*Potamogeton crispus*），越冬中后期转向苔草与虉草（*Phalaris arundinacea*）的茎叶。通过对美国黄石国家公园春、夏、冬三季黑嘴天鹅的摄食习性的研究，发现黑嘴天鹅的主要食物是篦齿眼子菜（*Potamogeton pectinatus*）的块茎、加拿大伊乐藻（*Elodea Canadensis*）、眼子菜（*Potamogeton distinctus*）和轮藻（*Chara* spp.）（John and Stanley，1997）。比较发现，不同种类天鹅的食性十分相似。

2.6 繁殖习性

夏季大天鹅具极强的领地性，一般会留于领地内直至幼鸟生羽。冬季则更倾向于群居。在越冬地偶见大天鹅求偶与交配，但此类现象更为频繁地出现于春、夏两季的非繁殖群体中。大天鹅基本为一夫一妻制，配偶关系稳定，若干年后其繁殖成功率会相应增加。亦有5.8%的大天鹅在先前配偶依旧存活的情况下另觅伴侣。大天鹅"离婚率"高于小天鹅，这可能为迁徙过程与繁殖周期中多种制约因素综合作用的结果（Rees and Bowler，1996）。迁回繁殖地的大天鹅中约60%~70%的个体由于某些特定原因而无法繁殖（Kear，2005），而繁殖对中约有8%~10%并不产卵或产卵失败（Rees *et al*.，1991）。

对冰岛大天鹅繁殖群调查发现，当巢区安全程度高时〔包括抵抗豆雁（*Anser fabalis*）一类鸟类的入侵〕，其繁殖对密度为0.39~0.66对/km²，舒适度稍低的栖息地则为0.17~0.25对/km²。植被丰富的沼泽栖息地繁殖对之间仅间隔50 m（Kear，2005），舒适度稍低的栖息地中大天鹅巢址间的平均距离则为0.50~0.88 km（Einarsson，1996）。还发现单个繁殖对常占据整个池塘或湖泊，有时非繁殖个体还在这些水域完成换羽。

大天鹅可多年反复利用同一个巢基座，但每年均会重新整修（Helminen and Suomalainen，1973）。质量较好的领地在大多数年份均被利用，而繁殖对在此进行繁殖，其成功率也相对较高（Einarsson and Rees，2002）。产卵起始时间取决于冰雪消融时间，通常4月下旬—5月冰岛及芬诺斯坎底亚种群开始产卵，而在俄罗斯则为5月中下旬，部分地区可能持续至6月（Reeset *et al*.，1997）。雌鸟产卵时间间隔为48h，卵为椭球形，呈乳白色，几天后变为棕黄色。各繁殖地种群卵的大小相似（Cramp and Simmons 1977），产于冰岛高地的卵体积相比低地地区明显更小（Einarsson 1996）。产于冰岛的卵重约 328 g（*n*=26），窝卵数为 4 或 5 枚（2~7 枚），具体数目与繁殖地生境有关（Einarsson，1996；Haapanenet *et al.*，1973）。在冰岛与芬兰，大天鹅窝卵数相近（分别为 4.5 枚、4.4 枚），但芬兰北部大天鹅窝卵数少于芬兰南部，则雏鹅死亡率芬兰北部相对较高（Einarsson，1996；Haapanen *et al.*，1973）。若卵在孵化前被损毁（尤其是筑于低地的巢被水淹没），繁殖对可能会进行二次产卵（Einarsson，1996）。

雌性大天鹅承担为期 35 d（31~42 d）的孵化工作，雄性则留于巢附近守卫领地，偶有坐巢行为。离开巢前往取食与饮水前，雌鸟会将绒羽与巢材覆盖于卵上。尽管 5 月下旬即有雏鹅破壳而出（Einarsson，1996），但多数卵于 6 月—7 月上旬成功孵化。雏鹅为异步孵化（间隔 36~48 h），雏鹅较小时由雌鸟抚育但主要为自主进食（Cramp and Simmons，1977），约 87 d 后雏鹅出飞（Haapanen *et al.*，1973）。人工饲养条件下，雏鹅生长速度较野生种群更快，需约 80 d 即可出飞（Bowler，1992），且生长速率随饲养环境不同而有所区别，在不列颠人工饲养的雏鹅其生长速率比冰岛野生种群的生长速率更快（Bowler，1992）。在芬兰，筑巢位点的生境情况会影响雏鹅的生长速率及成活率（Knudsen，2002）。

第一个冬季，大天鹅后代会与其双亲待在一起。随着其独立性逐渐增强，部分幼体会选择在第一个冬季末期离开父母，但大多数幼体仍与双亲共同进行春季迁徙。夏季，大部分年满一周岁的大天鹅会加入非繁殖群体而不跟随双亲进入繁殖领地。年幼的大天鹅常需几年时间才可成功繁殖，而目前尚缺乏繁殖起始时期的相关数据。除去若干个体，大天鹅通常 4~7 龄时才实现首次繁殖（Einarsson，1996；Rees and Bowler，1996）。

2.7 分布现状

大天鹅繁殖于古北区北部苔原带及针叶林带的灌木或乔木环境，西起冰岛与斯堪的纳维亚半岛北部，东至俄罗斯太平洋沿岸，栖息地较小天鹅北极繁殖地更南部。世界上有 4 个主要的大天鹅繁殖种群，分别位于冰岛、欧洲西北部、俄罗斯中部以及俄罗斯东部（Monval and Pirot，1989）。俄罗斯中部的繁殖种群可分为 2 支越冬种群，一支前往黑海 / 地中海东部越冬，另一支前往西亚（包括里海）越冬，而这 2 支越冬种群的规模尚未知（Scott and Rose，1996；Delany，1999）。冰岛繁殖种群与欧洲西北部繁殖种群之间交流甚少，在挪威、丹麦及荷兰观测到在冰岛环志的大天鹅。大部分在冰岛繁殖的个体迁往不列颠或爱尔兰（Gardarsson，1991；Rees *et al.*，2002）。1995—1997 年于英格兰东南部观测到 1995 年夏季在芬兰南部环志的若干大天鹅种群（Rees *et al.*，1997），但大部分芬兰环志的大天鹅在欧洲大陆越冬（Laubek，

1998）。有报告显示，一只在冰岛环志的大天鹅，连续两年在芬兰繁殖（Rees et al.，1997）。除少数大天鹅与欧洲大陆种群发生交流外，冰岛繁殖种群冬季主要在英格兰、苏格兰与爱尔兰之间活动。福伊尔湾与斯威利湾是迁往英国与爱尔兰越冬种群的重要停歇地。大天鹅格陵兰繁殖种群已灭绝，而此物种在法罗群岛与奥克尼群岛的繁殖活动分别持续至 17 世纪与 18 世纪。

冰岛的繁殖种群主要在不列颠与爱尔兰越冬，仅剩 500~13 000 只留于冰岛（Black and Rees，1984；Gardarsson and Skarphedisson，1984；Cranswick et al.，1996；Cranswick et al.，2002）。2000 年 1 月，越冬水鸟系统调查共统计出该种群有 20 856 只大天鹅，与 1986 年 1 月第一次国际联合调查记录到的 16 700 只相比，大天鹅数量增长显著（Salmon and Black，1986；Cranswick et al.，2002）。大天鹅越冬位点分布无显著变化，其中约 30%~33% 于不列颠越冬，61%~66% 于爱尔兰越冬，其余均留于冰岛。冰岛越冬种群的分布与数量随天气及食物供给情况而变化。20 世纪 60—80 年代，冰岛大天鹅越冬种群数量持续上升，然而，20 世纪 90 年代中叶，该数量基本稳定并略有下降（Monval and Pirot，1989；Kirby et al.，1996），2000 年统计调查发现，其种群数量进一步上升至约 21 000 只（Cranswick et al.，2002）。由于大天鹅倾向于形成分散小群越冬，因此除非开展密集系统的调查，否则很难监测大天鹅的种群变化趋势。20 世纪 60 年代初，不列颠越冬的大天鹅种群数量据估不超过 4 000 只（Boyd and Eltringham，1962），爱尔兰越冬种群则为 4 000~6 000 只。上述越冬种群个体数量一直较少，直至 1984 与 1985 年秋季在冰岛调查统计出约 14 000 只个体（Gardarsson and Skarphedisson，1984；Gardarsson，1991）。

欧洲西北部的大天鹅繁殖种群主要在斯堪的纳维亚北部与俄罗斯西北部繁殖，在丹麦、挪威、瑞典和石勒苏益格 – 荷尔斯泰因等地越冬，有时亦可于荷兰、波罗的海三国及中欧越冬。在寒冷的冬季，于波罗的海与瑞典越冬的大天鹅种群数量会急剧下降，而该地区西部与南部的种群数量则会相应上升（Monval and Pirot，1989）。多度指数（indices of abundance）显示，自 20 世纪 60 年代中叶以来，欧洲繁殖种群数量显著上升，至 20 世纪 80 年代已达到 25 000 只（Rüger et al.，1986；Monval and Pirot，1989）。而在欧洲大陆越冬的大天鹅分布也较为零散（Laubek，1995；Laubek et al.，1999），因此，很难通过有限位点的监测估计大天鹅整体的种群数量及变化趋势。1995 年 1 月调查发现，仅丹麦就分布有超过 20 000 只大天鹅，此外，德国 14 000 只，瑞典 7 500 只，挪威超过 5 000 只，波兰 3 000 只。此次调查共实际记录到 52 000 只大天鹅，其种群据估计约为 59 000 只（Laubek et al.，1999）。仅少数个体会迁往更南地带如比利时与法国越冬。1990 年 12 月，于西班牙西北部发现 22 只大天鹅，其中若干个体为冰岛北部环志个体（Rees et al.，1997）。

在哈萨克斯坦东部的黑海及里海、塔吉克斯坦、乌兹别克斯坦越冬的大天鹅，其种群数量和活动范围所知甚少。此外，大天鹅在越冬地之间（特别是在黑海和里海间）的移动情况及不同越冬种群繁殖区域的范围亦未可知，因此较难判断分布于黑海与地中海东部，及里海和西亚的大天鹅种群是否属于同一繁殖种群。假若大天鹅的迁徙范围极其广阔，则在黑海与地中海东部的越冬种群可能于西伯利亚西部繁殖［亦可能于乌拉尔西部繁殖（Gardarsson，1991）］，位于里海与巴尔喀什湖之间的越冬种群则可能在更为偏东的区域即西伯利亚中部繁殖（Scott and Rose，1996；Mathiasson 2013）。在俄罗斯中部（包括泰梅尔半岛），记录到 9 800 个繁殖对。根据黑海及地中海东部冬季调查的结果，大天鹅的种群数量据估约为 17 000 只（包括在罗马尼亚观测到的约 3 300 只个体），但该次调查未能覆盖里海地区（Monval and Pirot，1989；Delany，1999）。在西亚（包括里海）越冬的种群数量未知，据估约为 20 000 只（Scott and Rose，1996）。由于调查所覆盖的区域有些许变动且调查受到更北部区域天气状况的影响，使得该区域大天鹅种群的变化趋势评估工作较难进行，但普遍认为黑海与里海南部区域的大天鹅种群数量处于下降趋势（Delany，1999）。

东部种群在夏季广泛分布于俄罗斯东部的针叶林带（Kondratiev，1991）以及中国西北与东北部地区，尤其是新疆维吾尔自治区（Lu，1990；Li and Yi，1996）。20 世纪 90 年代中叶在日本、中国及韩国开展的冬季调查统计到约 30 000 只大天鹅（Scott and Rose，1996），但近期在越冬地的调查显示种群数量可能约为 60 000 只（Miyabayashi and Mundkur，1999）。在中国越冬的大天鹅最多可达 15 000 只（Li and Yi，1996），日本约为 31 000 只，且每年冬季大天鹅的分布情况各有不同（Albertsen and Kanazawa 2002）。在北美越冬的大天鹅数量较少（少于 50 只），分布于阿留申群岛与普里比洛夫群岛，在阿图岛曾于 1996—1997 年有繁殖对的筑巢记载（Mitchell，1998）。尽管俄罗斯与日本一直在开展环志项目，但大天鹅在远东的迁徙路线仍未可知。通过对迁徙路径的观察判别出 2 条迁徙路线：在俄罗斯东北部的阿纳德尔—品仁纳低地繁殖的大天鹅，行经堪察加半岛与千岛群岛，最后抵达日本越冬；在科雷马河流域繁殖的大天鹅，则可能沿鄂霍次克海西部海岸迁飞（Kondratiev，1991）。在日本越冬的种群于春天（一般 3 月中下旬）启程迁回繁殖地，通常需飞行 26~75 d（平均 53.4 d）才可抵达，飞行距离长达 1 600~4 000 km（平均 2 935 km）。仅有 2 200 只大天鹅在俄罗斯东北部繁殖（科雷马河以东，鄂霍次克海以南），因此部分在日本与中国越冬的大天鹅可能会在更为靠西的区域完成繁殖，即西伯利亚中部。在日本，1994 年和 1995 年分别为 3 只、5 只大天鹅安装了卫星追踪器，并对其移动轨迹进行记录，追踪一直持续至夏季。8 只大天鹅的迁徙始于日本最东部地区，行经北海道及库页岛中部 / 南部，抵达黑龙江河口。2 只停留于黑龙江下游，2 只则在鄂霍次克海北部海岸度过夏季，剩下 4 只继续飞往北部，最终 3 只抵达因地吉尔卡河中游，1 只抵达科雷马河下游（Kanai *et al.*，1997）。

虽然大部分种群的换羽地均靠近繁殖地，但也有特例。有研究发现，在欧洲最南部繁殖的种群会进行换羽迁徙，在拉脱维亚与爱沙尼亚繁殖的大天鹅会迁徙至芬兰甚至俄罗斯北极圈地区进行换羽，通常于 6 月 20 日之前离开，9 月中旬返回，迁徙距离达 1 455 km（Boiko and Kampe-Persson，2012）。70 年代统计，全球大天鹅总数约 10 万只，也有统计结果为 31.6 万（Ravkin，1991）。爱沙尼亚于 1979 年首次发现大天鹅繁殖对，并在 20 世纪 90 年代数量稳定增长，到 2000 年已有 30~40 对繁殖对（Leho Luigujõe，2001）。拉脱维亚于 1973 年首次发现大天鹅繁殖对，到 2009 年已增加到 260 对繁殖对（Dmitrijs，2010）。20 世纪初，在北美广泛分布的大天鹅由于过度捕猎几乎灭绝。而后随着保护意识的增强，到 20 世纪末，野生大天鹅的数量已经超过 23 000 只（Ruth *et al.*，2001）。阿拉斯加成年大天鹅的数量从 1968 年的 1 924 只增加到 2 000 年的 13 934 只（Bruce，2001）。

在中国境内，大天鹅主要在新疆巴音布鲁克和黑龙江扎龙等地繁殖，越冬地主要分布在青海湖、新疆、山东荣成和黄河中下游湿地（马鸣等，1993）。1991 年，采用分层抽样的方法对新疆巴音布鲁克湿地大天鹅的数量进行了估算，结果得出大天鹅种群数量约为 3 130 只（才代等，1997）。20 世纪 60 年代，中国境内大天鹅的总数达到 5 000 只（繁殖地）和 15 000 只（越冬地）（Li *et al.*，1997）。1997 年，山西省运城市圣天湖和鸭子池共发现大天鹅 2 000 余只（张龙胜，1999）。闫建国对山东省荣成市越冬大天鹅种群数量的调查表明，从 1978 年到 2001 年，大天鹅数量不断增加，2001 年已达到 1 万只左右（闫建国和汤天庆，2003）。张国钢等（2014）对我国重要分布地大天鹅越冬种群动态进行了研究，发现 2006—2011 年青海湖大天鹅越冬种群数量超过 2 000 只。2011 年，陕西榆林越冬大天鹅数量达到 5 006 只，2012 年冬季，山西省平陆市黄河湿地越冬大天鹅数量达到 1 806 只，2011—2012 年，山东荣成越冬大天鹅数量达到 1 511 只。2015 年初在河南省三门峡市天鹅湖国家城市湿地公园观测中记录到大天鹅数量可 6 000 余只，2015 年冬季对山东荣成天鹅湖大天鹅种群数量的调查发现荣成天鹅湖大天鹅数量最多为 1 086 只，与 10 年前相比，荣成天鹅湖越冬大天鹅种群数量越来越少（田晓燕，2016）。

2.8　与人类的关系

不同地区大天鹅种群数量的变化趋势不同。大天鹅最主要的死因可能为飞行事故（大多是与空中的电线发生碰撞），其次为狩猎、铅中毒、极端天气条件以及自然条件下遭遇捕食（Linton and Rees，1992；Einarsson，1996；Rees *et al.*2002）。大部分国家和地区已通过立法逐步实现对大天鹅的禁猎（如冰岛于 1885 年宣布禁猎，日本于 1925 年禁猎，瑞典于 1927 年，英国于 1954 年，俄罗斯于 1964 年），但法律实效性很难保证，尤其是偏远地区。重要的国际会议，如欧共体鸟类准则（European Community Birds Directive）和伯尼会议（Berne Convention），推动了许多综合性保护措施的实施。伯恩会议中（Bonn Convention）达成的"保护欧亚与非洲水鸟协议"（Agreement on Conservation of African and Eurasian Waterbirds）计划将冰岛、黑海与西亚的大天鹅种群列入 A（2）类保护种群，该协议要求对每个国家制定相应保护方案并对其分别进行补充，以改善各自保护现状。当前射杀大天鹅在大不列颠岛属违法行为（Brown and Rees，2011）。冰岛于 1885 年开始保护大天鹅，1903 年之后，仅对处于繁殖时期的大天鹅进行保护，而 1913 年之后，该物种的全面保护得以恢复。20 世纪后，在冰岛西部的阿纳瓦阿特恩斯黑兹（Arnavatnsheiði），法律规定禁止围猎换羽期的大天鹅。尽管在大天鹅迁徙范围内实施了全面禁猎，仍于冰岛种群 10% 左右的个体体内检出非法狩猎留下的霰弹（Bowler and Butler，1990）。

19 世纪末至 20 世纪初，芬诺斯堪底亚的大天鹅种群因人类活动干扰，数量急剧下降。20 世纪 50 年代初，非法狩猎、鸟蛋及雏鹅拾取等一系列人类活动导致芬兰的繁殖种群近乎绝灭（Haapanen et al.，1973）。至 20 世纪 20 年代，大天鹅瑞典繁殖种群分布范围收缩至北纬 67° 以北（Fjeldså，1972），自 1927 年禁猎之后，其种群数量恢复缓慢，直至 1950 年之后，才得以快速恢复。20 世纪 70 年代初，瑞典大天鹅繁殖种群数量由 30 对增加至 310 对，至 1997 年，增至 2 775 对（Nilsson et al.，1998）。20 世纪 70 年代，大天鹅繁殖对仅零散分布于瑞典北部若干核心区域，而 1997 年的调查结果显示，在海岸与山地之间均有大天鹅繁殖对分布，至此，瑞典大天鹅繁殖种群的分布情况已大幅好转。

19 世纪，俄罗斯境内大天鹅的种群数量亦有与前述地区类似的下降过程，大天鹅在繁殖区域南部几乎绝迹（Dementiev and Gladkov，1952）。而 20 世纪 70 年代，哈萨克斯坦北部的草原—森林过渡地带由于农业发展（包括排干湿地）和人口迁入，大天鹅繁殖种群数量亦大幅下降（Drobovtsev and Zaborskaya，1987）。大天鹅在日本被长期尊崇，冬季各地普遍组织人工饲喂，但某些重要的越冬位点由于湿地干涸从而致使大天鹅越冬受胁。另外，农业生产方式的改变亦可能为大天鹅未来的保护工作带来挑战（Albertsen and Kanazawa，2002）。1868 年之前，大天鹅日本越冬种群数量众多且分布广泛，最南可至东京，而 1868 年之后，枪支弹药的使用导致大天鹅种群数量下降。1925 年，日本政府开始保护措施，有效阻止了种群数量的持续下降，然而 1945 年之后大量湿地被开发，致使大天鹅的越冬栖息地相继丧失（Brazil，2003）。在俄罗斯的亚马尔与涅涅茨地区，由于人类定居以及不断增加的人为干扰（Mineyev，2013），导致大天鹅在此地的繁殖区域逐步缩减，而其他地区的种群数量基本保持稳定，如西伯利亚西部的巴拉巴地区中部（Fyodorov and Khodkov，1987），或由于保护得当而持续增长（Syroechkov，2002；Albertsen and Kanazawa，2002）。

20 世纪 60 年代，朝鲜半岛农业与工业的发展导致大面积沿海及内陆湿地遭遇围垦，从而致使当地大天鹅越冬种群数量下降（Won，1981）。目前朝鲜半岛越冬种群的状况尚未可知，据估约为 500 只（Miyabayashi and Mundkur，1999），而韩国则约为 3 500 只（Miyabayashi and Mundkur，1999）。近年，中国政府实施了相关保护措施：1989 年中国颁布《野生动物保护法》，其中大天鹅被列为国家二级保护鸟类，（Li and Yi，1996）并在大天鹅繁殖地建立保护区。在中国西北部，大天鹅种群较小且孤立，目前正遭受过度放牧、干扰和其他人类活动的威胁。

2.9 迁徙动态

大天鹅秋季迁徙始于 9 月下旬—10 月，具体时间则取决于天气状况。春季迁徙主要始于 3—4 月。在某些大天鹅与小天鹅共用的越冬地，由于大天鹅繁殖地与越冬地之间距离相对较短，因此通常较早到达而更晚离去。在英国与冰岛之间迁徙的大天鹅种群，其跨海飞行距离约为 800 km，可能是所有天鹅类物种中最长。大天鹅可在极高空飞行，据飞行员报道，在外赫布里底群岛途中，曾于 8 200 m 高空目击到一群天鹅（据推测为大天鹅）。然而，大天鹅亦被观察到在沿波罗的海海岸迁徙时紧贴海面飞行。利用卫星追踪技术研究 10 只在不列颠与冰岛间迁徙的大天鹅，发现其飞行高度较低，最大飞行高度仅为海拔 1 856 m（Pennycuick et al.，1996，Pennycuick et al.，1999）。秋季，大天鹅由冰岛飞至苏格兰的最短时间为 12.7 h，部分个体于迁徙途中降落至海面，有时亦可停留较长时间。春季迁往冰岛途中，2 只被追踪的大天鹅遭遇强劲侧风，其中一只耗费 31 h 飞抵冰岛，另一只则于海面停留 4 d 之久。大天鹅最大飞行速度约为 27 m/s（97.2 km/h）（Pennycuick et al.，1996）。

极端天气似乎是迁徙过程中影响大天鹅存活率的主要因素。例如，大天鹅选择春天尽早到达瑞典中南部某处停歇地，并停留较长时间，而此种情况极可能增加栖息地的承载压力并对农作物造成破坏（Månsson and Hämäläinen，2012）。英国 1972—2008 年的数据显示，晚冬和早春时节，前 50% 迁离的大天鹅其离开时间相对后 10% 明显提前。这与越冬地 2 月温度上升有关，而温度上升亦促进了植物的生长，使得大天鹅在提前迁离时可获得足够的食物及能量（Stirnemann et al.，2012）。大天鹅在美国（属迷鸟数量少，一般不超过 50 只）（Howell et al.，2014）、中国台湾、阿富汗、摩洛哥（Thévenot et al.，2003）、巴基斯坦与叙利亚（Serra et al.，2005）均有发现。研究发现动物对环境变化最为直接的应答方式就是行为的改变（Beltran and Delibes，1994）。

金洪梅（2017）研究表明，河南三门峡库区是鸟类中—亚迁徙路线上大天鹅的主要越冬地，其繁殖地为俄罗斯和蒙古国。大天鹅春季的迁徙路线是河南三门峡—内蒙古—俄罗斯。李淑红（2017）对三门峡库区越冬大天鹅的卫星跟踪定位研究表明：大天鹅的春季迁徙路线为迁离其越冬地黄河三门峡库区之后，沿黄河中上游（晋豫段、陕晋段和内蒙古段）及支流（延河、无定河、秃尾河、汾河等）向北方迁徙，大部分在蒙古西部和中部繁殖。

2.10 病毒与疾病

大天鹅疾病与病毒研究起步较晚，但从 2003 年以来，亚洲有 10 个国家相继爆发了禽流感疫情。在 2014 年末 2015 年初，河南省三门峡市天鹅湖国家城市湿地公园暴发禽流感疫情，造成包括大天鹅在内 100 多只候鸟死亡。在 2005 年 5 月初，中国青海湖爆发了禽流感疫情，造成多种候鸟大批死亡（Liu *et al.*，2005）。在 2008 年，日本有 4 只大天鹅死于禽流感。这些事件纷纷引发了国内外各界的关注，并开始研究禽流感病毒（Liu *et al.*，2005；Yuko *et al.*，2008）。在 2006 年，联合国粮食及农业组织发起了候鸟迁徙跟踪计划。该计划在候鸟身上装载卫星发射器，以便监测它们的迁徙路线（卞晨光，2006）。金洪梅（2017）研究发现大天鹅是禽流感病毒的易感物种，是传播禽流感病毒，尤其是高致病性禽流感病毒的重要载体。2014 年 12 月—2016 年 12 月，根据不同地区病毒分离时间可推测出 H5N1 和 H5N8 高致病性流感病毒的传播路线为：河南三门峡—内蒙古—俄罗斯—内蒙古—河南三门峡。李淑红（2017）研究结果得出大天鹅可以长距离传播携带的禽流感病毒，其传播途径是通过大天鹅停歇水体与其他途经此地的水禽进行种间传播。同时在 2015 年 3—4 月份对大天鹅迁徙路径上关键的停歇地进行粪便样品采集检测工作，结果发现在榆林河口水库大天鹅粪便样品中检测出遗传支系为 2.3.2.1c 的 H5N1 型禽流感病毒，与三门峡库区 2015 年初爆发的禽流感疫情的病毒遗传学上高度同源（99%）。

随着季节的更迭，携带禽流感病毒的迁徙候鸟，会在越冬地和繁殖地间往返迁徙，对人类的安全及世界各地禽类饲养业都构成巨大的威胁。禽流感已经不是某个区域或国家需要关注的问题，而是全世界都必须关注的问题（Liu *et al.*，2005）。为此，在禽流感防控上应加强区域内候鸟资源的本底调查，确定禽流感易感鸟类的种类、数量及其集中分布的栖息地，要对主要利用栖息地和重要中途停歇地减少围垦和建设用地，注重水质保护，加强生态恢复。此外，还发现禽流感暴发与候鸟迁徙在时间上并不吻合，因而在候鸟到来之前和离去之后，仍需继续开展持续的监测活动。同时家禽作为禽流感疫情的主要易感对象，要确保最大可能切断候鸟与家禽的传播媒介，如很多地区，农户将家禽散养于庭院和周边农田，既导致家禽与野生鸟类通过直接接触感染病毒，又存在家禽从水鸟栖息环境中感染病毒的潜在风险。最后还要定期调查活禽饲养和交易场所，加强免疫计划如疫苗的注射和禽流感的清除，及时发现和处理疫情。

参考文献

本田清，1979.天鹅风景——文化，生态，保护［M］.东京：日本放送出版协会.

卞晨光，2006.为有效监测禽流感传播联合国发起候鸟迁徙跟踪计划［J］.中国家禽，28（11）：26-26.

才代，马鸣，1997.天山巴音布鲁克湿地大天鹅种群数量估算［J］.野生动物，96（2）：11-13.

楚国忠，郑光美，1993.鸟类栖息地研究的取样调查方法［J］.动物学杂志，（6）：47-52.

董超，张国钢，陆军，等，2013.新疆巴音布鲁克繁殖期大天鹅的生境选择［J］.生态学报，33（16）：4885-4891.

董超，张国钢，陆军，等，2015.山西平陆越冬大天鹅日间行为模式［J］.生态学报，35（2）：290-296.

董翠玲，齐晓丽，刘健，2007.荣成天鹅湖湿地越冬大天鹅食性分析［J］.动物学杂志，46（6）：53-56.

杜博，宫兆宁，茹文东，等，2018.三门峡水库越冬大天鹅栖息地选择研究［J］.湿地科学，16（3）：370-376.

范光丽，徐永平，李亚生，1996.大天鹅部分骨骼的比较解剖观察［J］.中国兽医科技，25（10）：45-46.

黄慧敏，赵运林，王定兴，等，2013.基于RS和GIS的洞庭湖小天鹅越冬生境选择研究［J］.湖南城市学院学报（自然科学版），22（1）：62-66.

金洪梅，2017.大天鹅中亚迁徙路线野鸟流感病毒监测研究［D］.哈尔滨：东北林业大学.

井长林，马鸣，顾正勤，等，1992.大天鹅在巴音布鲁克地区越冬的调查报告［J］.干旱区研究，9（2）.

李淑红，2017.三门峡库区越冬大天鹅的活动区、迁徙与禽流感传播的相关性研究［D］.北京：中国林业科学研究院.

刘利，刘晓光，苗春林，等，2014.包头南海子湿地春季北迁大天鹅食性初步分析［J］.

动物学杂志，49（3）：438-442.

马鸣，1993.野生天鹅［M］.北京：气象出版社.

马鸣，才代，顾正勤，等，1996.大天鹅繁殖生态及嘴型变异［J］.干旱区研究，10（2）：46-51.

马勇，李晓民，程岭，等，1991.大天鹅卵壳电镜扫描观察［J］.野生动物，66（2）：28-29.

牛童，陈光，张健，等，2015.三门峡市天鹅湖国家城市湿地公园大天鹅越冬行为观察［J］.天津师范大学学报（自然科学版），35（3）：149-151.

尚玉昌，1987.行为生态学（十六）：栖息地选择［J］.生态学杂志，6（4）：59-62.

孙晓，卢全伟，刘伟，等，2012.大天鹅消化系统形态组织学研究［J］.中国家禽，34（21）：62-64.

田晓燕，陆滢，陈玲，等，2016.荣成天鹅湖越冬前期大天鹅数量分布与行为研究［J］.湿地科学与管理，13（8）：76-83.

王保志，孟德荣，张汝英，等.池养大天鹅亚成鸟春季行为时间分配观察［J］.经济动物学报，2012，16（02）：79-81.

徐基良，张晓辉，张正旺，等，2006.白冠长尾雉越冬期栖息地选择的多尺度分析［J］.生态学报，26（7）：2061-2067.

闫建国，汤天庆，2003.大天鹅在荣成沿海越冬调查简报［J］.山东林业科技，145（2）：38-39.

战永佳，陈卫，李玉华，等，2011.北京野鸭湖湿地自然保护区越冬灰鹤觅食栖息地选择研究［J］.四川动物，30（5）：810-813.

张国钢，陈丽霞，李淑红，等.黄河三门峡库区越冬大天鹅的种群现状［J］.动物学杂志，2016，51（2）：190-197.

张国钢，董超，陆军，等，2014.我国重要分布地大天鹅越冬种群动态调查［J］.四川动物，33（3）：456-459.

张龙胜，1999.山西水鸟资源调查［J］.山西林业科技，3（1）：29-37.

赵闪闪，褚一凡，李呆光，等，2018.新乡黄河湿地越冬大天鹅食性研究［J］.湿地科学，16（2）：245-250.

郑作新，1979.中国动物志.鸟纲雁形目［M］.北京：科学出版社.

ALBERTSEN J O, KANAZAWA Y, 2002. Numbers and Ecology of Swans Wintering in Japan［J］.Waterbirds.

BLACK J M, REES E C, 1984. The structure and behaviour of the Whooper Swan population wintering at Caerlaverock, Dumfries and Galloway, Scotland：an introductory study [J].Wildfowl, 35: 21-36.

BOIKO, D.& H, 2012. Kampe-Persson.Moult migration of Latvian Whooper Swans *Cygnus cygnus* [J].Ornis Fennica, 89: 273-280.

BOWLER, J.M, 1992. The growth and development of Whooper Swan cygnets *Cygnus cygnus* [J].Wildfowl, 43: 27-39.

BOYD, H S, 1962. Eltringham.The whooper swan in Great Britain[J].Bird Study, 9: 217-241.

BROWN M J, LINTON E, REES E C, 1992. Causes of mortality among wild swans in Britain [J].Wildfowl, 43: 70-79.

CRANSWICK P J, BOWLER S.DELANY Ó.EINARSSON A, et al., 1996. Numbers of Whooper Swans *Cygnus cygnus* in Iceland, Ireland and Britain in January 1995: results of the international Whooper Swan census [J].Wildfowl, 47: 17-30.

CRANSWICK P A, K.COLHOUN O.EINARSSON J G, et al., 2002. The status and distribution of the Icelandic Whooper Swan population: results of the international Whooper Swan census 2000 [J].Waterbirds.

DELANY S, 1999. Results from the International Waterbird Census in the Western Palearctic and Southwest Asia 1995 and 1996 [J].Wetlands International Publication (Netherlands).

DEMENTIEV G P, GLADKOV N A, 1952. Birds of the Soviet Union [J].US Dept Interior and National Science Foundation, Washington.

DROBOVTSEV V, ZABORSKAYA, V, 1987.Migrations, numbers and distribution of *Cygnus cygnus* and *Cygnus olor* in the forest-steppe of Northern Kazakhstan [J].Ecology and migration of swans in the USSR.

EINARSSON O, 1996. Breeding biology of the Whooper Swan and factors affecting its breeding success, with notes on its social dynamics and life cycle in the wintering range [D].University of Bristol.

EINARSSON O, REES, E C, 2002. Occupancy and turnover of Whooper Swans on territories in northern Iceland: results of a long-term study [J].Waterbirds.

FJELDSA J.ENDRINGER I S, 1972. Summary: Changes in the distribution of the Whooper Swan *Cygnus cygnus* on the Scandinavian peninsula in recent times [J].Sterna, 11: 145-163.

GARDARSSON A, 1991. The bird-life of Myvatn and Laxa.Nattura Myvatns [J].Reykjavik (in Icelandic).

GARDARSSON A, SKARPHEDISSON K H, 1984. A census of the Icelandic

Whooper Swan population［J］.Wildfowl, 35：37-47.

GUSAKOV Y S, 1987. Numbers and populations of Whooper Swans in the Penalize-Parasol valley［J］.Ecology and migration of swans in the USSR.

HAAPANEN A, HELMINEN M, SUOMALAINEN H K, 1972. The spring arrival and breeding phenology of the Whooper Swan［J］.Finnish Game Res, 33：31-38.

HAAPANEN A, HELMINEN M, SUOMALAINEN H K, 1977. The summer behaviour and habitat use of the whooper swan *Cygnus cygnus*［J］.Riistatieteellisiae Julkaisuja, 9（1）：19-43.

HIGUCHI H, 2010. Satellite tracking the migration of birds in eastern Asia［J］. British Birds, 103（5）：284-302.

HOWELL S, 2014. Rare Birds of North America［M］.Princeton University Press.

KAMPE-PERSSON H, BILDSTRÖM L, BILDSTRÖM M, 2005. Can nesting competition with Whooper Swan *Cygnus cygnus* cause a decline of the Swedish Taiga Goose Anser fabalis fablis population［J］.Ornis Svecica, 14：119-121.

KANAI Y, SATO F, UETA M, et al, 1997. The migration routes and important rest sites of Whooper Swans satellite-tracked from northern Japan［J］.strix.

KIRBY J S, REES E C, MERNE O J, et al, 1992. International census of Whooper Swans *Cygnus cygnus* in Britain, Ireland and Iceland：January 1991［J］.Wildfowl.

KNUDSEN H L, LAUBEK B, OHTONEN A, 2002. Growth and survival of Whooper Swan cygnets reared in different habitats in Finland［J］.Waterbirds.

KONDRATIEV A Y, 1991. The distribution and status of Bewick's Swans Cygnus bewickii, Tundra Swans C.columbianus and Whooper Swans C.*cygnus* in the "Extreme Northeast" of the USSR［J］.Wildfowl.

LAUBEK B, 1995. Distribution and phenology of staging and wintering Whooper Swan *Cygnus cygnus* and Bewick Swans Cygnus columbianus bewickii in Denmark, 1991-1993［J］.Foren.Tidsskr, 89：67-82.

LAUBEK B, NILSSON L, WIELOCH M, et al., 1999. Distribution, numbers and habitat choice of the NW European Whooper Swan *Cygnus cygnus* population：results of an international census in January 1995［J］.VOGELWELT-BERLIN, 120：141-154.

LI X, 1996. Numerical distribution and conservation of Whooper Swans *Cygnus cygnus* in China［J］.Gibier faune sauvage, 13：477-486.

MANSSON J, HAMALAINEN L, 2010. Spring stopover patterns of migrating Whooper Swans *Cygnus cygnus*：temperature as a predictor over a 10-year period［J］. Journal of Ornithology, 153：477-483.

MATHIASSON S, 1991. Eurasian Whooper Swan *Cygnus cygnus* migration with particular reference to birds wintering in southern Sweden [J] .Wildfowl.

MCELWAINE J G, WELLS J H, BOWLER J M, 1993. Winter movements of Whooper Swans visiting Ireland: preliminary results [J] .Irish Birds, 5: 265—278.

MINEYEV Y N, 2013. Distribution and numbers of Bewick's Swans *Cygnus bewickii* in the European Northeast of the USSR [J] .Wildfowl.

MIYABAYASHI Y, MUNDKUR T, 1999. Atlas of key sites for Anatidae in the East Asian Flyway [J] .Wetlands International.

NEWTH J L, BROWN M J, REES E C, 2011. Rees.Incidence of embedded shotgun pellets in Bewick's swans Cygnus columbianus bewickii and whooper swans *Cygnus cygnus* wintering in the UK [J] .Biological Conservation, 144: 1630—1637.

NILSSON L, ANDERSSON O, GUSTAFSSON R, et al., 1998. Svensson. Increase and changes in distribution of breeding Whooper Swans *Cygnus cygnus* in northern Sweden from 1972—75 to 1997 [J] .Wildfowl, 49: 6—17.

OWEN M, ATKINSON-WILLES G L, SALMON D G, 1986. Wildfowl in Great Britain [M] .Cambridge University Press Cambridge.

PENNYCUICK C J, BRADBURY T A M, ÓLAFUR EINARSSON, et al., 1999. Response to weather and light conditions of migrating Whooper Swans *Cygnus cygnus* and flying height profiles, observed with the Argos satellite system [J] .Ibis, 141: 434—443.

REES E C, BLACK J M, SPRAY C J, et al., 1991.The breeding success of Whooper Swans *Cygnus cygnus* nesting in upland and lowland regions of Iceland — a preliminary analysis [J] .Wildfowl, 133: 365—373.

REES E, BOWLER J, 1996. Fifty years of swan research and conservation by the Wildfowl & Wetlands Trust [J] .Wildfowl, 47: 248—263.

REES E, EINARSSON O, LAUBEK B, 1997. *Cygnus cygnus* whooper swan [J] . BWP update, 1: 27—35.

REES E C, BOWLER J M, BUTLER L, 1990. Bewick's and Whooper Swans: the 1989—90 season [J] .Wildfowl, 41: 176—181.

SALMON D, BLACK J M, 1986. The January 1986 whooper swan census in Britain, Ireland and Iceland [J] .Wildfowl, 37: 172—174.

SCOTT D A, ROSE P M, 1996. Atlas of Anatidae populations in Africa and western Eurasia [J] .Wetlands International Wageningen.

SERRA G, AL Q G, ABDALLAH M, et al., 2006. A long-term bird survey in the central Syrian desert（2000-2004）：Part 2-a provisional annotated checklist［J］. SANDGROUSE，27：104.

STIRNEMANN R L，HALLORAN J，2012. Temperature - related increases in grass growth and greater competition for food drive earlier migrational departure of wintering Whooper Swans［J］.Ibis，154：542-553.

SYROECHKOVSKI J R，2002. Distribution and Population Estimates for Swans in the Siberian Arctic in the 1990s［J］.Waterbirds.

THEVENOT M，VERNON R，BERGIER P，2003. The birds of Morocco：an annotated checklist［J］.British Ornithologists' Union Tring.

第3章
三门峡库区越冬大天鹅主要分布区及其特点

　　种群分布（Population distribution）是指种群在空间中的分布状况，涉及种群传播、分布类型和格局等要素。此外，种群在特定环境下分布格局的形成，还依赖于种群对其环境的适应性。一般分为：随机分布，即每个个体在种群领域中各个点上出现的机会是相等的，并且某一个体存在不影响其他个体分布，随机分布在自然界中不常见；均匀分布，即种群内个体在空间上是等距离分布形式，是由于种群内个体间竞争所引起的；集群分布，即种群内个体在空间的分布极不均匀，常成群、成簇、成块或呈斑点状密集分布，这种分布格局就叫作集群分布，也叫成群分布和聚群分布（薛建辉，2006）。集群分布是自然界最常见的分布型。

　　黄河中下游湿地三门库区是中国境内大天鹅的主要越冬栖息地之一，根据以往的研究，大天鹅越冬期常呈集群分布（杜博，2018；李淑红，2017）。张国钢（2016）等人曾经对三门峡库区部分区域的大天鹅种群分布做过抽样调查，但2014年以来，尚未有对库区大天鹅种群分布的系统研究。持续开展库区大天鹅种群分布调查和栖息地变化的研究，对于掌握大天鹅越冬种群的分布规律和变化趋势，开展大天鹅的保护和禽流感的预防，以及栖息地的修复具有重要意义。有关大天鹅越冬种群动态、食性、栖息地选择与修复和大天鹅招引生态工程的研究与示范主要集中在三门峡库区。

3.1　研究区概况

　　三门峡库区属于黄河湿地国家级湿地自然保护区西段，是由黄河三门峡大坝蓄水形成的水库，位于 110°23′~111°21′E，34°36′~34°50′N，豫、陕、晋三省交界，南、北、西三面环山，西起河南灵宝市豫灵镇，东至河南三门峡市水库大坝，东西长约 90 km，面积约 260 km²，水面平均宽 2.8 km，属于河南三门峡市、山西运城市两市交界的区域（张国钢等，2016；孙浩等，2018）。三门峡库区为暖温带大陆性季风气候，年平均气温 13.9℃。降雨年内分布不均，集中发生在夏季（7—8月），年降水量达 600~700 mm，蒸发量为降水量的 2~4 倍，年蒸发量达到 1 600~2 200 mm。研究区地势变化较大，总体呈北高南低，最高海拔 1 346 m，最低海拔 308 m。1991—2000 年的统计资料显示，该区域全年平均太阳辐射量为 497.06 kcal/cm²，年平均日照时数 2132.1 h，年平均日照率 51%，年平均气温 14.1℃，全年平均无霜期 201 d。

三门峡水库已经运行多年，形成了沿岸稳定的湿地生态系统，库区生长有大量的湿地植物。2012 年河南黄河湿地国家级自然保护区三门峡管理处组织多方专家学者对三门峡库区的植物进行调查，发现维管植物 133 科 1 121 种，其中蕨类 46 种，种子植物 1 075 种。区域内动物资源十分丰富，2015 年黄河湿地国家级自然保护区（三门峡段）的科考报告表明，该区域有兽类 48 种，鸟类 276 种，两栖类 14 种，爬行类 25 种，鱼类 84 种（叶永忠，2015）。在 20 世纪 90 年代就有少量越冬大天鹅种群迁徙途经此区域，2010 年后，来此越冬大天鹅数量迅速增加。

3.2 库区越冬大天鹅分布区及其特点

3.2.1 分布区野外调查方法

采用样线法于 2015 年 11 月—2019 年 2 月，历经 4 个越冬期，步行或驱车对整个三门峡库区范围内的大天鹅分布进行调查。调查时间为每月的中下旬（16—24 日），3 月份为上旬（1~8 日），每次调查 2~3 d，大天鹅夜栖地调查时间为日出之前和日落之后，每次调查间隔 25~30 d。调查人员采用 20~60 倍单筒望远镜（Leica）与 8 倍双筒望远镜（Swarovski）结合的方法寻找大天鹅。记录数量大于 50 只的位点，用 GPS 定位并记录，同时记录天气情况、日期、时间，使用相机拍摄大天鹅和栖息地照片。记录到的位点数据用 MSExcel 2003 整理。

3.2.2 主要分布区及环境特点

野外调查结果表明三门峡库区越冬大天鹅种群成集群分布。主要分布地点包括：河南三门峡市天鹅湖国家城市湿地公园、山西芮城县圣天湖景区、山西平陆县三湾天鹅湖景区、河南三门峡灵宝市北营湿地、河南三门峡灵宝市北村湿地、山西平陆县车村湿地、河南三门峡王官湿地、河南三门峡黄河公园，这些地点既是觅食地又是夜栖地，地理位置见图 3.1，其中，"北营、北村、车村"湿地空间上距离较近且都属于黄河河道近岸湿地，故以下合并作为一个位点处理。

图 3.1　三门峡库区大天鹅主要分布地点

三门峡市天鹅湖国家城市湿地公园（以下简称"天鹅湖"）位于河南省三门峡市湖滨区西部，西北部紧邻黄河，中心地理坐标为 111°08′17″E，34°46′46″N。园区内有两湖：北侧的青龙湖和南侧的苍龙湖。青龙湖水域面积 100 hm²，苍龙湖水域面积 42 hm²，大天鹅多聚集在两湖内的浅滩周围。2014 年植被调查结果显示，湿地公园内有植物 247 种，其中，青龙湖生长面积较大的植物有：莲（*Nelumbo nucifera*）、芦苇（*Phragmites australis*）、香蒲（*ypha orientalis*）、苘麻（*Abutilon theophrasti*）、酸模叶蓼、苍耳（*Xanthium sibiricum*）、鬼针草（*Pharbitis purpurea*）、钻叶紫菀（*Aster subulatus*）、千屈菜（*Lythrum salicaria*）、马唐（*Digitaria sanguinalis*）、蔊菜（*Rorippa indica*）等湿地植物。苍龙湖生长面积较大的植物有：莲、喜旱莲子草（*Alternanthera philoxeroides*）、苍耳、双穗雀稗（*Paspalum paspaloides*）等湿地植物。

公园内有供游人步行观赏大天鹅的栈道，每年冬季吸引大量游客来此观看大天鹅，见图 3.2。

山西芮城县圣天湖景区（以下简称"圣天湖"）位于山西省运城市芮城县，毗邻黄河，中心地理坐标为 110°53′55″E，34°43′13″N，水域面积 215 hm²，大天鹅多聚集于此景区内大面积的浅水区域。周围主要有人工种植的大片荷花（莲）、野生的芦苇、蔊菜、繁穗苋（*Amaranthus paniculatus*）、一年蓬（*Erigeron annuus*）、风花菜（*Rorippa globosa*）等湿地植物，见图 3.3。

图 3.2　河南三门峡市天鹅湖国家城市湿地公园

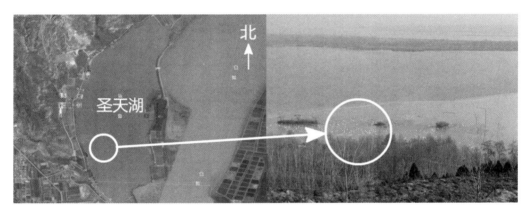

图 3.3　山西芮城县圣天湖景区

山西平陆县三湾天鹅湖景区（以下简称"三湾"）位于山西省运城市平陆县，湖面与黄河连通，中心地理坐标为 111°8′56″E，34°49′36″N，水域面积 108 hm²，大天鹅主要聚集分布在景区内距离游客较近的近岸水域、靠近麦田的河岸、河中央等地，周围有芦苇、香蒲、苘麻、玉米、小麦等植物。靠近岸边有木栈道供游人观赏大天鹅，见图 3.4。

图 3.4　山西平陆县三湾天鹅湖景区

河南三门峡王官湿地（以下简称"王官"）位于三门峡市湖滨区王官村，与黄河相连，属于周期性洪泛地区，冬季水库蓄水时淹没王官湿地浅滩形成大面积浅水区域，水域面积约 150 hm²，大天鹅多聚集在浅滩。中心地理坐标为 111°15'42"E，34°48'11"N，属于周期性洪泛地区，夏季水退后成为农田，种植油葵（*Helianthus annuus*）等作物，冬季水淹，周围有大面积野生湿地植物，风花菜、一年蓬、繁穗苋、芦苇、苍耳、蓼菜等，周边高地有白杨（*Populus tomentosa*）为主的林地。此地游客稀少。见图 3.5。

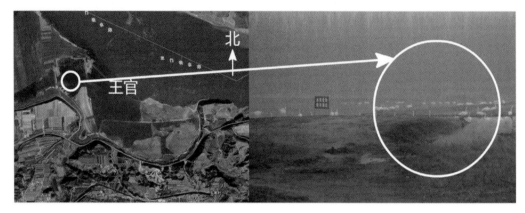

图 3.5　河南三门峡王官湿地

河南三门峡灵宝市北营湿地、北村湿地、山西平陆县车村湿地（以下简称"北营北村车村"）是黄河中下游三门峡库区内的一段黄河河道近岸浅滩。中心地理坐标为 110°58'33"E，34°42'34"N，水域面积 450 hm²。大天鹅栖息的地方为距离河岸较远的洪泛区边缘，这里在春末是种植玉米和大豆的农田，冬季水位上升，部分洪泛区的玉米地被淹。北村湿地处于黄河流水由急变缓的地区，部分地区水流急而深，部分地区水流缓而浅。大天鹅多栖息于距离浅滩较近、水流相对较缓的区域，且周围有芦苇等植物丛生，偶有船只经过。见图 3.6。

图 3.6　"北营北村车村"黄河湿地

河南三门峡黄河公园（以下简称"黄河公园"）位于三门峡市湖滨区，与黄河相邻，中心地理坐标为 111°12′13″E，34°47′48″N，水域面积为 16 hm²，周边有千屈菜、小香蒲（*Typha minima* Funck）、菖蒲（*Acorus calamus*）、小麦等植物，天鹅主要在湖心岛及其周围水域活动。公园内种植的乔木为旱柳（*Salix matsudana*）、水杉（*Metasequoia glyptostroboides*）、枫杨（*Pterocary astenoptera*）。见图 3.7。

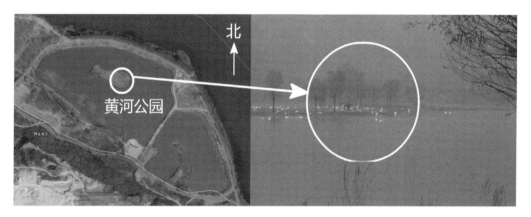

图 3.7　河南三门峡黄河公园

3.3　分布区栖息地类型与人类影响程度

鸟类在栖息地的分布利用主要受种群动态（Fretwell，1969）、栖息地质量（Chandler，2011）、气候（Smith *et al.*，2011）和人为活动（Andueza *et al.*，2014）影响。通过对大天鹅主要栖息地的调查发现，大天鹅的栖息地类型包括：浅水河流、浅水湖泊、滩涂、农田等。在这 6 个大天鹅栖息地中，受人类活动的影响程度不一样，按程度分为：人工环境、半人工环境、近似野外自然环境、野外自然环境。

（1）天鹅湖属可人工调蓄的浅水人工湖湿地。作为城市湿地公园，人类活动较多，有各种景观植物和湖边栽培的湿生植物以及为大天鹅栖息所建浅滩，天鹅湖（青龙湖和苍龙湖）共有 7 个投食点，越冬期间公园适量投放玉米供大天鹅取食，公园内栽培的莲藕、自然生长的多种湿地植物均可作为天鹅的食物，为其补充能量。

（2）圣天湖属于黄河河湾处人工封围的湿地，近似野外自然环境。冬季封闭管理，人类活动干扰较少，有 2 个投食点，每天投放少量玉米粒，周围有大量湿地植物风花菜群落和人工种植的莲藕。大天鹅活动于投食点附近的浅水区、莲藕区和距离投食点较远的大面积水域。

（3）三湾天鹅湖属于黄河河湾处半封围湿地，半人工环境。景区内游人较多，木栈道距离大天鹅活动的浅滩距离很近，允许游人投喂少量的玉米与大天鹅互动，大天鹅对人警戒性低。三湾景区内有耕地，种植大量冬小麦供大天鹅取食，有2个投食点，投喂适量玉米为大天鹅补充能量。

（4）王官毗邻黄河，属于周期性洪泛湿地，夏季种植庄稼，冬季水库蓄水淹没浅滩形成大面积浅水区域，近似野外环境。有1个投食点，投放少量玉米，人类活动较少，大天鹅警惕性较强，多活动在离岸边稍远的浅水区域。

（5）北村北营车村湿地包括开敞的黄河河湾洪泛湿地和部分河道滩涂区，属于野外自然环境，没有人工投食。车村湿地大天鹅主要栖息于距河岸较远的洪泛区边缘，夏季农田种植玉米，冬季水位上升淹没农田，但水深不超过0.5 m。北村湿地处于黄河流水由急变缓的拐弯地区，有急流深水区和缓流浅水区，大天鹅多栖息于缓流浅滩，周围有芦苇、香蒲等植物。

（6）黄河公园大天鹅栖息地属小型人工环境。在2014年将一处100余亩人工湖改造为有湖心岛和周边浅滩的大天鹅招引栖息地，有一个玉米投放点位于湖心岛。大天鹅栖息水域周边为水生植物和草坪隔离带，其外被游览道路围绕，人类活动影响较强。

生境选择行为表明，不同生境之间存在差异，这些差异为野生动物提供了不同的生态环境，进而对野生动物的生存和繁殖造成影响（江红星等，2010）。根据动物栖息地选择理论，动物选择栖息地主要考虑三个要素，即水、食物、隐蔽物。而大天鹅对这几个栖息地的选择主要就是浅水、植食性食物、较少人为干扰。大天鹅是游禽，其生活过程需要饮水，觅食时需要水位0.5 m（脖子能伸到水下的距离）左右的水深，栖息地多在水中或距离水源较近地区。大天鹅越冬期间需要补充能量以抵御严寒，维持生命活动，对食物的需求较大，因此，观察发现人工投食对大天鹅的分布有明显的影响，人工投食对大天鹅的吸引有正反馈作用。此外，种植或自然生长的荷花群落、风花菜群落、芦苇群落、小麦地、玉米地等大天鹅可以取食的植物对于大天鹅分布也有影响，而这些植物分布于浅水环境或河岸带，这也是经常见到天鹅在浅水区域活动的原因。大天鹅在库区存在多个种群，不同的种群对人类活动的适应程度不同，导致部分种群的天鹅可以与人近距离接触，主要是受人类投食的影响。部分种群时刻与人保持距离，这导致观察到大天鹅在野生自然环境下，喜欢栖息于距离河岸较远的河中滩涂。

调查发现大天鹅在越冬地为集群分布，与国内研究学者结论一致，夜栖地和白天活动区域相同，但更靠近浅滩。集群分布的优点是便于联系、具有群体保护作用，也增加了种群间、种群内部、家庭间的交流，有利于种群的发展。缺点则是加剧了种内竞争、传播疾病、数量过大时会导致环境恶化、个体间互相干预（孙儒泳，2001）。对大天鹅越冬种群的保护既要利用集群分布的优点，管控好栖息地环境指标，尤其是预防禽流感的发生；也要做好更多栖息地的优化和修复，尽量避免数量过于集中。

3.4 重点研究区——天鹅湖国家城市湿地公园

3.4.1 公园概况

天鹅湖国家城市湿地公园所在的湖滨区是三门峡市唯一的市辖区和政治、文化、金融、商贸中心。湿地公园位于滨湖区西部，是东、西城区之间的生态区。湿地公园是在古陕州城遗址及青龙、苍龙两条涧河治理改造，建设青龙坝、苍龙坝蓄水成湖的基础上逐步建设的。2007 年，公园被建设部命名为三门峡市天鹅湖国家城市湿地公园，是目前库区流域内越冬大天鹅数量最多的区域和开展三门峡大天鹅研究的重点区域。2010 年三门峡市被中国野生动物保护协会授予"中国大天鹅之乡"的荣誉称号。2011 年，三门峡市天鹅湖国家城市湿地公园被国家旅游局评为"国家 AAAA 级旅游景区"。

3.4.2 自然地理条件

公园位于三门峡市，地理坐标为 34°46′11″N~34°47′21″N，111°7′41″E~111°9′20″E。该区域地处黄土高原东部，属于豫西丘陵山区，南为秦岭支脉，西、北、东为中条山支脉。1991—2000 年对三门峡市湖滨区的统计资料显示，该区域全年平均太阳辐射量为 497.06 kcal/cm²，年平均日照时数 2 132.1 h，年平均日照率是 51%，年平均气温 14.1℃，全年平均无霜期 201 d，年降水量为 500~650 mm，蒸发量 1 709 mm，属暖温带大陆性季风气候。公园规划面积 800 hm²，其中陆地 410 hm²，水面、滩涂 400 hm²。

天鹅湖湿地公园是库区唯一的国家级湿地公园，是目前库区越冬大天鹅数量最多的区域，也是三门峡市"天鹅之城"靓丽名片的所在地，受到全市各方面高度关注。为了留住更多的越冬大天鹅，市财政设立了"三门峡市大天鹅招引生态工程项目研究与示范"课题，首先从天鹅湖现有的环境条件和大天鹅行为、食性等方面开展研究，在此基础上进行栖息地优化与修复示范，通过生态环境的改善，实现大天鹅的招引。

由于大天鹅一般在水面和滩涂活动，因此，位于天鹅湖的主要研究区域为天鹅湖国家城市湿地公园内的水域及周围滩涂。研究区域地势相对平缓，海拔 320 m 左右，西邻黄河，东有青龙涧河与苍龙涧河。北部的青龙湖由青龙涧河注入形成，面积 120 hm²，南部的苍龙湖由苍龙涧河注入形成，面积 73.3 hm²。两湖多数区域水位在 1 m 以内，每年夏季与黄河水进行交换，水质保持在较好水平。

3.4.3 生物多样性

2014 年项目启动后，研究团队在研究区域首先开展了植物调查，记录到研究区内有植物 247 种，主要植被群落有 21 种，分别为 3 种木本植物群落、3 种中生植物群落、

6 种湿生草本群落、5 种水生草本群落、4 种栽培群落。目前已在天鹅湖湿地公园记录到各种鸟类达到 200 余种,被誉为"鸟类的乐园"。湿地公园的动植物资源较为丰富。

3.4.4 历史文化

天鹅湖是三门峡市集自然风光与历史文化于一身的国家城市湿地公园。园内有苍龙涧河、青龙涧河与黄河共同环抱的三河广场,黄河母爱雕塑,108 个品种、2 万余株的牡丹苑。有以西周开国元勋周公旦命名的周公岛,有 3000 年历史的周公、召公奉诏分陕而治的"分陕石"。分陕而治后,二人为周朝的兴盛鞠躬尽瘁,召公能体恤民情,勤政爱民,常深入基层察访,问政于阡陌之间,决讼于甘棠树下,宁劳一身而不劳百姓。轻车简从,粗茶淡饭,拒绝官吏盛情款待,处理政务公道正派,为百姓解决生产生活中的实际问题,事迹被后人广为传颂。其"尚德爱民"的思想为后来的儒家学说奠定了坚实基础,让我们从传统文化中找到"以人为本,执政为民"的政治理念之根。园内钟鼓楼和甘棠苑正是陕州故城千古佳话"甘棠遗爱、召公勤政"的地方,已成为河南省廉政教育基地之一。

每年 10 月底—次年 3 月,都有数千只白天鹅在湿地公园的天鹅湖栖息越冬,洁白美丽的白天鹅、碧波荡漾的湖水与深沉厚重的黄土高坡融为一体,形成一幅人与自然和谐相处的美丽画卷,成为河南省"三点一线"精品旅游路线的一个重要组成部分,吸引了全国各地的游客和摄影爱好者,天鹅湖已成为国内最有名的大天鹅拍摄基地,中央电视台、新华社等主流媒体热播的对象。大天鹅招引生态工程项目研究首先在该城市湿地公园展开,通过研究与示范更好地服务三门峡市的生态文明建设,促进人与自然和谐发展,为黄河流域的生态保护与高质量发展提供范例。

参考文献

江红星,刘春悦,侯韵秋,等,2010. 3S 技术在鸟类栖息地研究中的应用 [J].林业科学,46(7):9.

李淑红,2017. 三门峡库区越冬大天鹅的活动区、迁徙与禽流感传播的相关性研究 [D].北京:中国林业科学研究院.

孙浩,于海龙,李云峰,等,2018. 三门峡越冬大天鹅栖息地选择研究 [J].湿地科学与管理,14(3):4.

孙儒泳,2001. 动物生态学原理:第三版 [M].北京:北京师范大学出版社.

薛建辉,2006. 全国高等农林院校教材——森林生态学 [M].北京:中国林业出版社.

叶永忠,张斌强,2015. 河南黄河湿地国家级自然保护区科学考察集 [M].郑州:

河南科学技术出版社.

张国钢，陈丽霞，李淑红，等，2016.黄河三门峡库区越冬大天鹅的种群现状［J］. 动物学杂志，51（2）：8.

Andueza M, Arizaga J, Barba E, et al., 2014. Spatial distribution and habitat use of reed warblers Acrocephalus scirpaceus during the autumn migration［J］.Behaviour, 151(6): 799-817.

Chandler R, King D, 2011. Habitat quality and habitat selection of golden-winged warblers in Costa Rica: an application of hierarchical models for open populations［J］. Appl.Ecol, 48（4）: 1038-1047.

Fretwell S D, 1969. On territorial behavior and other factors influencing habitat distribution in birds［J］.Acta Biotheoretica, 19（1）: 45-52.

Smith J, Reitsma L R, Marra P, 2011. Influence of moisture and food supply on the movement dynamics of a nonbreeding migratory bird *Parkesia noveboracensis* in a seasonal landscape［J］.Auk, 128（1）: 43-52.

第4章
天鹅湖国家城市湿地公园植被特征

4.1 调查方法

    为掌握天鹅湖国家城市湿地公园的植物本底情况，分析大天鹅的食物资源，为公园大天鹅承载力计算和栖息地修复提供理论支持。2014年7月，在天鹅湖国家城市湿地公园利用样方法和样线法调查植物种类和群落特征。围绕青龙湖和苍龙湖设计两条样线，沿样线调查并结合样方法记录样方内的植物群落特征。样方设置在样线周围具有代表性的地带，乔木（高度3 m以上）样方调查面积10 m×10 m，灌木（高度为1~3 m）样方调查面积2 m×2 m，草本植物样方调查面积1 m×1 m。对于草本植物，样方内的同种植物取数株，称量植物地上部分鲜重，再换算成样方内该植物的生物量。

4.2 主要群落类型和在公园内的分布

1. 白蜡群落

    白蜡（*Fraxinus chinensis*）群落高度5.5 m，盖度85%，白蜡胸径平均6.4 cm，林下植被盖度60%，包括草本植物：狗牙根（*Cynodon dactylon*）、圆叶牵牛（*Ipomoea purpurea*）、日本打碗花（*Calystegia japonica*）、齿果酸模（*Rumex dentatus*）、罗布

麻（*Apocynum venetum*）等。该群落位于苍龙湖木栈道沿线。

2. 速生杨群落

速生杨（*Populus tomentosa* Carr.）林群落高度 22 m，盖度 95%，低矮植被盖度 30%。该群落有多层垂直结构，高大乔木主要是速生杨和雪松，速生杨平均胸径 19 cm，高度 22 m，盖度 60%，雪松平均胸径 11.5 cm，高度 8 m，盖度 20%。灌丛是构树林，平均胸径 11.5 cm，高度 3 m，盖度 30%。草本植物有：三叶鬼针草（*Bidens pilosa*）、鹅绒藤（*Cynanchum chinense*）、蒙古蒿（*Artemisia mongolica*）等。该群落位于青龙湖南侧与苍龙湖交界的区域。

3. 旱柳群落

旱柳（*Salix matsudana*）群落高度 15 m，盖度 80%，草本植被盖度 60%。该群落具多层垂直结构，乔木层旱柳高度 8~15 m，胸径平均 17.6 cm，盖度 60%。灌木层有紫穗槐（*Amorpha fruticosa*）、构树（*Broussonetia papyrifera*）、大叶黄杨（*Buxus megistophylla*），高度 0.5~1.6 m，盖度 63%。草本植物层：狗牙根、芦苇、斑地锦（*Euphorbia maculata*）、铁苋菜（*Acalypha australis*）等。该群落在青龙湖南与苍龙湖交界区域、苍龙湖南部均有分布。

4. 狗牙根群落

狗牙根群落高 75 cm，盖度 83%。伴生草本植物种类较多，如稗、芦苇、牵牛（*Ipomoea nil*）、狗尾草（*Setaria viridis*）、灰绿藜（*Chenopodium glaucum*）、马唐、鹅绒藤等。狗牙根属于常见路边杂草，在三门峡天鹅湖湿地公园该群落见于青龙湖东观鸟屋周围、东观鸟屋对岸的土包等处。

5. 喜旱莲子草 - 香蒲群落

该群落由三种植物群丛组成：喜旱莲子草（*Alternanthera philoxeroides*）群丛，高 60 cm，盖度 80%；香蒲群丛，高 160 cm，盖度 40%；水葱（*Scirpus validus*）群丛，高 100 cm，盖度 10%。此外，还包含少数酸模叶蓼。分布于东观鸟屋附近浅水区域和苍龙湖东岸等地。

6. 喜旱莲子草群落

该群落以喜旱莲子草为主，伴生有假稻（*Leersia japonica*）、水葱。群落总盖度为 73%。喜旱莲子草群丛，高 55 cm，盖度 50%；假稻群丛，高 60 cm，盖度 20%；水葱群丛，高 100 cm，盖度 3%。见于苍龙湖木栈道旁边浅水区域。

7. 喜旱莲子草 - 长鬃蓼群落

该群落以喜旱莲子草群丛和长鬃蓼（*Polygonum longisetum*）群丛为主。群落总盖度 80%。喜旱莲子草群丛，高 40 cm，盖度为 50%；长鬃蓼群丛，高 60 cm，盖度为 30%。其他植物有扁秆藨草（*Scirpus planiculmis*）、苍耳、圆叶牵牛等。见于苍龙湖南部水边。

8. 狗尾草群落

该群落以狗尾草为主，总盖度80%。狗尾草群丛，高40 cm，盖度45%。伴生有多种草本植物，如铁苋菜、小蓬草（*Conyza canadensis*）、藜（*Chenopodium album*）、龙葵（*Solanum nigrum*）、茵陈蒿（*Artemisia capillaris*）、蒺藜（*Tribulus terrestris*）、地肤（*Kochia scoparia*）、斑地锦、牛筋草（*Eleusine indica*）、田旋花（*Convolvulus arvensis*）等。见于东观鸟屋附近路边野地。

9. 假稻群落

假稻群落总盖度45%。其中假稻群丛高50 cm，盖度43%。伴生有莎草科植物。见于苍龙湖木栈道附近。

10. 芦苇群落

该群落以芦苇群丛为主，伴有水葱群丛，群落总盖度85%。芦苇群丛，高175~200 cm，盖度30%~80%；水葱群丛，高170 cm，盖度30%。其余植物有假稻、喜旱莲子草等。见于苍龙湖木栈道附近水域。

11. 苍耳 – 扁秆藨草群落

该群落以苍耳群丛、扁秆藨草群丛为主，总盖度85%。苍耳群丛，高40 cm，盖度45%；扁秆藨草群丛，高80 cm，盖度40%。其余植物有钻叶紫菀（*Aster subulatus*）、长芒稗（*Echinochloa caudata*）、马唐、黄花鸢尾（*Iris wilsonii*）、白茅（*Imperata cylindrica*）、桑（*Morus alba*）、裂叶牵牛（*Pharbitis hederacea*）等。见于苍龙湖木栈道附近洲滩。

12. 红鳞扁莎群落

该群落总盖度73%。其中，红鳞扁莎群丛，高90 cm，盖度为63%。其他植物包括：稗、苍耳等。见于苍龙湖木栈道附近浅水区域。

13. 苍耳群落

该群落总盖度为75%~85%。主要包括三个群丛：苍耳群丛，高20~35 cm，盖度45%~60%；圆叶牵牛群丛，高10~20 cm，盖度5%~35%；扁秆藨草群丛，高80 cm，盖度0~30%。其他还有少数酸模叶蓼。见于苍龙湖南部水边洲滩。

14. 荇菜群落

该群落总盖度为98%。包括两个群丛：荇菜（*Nymphoides peltatum*）群丛，盖度70%；紫萍（*Spirodela polyrrhiza*）群丛，盖度28%。见于苍龙湖南部和西北部等水域。

15. 酸模叶蓼群落

该群落总盖度为80%。主要包括三个群丛：酸模叶蓼群丛，高100~120 cm，盖度60%；苍耳群丛，高10 cm，盖度10%；圆叶牵牛群丛，高10 cm，盖度8%。其他伴生植物有：喜旱莲子草、香蒲、水葱、欧苍耳、芦苇等。见于苍龙湖南部水边洲滩、东观鸟屋对面土包周围浅滩。

16. 白茅 – 芦苇群落

该群落总盖度 70%。白茅群丛，高 100 cm，盖度 50%；芦苇群丛，高 120 cm，盖度 30%。其他伴生植物有：罗布麻、苍耳、水莎草（*Juncellus serotinus*）、旱柳等。见于青龙湖南侧浅水区域。

17. 圆叶牵牛 – 欧苍耳群落

该群落总盖度 45%。圆叶牵牛群丛，高 5 cm，盖度 20%；欧苍耳群丛，高 5 cm，盖度 13%。伴生有其他莎草科植物。见于东观鸟屋对岸土包周围的荒地中。

18. 长芒稗群落

该群落总盖度 85%。主要包括三个群丛：长芒稗群丛，高 110cm，盖度 60%；酸模叶蓼群丛，高 80 cm，盖度 15%；扁秆蔗草群丛，高 80 cm，盖度 10%。见于东观鸟屋对岸土包南侧水域周围。

19. 稗群落

该群落总盖度为 95%。稗群丛，高 180cm，盖度 80%。其他植物有：苍耳、喜旱莲子草、圆叶牵牛、马齿苋（*Portulaca oleracea*）等。见于青龙湖北侧观鸟平台周围。

20. 黄花鸢尾群落

人工栽培，见于青龙湖南侧水边洲滩。

21. 荷花群落

人工栽培，见于青龙湖东侧、东南、青龙湖至苍龙湖水道和苍龙湖东北区域等处。

以上 21 个群落中，自然生长的以水生和湿生植物为主群落，主要分布在苍龙湖东岸和北岸及周边区域，苍龙湖与青龙湖连接的水道，青龙湖清淤后的防浪墙下的浅水和滩涂区，青龙湖西南角的浅水和滩涂区等处，成为大天鹅的重要食物来源之一。

4.3 植物名录

2014 年夏季，在三门峡市天鹅湖国家城市湿地公园开展植物资源调查，共记录到植物 4 门 74 科 173 属 247 种。其中，轮藻门 1 科 1 属 1 种，蕨类植物 2 科 2 属 2 种，裸子植物 4 科 9 属 14 种，被子植物 68 科 161 属 230 种，具体名录见表 4.1。

表 4.1　三门峡市天鹅湖国家城市湿地公园植物名录

科	属	种
轮藻门 CHAROPHYTA		
轮藻科 Characeae	轮藻属 *Chara*	普生轮藻 *Chara vulgaris*
蕨类植物门 PTERIDOPHYTA		
木贼科 Equisetaceae	木贼属 *Equisetum*	犬问荆 *Equisetum palustre* L.

科	属	种
苹科 Marsileaceae	苹属 Marsilea	四叶苹 Marsilea quadrifolia

裸子植物门 GYMNOSPERMAE

科	属	种
松科 Pinaceae	松属 Pinus	油松 Pinus tabulaeformis
		华山松 Pinus armandii
		白皮松 Pinus bungeana
	雪松属 Cedrus	雪松 Cedrus deodara
	云杉属 Picea	云杉 Picea asperata Mast.
柏科 Cupressaceae	侧柏属 Platycladus	侧柏 Platycladus orientalis （L.）Franco
	圆柏属 Sabina	洒金柏 Sabina chinensis
		沙地柏 Sabina vulgaris
		龙柏 Sabina chinensis
	柏木属 Cupressus	塔柏 Cupressus pyramidalis
	刺柏属 Juniperus	刺柏 Juniperus formosana
		铺地柏 Juniperus procumbens
杉科 Taxodiaceae	水杉属 Metasequoia	水杉 Metasequoia glyptostroboides
银杏科 Ginkgoaceae	银杏属 Ginkgo	银杏 Ginkgo biloba L.

被子植物门 ANGIOSPERMAE

双子叶植物纲 DICOTYLEDONEAE

科	属	种
杨柳科 Salicaceae	杨属 Populus	毛白杨 Populus tomentosa
		加拿大杨 Populus canadensis Moench
		钻天杨 Populus nigra var. italica
		沙兰杨 Populus × canadensis "Sacrau 79."
	柳属 Salix	垂柳 Salix babylonica
		旱柳 Salix matsudana
		馒头柳 Salix matsudana var. matsudana f. umbraculi-fera
		竹柳 Salix fragilis
榆科 Ulmaceae	榆属 Ulmus	家榆 Ulmus pumila
桑科 Moraceae	构树属 Broussonetia	构树 Broussonetia papyrifera
	桑属 Morus	桑 Morus alba
	葎草属 Humulus	葎草 Humulus scandens

科	属	种
蓼科 Polygonaceae	蓼属 Polygonum	酸模叶蓼 Polygonum lapathifolium
		红蓼 Polygonum orientale
		水蓼 Polygonum hydropiper
		长鬃蓼 Polygonum longisetum
	酸模属 Rumex	齿果酸模 Rumex dentatus
藜科 Chenopodiaceae	藜属 Chenopodium	藜 Chenopodium album
		灰绿藜 Chenopodium glaucum
	地肤属 Kochia	地肤 Kochia scoparia
苋科 Amaranthaceae	莲子草属 Alternanthera	喜旱莲子草 Alternanthera philoxeroides
	苋属 Amaranthus	反枝苋 Amaranthus retroflexus
		皱果苋 Amaranthus viridis
		长芒苋 Amaranthus palmeri
马齿苋科 Portulacaceae	马齿苋属 Portulaca	马齿苋 Portulaca oleracea
石竹科 Caryophyllaceae	石竹属 Dianthus	瞿麦 Dianthus superbus
		石竹 Dianthus chinensis
睡莲科 Nymphaeaceae	莲属 Nelumbo	莲 Nelumbo nucifera
	睡莲属 Nymphaea	睡莲 Nymphaea tetragona
芍药科 Paeoniaceae	芍药属 Paeonia	芍药 Paeonia lactiflora
		牡丹 Paeonia suffruticosa Andr.
毛茛科 Ranunculaceae	铁线莲属 Clematis	锈毛铁线莲 Clematis leschenaultiana
十字花科 Cruciferae	蔊菜属 Rorippa	沼生蔊菜 Rorippa palustris
	荠菜属 Capsella	荠菜 Capsella burse-pastoris
蔷薇科 Rosaceae	桃属 Amygdalus	红叶碧桃 Amygdalus persica f. atropurpurea
		碧桃 Amygdalus persica var. persica f. duplex
		山桃 Amygdalus davidiana
		榆叶梅 Amygdalus triloba
		重瓣榆叶梅 Amygdalus triloba f. multiplex
		桃 Amygdalus persica

（续）

科	属	种
蔷薇科 Rosaceae	桃属 Amygdalus	紫叶桃 Amygdalus persica 'Atropurpurea' Schneid.
	李属 Prunus	红叶李 Prunus cerasifera pissardii
		李 Prunus salicina
	蔷薇属 Rosa	月季 Rosa chinensis
		小月季 Rosa chinensis var. minima（Sims.）Voss
		玫瑰 Rosa rugosa
		藤本月季 Climbing Roses
		黄刺玫 Rosa xanthina
	珍珠梅属 Sorbaria	珍珠梅 Sorbaria sorbifolia
	木瓜属 Chaenomeles	贴梗海棠 Chaenomeles speciosa
		木瓜 Chaenomeles sinensis
	石楠属 Photinia	石楠 Photinia sennulata
	棣棠花属 Kerria	棣棠花 Kerria japonica
	梨属 Pyrus	梨 Pyrus × michauxii
	火棘属 Pyracantha	火棘 Pyracantha fortuneana
	枇杷属 Eriobotrya	枇杷 Eriobotrya japonica
	苹果属 Malus	西府海棠 Malus micromalus
		苹果 Malus pumila
		垂丝海棠 Malus halliana
		海棠 Malus spectabilis
	杏属 Armeniaca	杏 Armeniaca vulgaris
		梅 Armeniaca mume
	樱属 Cerasus	东京樱花 Cerasus yedoensis
豆科 Leguminosae	胡枝子属 Lespedeza	达呼里胡枝子 Lespedeza daurica
	大豆属 Glycine	野大豆 Glycine soja
	紫穗槐属 Amorpha	紫穗槐 Amorpha fruticosa
	刺槐属 Robinia	刺槐 Robinia pseudoacacia
	槐属 Sophora	槐 Sophora japonica
		龙爪槐 Sophora japonica f. pendula
豆科 Leguminosae	槐属 Sophora	金枝槐 Sophora japonica

科	属	种
豆科 Leguminosae	紫藤属 Wisteria	紫藤 Wisteria sinensis
	合欢属 Albizia	合欢 Albizia julibrissin
	车轴草属 Trifolium	白车轴草 Trifolium repens
	甘草属 Glycyrrhiza	刺果甘草 Glycyrrhiza pallidiflora
	紫荆属 Cercis	紫荆 Cercis chinensis
	皂荚属 Gleditsia	皂荚 Gleditsia sinensis
蒺藜科 Zygophyllaceae	蒺藜属 Tribulus	蒺藜 Tribulus terrestris
鼠李科 Rhamnaceae	枣属 Ziziphus	酸枣 Ziziphus jujuba var. spinosa
		枣 Ziziphus jujuba
葡萄科 Vitaceae	地锦属 Parthenocissus	爬山虎 Parthenocissus tricuspidata
		五叶地锦 Parthenocissus quinquefolia
	蛇葡萄属 Ampelopsis	葎叶蛇葡萄 Ampelopsis humulifolia
	葡萄属 Vitis	葡萄 Vitis vinifera
锦葵科 Malvaceae	苘麻属 Abutilon	苘麻 Abutilon theophrasti
	木槿属 Hibiscus	木槿 Hibiscus syriacus
堇菜科 Violaceae	堇菜属 Viola	紫花地丁 Viola philippica
千屈菜科 Lythraceae	千屈菜属 Lythrum	千屈菜 Lythrum salicaria
	紫薇属 Lagerstroemia	紫薇 Lagerstroemia indica
睡菜科 Menyanthaceae	荇菜属 Nymphoides	荇菜 Nymphoides peltatum
萝藦科 sclepiadaceae	鹅绒藤属 Cynanchum	鹅绒藤 Cynanchum chinense
	杠柳属 Periploca	杠柳 Periploca sepium
旋花科 Convolvulaceae	打碗花属 Calystegia	日本打碗花 Calystegia japonica
	旋花属 Convolvulus	田旋花 Convolvulus arvensis
	菟丝子属 Cuscuta	日本菟丝子 Cuscuta japonica
	牵牛属 Pharbitis	裂叶牵牛 Pharbitis hederacea
	番薯属 Ipomoea	圆叶牵牛 Ipomoea purpurea
唇形科 Labiatae	水棘针属 Amethystea	水棘针 Amethystea caerulea
	薄荷属 Mentha	薄荷 Mentha canadensis

科	属	种
茄科 Solanaceae	茄属 Solanum	龙葵 Solanum nigrum
	枸杞属 Lycium	枸杞 Lycium chinense
车前科 Plantaginaceae	车前属 Plantago	大车前 Plantago major
石榴科 Punicaceae	石榴属 Punica	石榴 Punica granatum
葫芦科 Cucurbitaceae	西瓜属 Citrullus	西瓜 Citrullus lanatus
菊科 Compositae	鬼针草属 Bidens	三叶鬼针草 Bidens pilosa
	紫菀属 Aster	钻叶紫菀 Aster subulatus
	菊属 Dendranthema	甘菊 Dendranthema lavandulifolium
	鳢肠属 Eclipta	鳢肠 Eclipta prostrata
	莴苣属 Lactuca	山莴苣 Lactuca indica
	蒿属 Artemisia	野艾蒿 Artemisia lavandulaefolia
		蒙古蒿 Artemisia mongolica
		茵陈蒿 Artemisia capillaris
		白莲蒿 Artemisia sacrorum
	百日菊属 Zinnia	百日菊 Zinnia elegans
	金盏菊属 Calendula	金盏花 Calendula officinalis
	秋英属 Cosmos	波斯菊 Cosmos bipinnatus
	松果菊属 Echinacea	松果菊 Echinacea purpurea
	白酒菊属 Conyza	小蓬草 Conyza canadensis
	向日葵属 Helianthus	向日葵 Helianthus annuus
	苍耳属 Xanthium	苍耳 Xanthium sibiricum
	苦荬菜属 Ixeris	野苦荬菜 Ixeris denticulata
	苦苣菜属 Sonchus	苦荬菜 Sonchus arvensis
		苦苣菜 Sonchus oleraceus
	泥胡菜属 Hemisteptia	泥胡菜 Hemisteptia lyrata
	天名精属 Carpesium	烟管头草 Carpesium cernuum
菊科 Compositae	飞蓬属 Erigeron	飞蓬 Erigeron acer
		一年蓬 Erigeron annuus
芸香科 Rutaceae	花椒属 Zanthoxylum	花椒 Zanthoxylum bungeanum
夹竹桃科 pocynaceae	罗布麻属 Apocynum	罗布麻 Apocynum venetum

科	属	种
大戟科 Euphorbiaceae	铁苋菜属 *Acalypha*	铁苋菜 *Acalypha australis*
	大戟属 *Euphorbia*	地锦草 *Euphorbia humifusa*
		斑地锦 *Euphorbia maculata*
小檗科 Berberidaceae	南天竹属 *Nandina*	南天竹 *Nandina domestica*
	小檗属 *Berberis*	紫叶小檗 *Berberis thunbergii* var. *atropurpurea*
	十大功劳属 *Mahonia*	阔叶十大功劳 *Mahonia bealei*
		十大功劳 *Mahonia fortunei*
悬铃木科 Platanaceae	悬铃木属 *Platanus*	三球悬铃木 *Platanus orientalis*
木兰科 Magnoliaceae	木兰属 *Magnolia*	荷花玉兰 *Magnolia grandiflora*
		二乔木兰 *Magnolia soulangeana*
	含笑属 *Michelia*	白兰 *Michelia alba*
木樨科 Oleaceae	梣属 *Fraxinus*	白蜡树 *Fraxinus chinensis*
	连翘属 *Forsythia*	连翘 *Forsythia suspensa*
		金钟花 *Forsythia viridissima*
	女贞属 *Ligustrum*	小叶女贞 *Ligustrum quihoui*
		女贞 *Ligustrum lucidum*
		金叶女贞 *Ligustrum* × *vicaryi*
	素馨属 *Jasminum*	迎春花 *Jasminum nudiflorum*
		探春花 *Jasminum floridum*
	丁香属 *Syringa*	紫丁香 *Syringa oblata*
	木樨属 *Osmanthus*	木樨 *Osmanthus fragrans*
	流苏树属 *Chionanthus*	流苏树 *Chionanthus retusus*
漆树科 Anacardiaceae	盐肤木属 *Rhus*	火炬树 *Rhus typhina*
		盐肤木 *Rhus chinensis*
	黄连木属 *Pistacia*	黄连木 *Pistacia chinensis*
	黄栌属 *Cotinus*	黄栌 *Cotinus coggygria*
黄杨科 Buxaceae	黄杨属 *Buxus*	大叶黄杨 *Buxus megistophylla*
		小叶黄杨 *Buxus sinica* var. *parvifolia*
		雀舌黄杨 *Buxus bodinieri*
		黄杨 *Buxus sinica*

科	属	种
无患子科 Sapindaceae	栾树属 Koelreuteria	全缘叶栾 Koelreuteria bipinnata var. integrifoliola
		栾树 Koelreuteria paniculata
忍冬科 Caprifoliaceae	锦带花属 Weigela	锦带花 Weigela florida
山茱萸科 Cornaceae	山茱萸属 Cornus	山茱萸 Cornus officinalis
	梾木属 Swida	红瑞木 Swida alba
苦木科 Simaroubaceae	臭椿属 Ailanthus	臭椿 Ailanthus altissima
楝科 Meliaceae	楝属 Melia	楝 Melia azedarach
冬青科 Aquifoliaceae	冬青属 Ilex	枸骨 Ilex cornuta
胡桃科 Juglandaceae	枫杨属 Pterocarya	枫杨 Pterocarya stenoptera
槭树科 Aceraceae	槭属 Acer	色木槭 Acer mono
		红枫 Acer palmatum atropurpureum
七叶树科 Hippocastanaceae	七叶树属 Aesculus	七叶树 Aesculus chinensis
梧桐科 Sterculiaceae	梧桐属 Firmiana	梧桐 Firmiana simplex
五加科 Araliaceae	常春藤属 Hedera	常春藤 Hedera nepalensis var. sinensis
杜仲科 Eucommiaceae	杜仲属 Eucommia	杜仲 Eucommia ulmoides
海桐科 Pittosporaceae	海桐属 Pittosporum	海桐 Pittosporum tobira
柿树科 Ebenaceae	柿属 Diospyros	柿 Diospyros kaki
		君迁子 Diospyros lotus
柽柳科 Tamaricaceae	柽柳属 Tamarix	柽柳 Tamarix chinensis
紫葳科 Bignoniaceae	紫葳属 Campsis	凌霄 Campsis grandiflora
酢浆草科 Oxalidaceae	酢浆草属 Oxalis	红花酢浆草 Oxalis corymbosa
单子叶植物纲 MONOCOTYLEDONEAE		
香蒲科 Typhaceae	香蒲属 Typha	香蒲 Typha orientalis
		达香蒲 Typha davidiana
黑三棱科 Sparganiaceae	黑三棱属 Sparganium	黑三棱 Sparganium stoloniferum
		狭叶黑三棱 Sparganium stenophyllum

（续）

科	属	种
眼子菜科 Potamogetonaceae	眼子菜属 *Potamogeton*	菹草 *Potamogeton crispus*
		篦齿眼子菜 *Potamogeton pectinatus*
		马来眼子菜 *Potamogeton malaianus*
		光叶眼子菜 *Potamogeton lucens*
泽泻科 Alismataceae	慈菇属 *Sagittaria*	野慈菇 *Sagittaria sagittifolia* var. *longiloba*
美人蕉科 Cannaceae	美人蕉属 *Canna*	大花美人蕉 *Canna generalis*
		粉美人蕉 *Canna glauca*
禾本科 Gramineae	芦竹属 *Arundo*	芦竹 *Arundo donax*
	臭草属 *Melica*	臭草 *Melica scabrosa*
	假稻属 *Leersia*	假稻 *Leersia japonica*
	雀麦属 *Bromus*	雀麦 *Bromus japonicus*
	菵草属 *Beckmannia*	菵草 *Beckmannia syzigachne*
	芦苇属 *Phragmites*	芦苇 *Phragmites australis*（Cav.）Trin. ex Steu
	穇属 *Eleusine*	牛筋草 *Eleusine indica*（L.）Gaertn.
	稗属 *Echinochloa*	稗 *Echinochloa crusgalli*
		长芒稗 *Echinochloa caudata*
		稗子 *Echinochloa frumentacea*
	刚竹属 *Phyllostachys*	早园竹 *Phyllostachys propinqua*
		刚竹 *Phyllostachys sulphurea* cv. *Viridis*
		淡竹 *Phyllostachys glauca*
	马唐属 *Digitaria*	马唐 *Digitaria sanguinalis*
	画眉草属 *Eragrostis*	画眉草 *Eragrostis pilosa*
	早熟禾属 *Poa*	早熟禾 *Poa annua*
	鹅观草属 *Roegneria*	直穗鹅观草 *Roegneria turczaninovii*
	狗尾草属 *Setaria*	狗尾草 *Setaria viridis*
	狗牙根属 *Cynodon*	狗牙根 *Cynodon dactylon*（L.）Pers.
	菰属 *Zizania*	菰 *Zizania latifolia*
	白茅属 *Imperata*	白茅 *Imperata cylindrica*
花蔺科 Butomaceae	花蔺属 *Butomus*	花蔺 *Butomus umbellatus*
茨藻科 Najadaceae	茨藻属 *Najas*	茨藻 *Najas marina*

科	属	种
莎草科 Cyperaceae	荸荠属 Heleocharis	牛毛毡 Heleocharis yokoscensis
	飘拂草属 Fimbristylis	复序飘拂草 Fimbristylis bisumbellata
	水莎草属 Juncellus	水莎草 Juncellus serotinus
	藨草属 Scirpus	藨草 Scirpus triqueter
		水葱 Scirpus validus
		扁秆藨草 Scirpus planiculmis
		水毛花 Scirpus triangulatus
	扁莎属 Pycreus	球穗扁莎 Pycreus globosus
		红鳞扁莎 Pycreus sanguinolentus
浮萍科 Lemnaceae	紫萍属 Spirodela	紫萍 Spirodela polyrrhiza
鸢尾科 Iridaceae	鸢尾属 Iris	鸢尾 Iris tectorum
		马蔺 Iris lactea var. chinensis
		黄花鸢尾 Iris wilsonii
百合科 Liliaceae	萱草属 Hemerocallis	萱草 Hemerocallis fulva
	沿阶草属 Ophiopogon	麦冬 Ophiopogon japonicus
	丝兰属 Yucca	凤尾丝兰 Yucca gloriosa
	玉簪属 Hosta	玉簪 Hosta plantaginea

第5章
野外越冬大天鹅行为研究

动物是运动的，动物表现出来的行为活动是其与植物最根本的区别之一。行为生态学就是研究动物如何以行为适应生态环境，行为的功能以及行为活动的规律。个体行为可分为取食、保养、争斗、警戒、运动、种间关系和领域性等（蒋志刚，2004）。关于鸟类的越冬行为，已有研究多集中在国家一级保护动物丹顶鹤、黑颈鹤、白鹤（*Grus leucogeranus*）、灰鹤（*Grus grus*）、东方白鹳（*Ciconia boyciana*）、黑鹳（*Ciconia nigra*）等鹤鹳类、中华秋沙鸭（*Mergus squamatus*）和数量较大的豆雁、小天鹅等雁鸭类上。影响水鸟的越冬行为和栖息地的因素很多，有湿地的水文特征、地理特征、食物资源及可获得的程度、植被特征、栖息地面积、天敌等。其中，食物资源状况、人为干扰和种间关系的影响较大。越冬水鸟的行为节律不仅可反映其对栖息地变化的响应，也可反映越冬水鸟能量消耗状况，因此，越冬行为的研究对了解越冬水鸟的能量需求具有重要意义。关于大天鹅越冬行为的研究，之前主要在山西平陆、包头南海子等地开展。2014年越冬期，对三门峡天鹅湖湿地公园的大天鹅越冬行为进行了观察和记录，随后在招引成功的黄河公园也开展了相关研究。

5.1　研究方法

2014年2月25日、11月6日、12月10日，2015年1月28日和2月28日，在三门峡市天鹅湖湿地公园观察大天鹅越冬行为，主要在东观鸟屋定点观察，每月观察3 d，使用莱卡单筒望远镜（APO-TELEVID 77），采用扫描抽样法观察大天鹅群体。

每天于8：30—17：30进行观察，每隔20 min观察1次。以观察者为圆心，沿某一方向（顺时针或逆时针）扫视动物种群，将看到的动物行为记录下来，在看清望远镜一个视野里所有大天鹅行为并记录后再移向下一个视野，直到实验区域内的大天鹅的行为均被记录过一次。只记录大天鹅的瞬时动作，对抽样观察的天鹅群，抽样数量占某集群地天鹅总数的10%左右，抽样范围包括滩涂、水域等多数天鹅所在区域。行为分类及描述见表5.1。采用定动物法观察大天鹅单体，每天在8：00—18：00观察同一只大天鹅的行为，每隔5 min观察一次，如果失去目标天鹅，更换另一只可识别天鹅，继续观察，行为分类同扫描法。数据通过Excel 2013和SPSS 22.0整理并统计。利用独立样本T检验分析不同月份之间的差异。

表5.1　大天鹅行为类型及描述

行为类型	行为描述
游动	在水中移动。静水时，其身后水面有波纹产生。如图5.1
行走	在陆地上，双腿慢速交替移动。如图5.2
理羽	单腿或双腿支撑身体，用喙梳理全身羽毛（一般不发出声音）。如图5.3
观望	在水中或陆地上静止，颈部伸直，头部朝向某一方向。如图5.4
觅食	包括倒立觅食、水面滤食、草地觅食、喝水等。倒立觅食在水中将头颈部直插水下啄食水草，常伴随双脚踏水动作。其他方式通常颈部弯曲，以喙滤食或啄食水生植物、地面食物，然后抬头，嘴快速张合。如图5.5
睡觉	包括打盹、浅睡眠、深睡眠等。打盹时站立或静卧，颈部弯曲，头下垂，眼睛微闭。如遇危险，立刻睁眼，伸直颈部。典型睡觉动作是，站立或静卧，头扭向背面，喙插入羽毛中，眼睛闭合。如图5.6
示威	常发生于两个家族靠近时。首先，伸直颈部，头部连续抬高再低下，伴随鸣叫，随后双方距离进一步靠近，抬头鸣叫更加频繁，常伴有站立展翅的动作，乃至一方追赶、啄咬另一方。如图5.7
飞行	包括起飞、空中飞行、降落等动作。天鹅起飞时，一般伸直颈部，快速奔跑或游动，并剧烈拍打翅膀，之后身体逐渐离开地面或水中，起飞后，翅膀拍打缓慢。降落时候，天鹅在空中螺旋飞行并逐渐降低高度，近水面时，双脚伸直蹬水，两翅亦伸直，水面滑行一段后，双翅收合，停留于水面。如图5.8

具体行为如下图所示：

图5.1　游动

图5.2　行走

图 5.3 理羽

图 5.4 观望

图 5.5 觅食

图 5.6 睡觉

图 5.7 示威

图 5.8 飞行

5.2 大天鹅越冬期 8 种行为时间谱及其变化

5.2.1 大天鹅越冬期日间活动规律及分配

在三门峡天鹅湖的青龙湖东观鸟屋、青龙湖防浪墙、苍龙湖等地观察大天鹅行为共计 25 d，观察时间超过 225 h，有效扫描天鹅行为 793 次，扫描天鹅总计 154 214 只 / 次。大天鹅行为观察数据汇总分析大天鹅日间行为活动规律分配如图 5.9，游动行为占比例最多为 32.12%，其次是睡觉行为 25.03%，

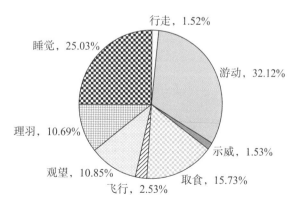

图 5.9 三门峡天鹅湖大天鹅日间行为分配

取食行为占总体行为比例是 15.73%，观望行为占比 10.85%，理羽行为占比 10.69%，飞行占比 2.53%，示威行为占比 1.53%，行走行为占比 1.52%。

大天鹅 8 种活动日间活动规律见图 5.10。游动行为全日间出现三个波峰，分别在 8：00—9：00、11：00—12：00、15：00—17：00，其中在 13：00—14：00 出现日间游动波谷。睡觉行为在 10：00—14：00 达到日间最高峰，在日间的早晚时间睡觉行为占比相对较小。取食行为在 8：00—9：00 与 16：00—18：00 出现波峰，其他时间大天鹅的取食行为变化不大，维持在 13% 左右。观望行为日间变化不大，在 10% 上下轻微浮动，其中在 16：00—17：00 出现全日间最高峰，达到 13.89%。理羽行为全日间变化较大，在 9：00—10：00、14：00—15：00 出现波峰，其中在 14：00—15：00 出现全日间最大值，达到 14.84%；在 8：00—9：00、11：00—12：00、16：00—17：00 出现波谷，在 7% 左右。行走、示威、飞行三种行为占行为总体比例较小，均在 4% 以内。行走行为在 8：00—9：00、15：00—18：00 出现波峰。示威行为比例在基本在 1.5% 上下波动，在 8：00—9：00、12：00—13：00、16：00—17：00 出现小波峰，行为比例超过 2%。飞行行为比例高于行走和示威行为，在 2.5% 上下波动，其中在 8：00—10：00、17：00—18：00 出现波峰。

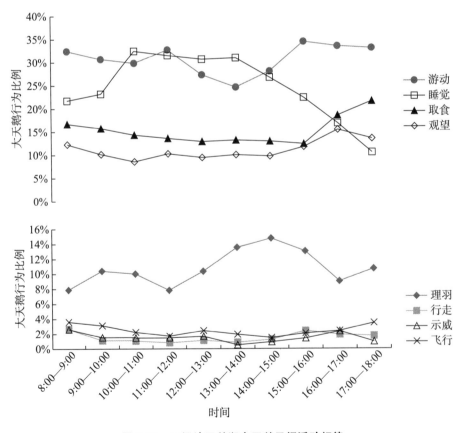

图 5.10　三门峡天鹅湖大天鹅日间活动规律

5.2.2 大天鹅 8 种行为在越冬期的变化

在青龙湖防浪墙中间浅滩观察大天鹅的活动规律。每个月有效观察至少 3 d，共计 100 h，观察天鹅数量 200 余只。大天鹅 8 种不同行为随时间变化占大天鹅行为总数的比例结果如下：

1. 行走行为

大天鹅的行走行为占行为总体比例在三个月变化不大（图 5.11），通过独立样本 T 检验发现，三个月的行走行为所占总体比例无显著差异，行走行为三个月的平均值为 1.37%，标准差为 0.0044。

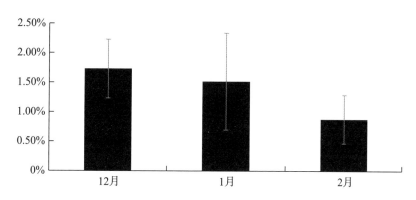

图 5.11　大天鹅越冬期间随月份变化行走行为占行为总体比例

2. 游动行为

大天鹅越冬期间游动行为占行为总体比例如图 5.12 所示，经过 T 检验，发现 12 月的游动行为与 1 月份、2 月份有极显著差异，12 月的游动行为占行为总体比例平均 44.48%，标准差为 0.013，显著高于 1 月的 17.23%（$F=3.648$，$P<0.001$）和 2 月的 23.01%（$F=0.722$，$P<0.001$）。1 月份与 2 月份的游动行为无显著差异。

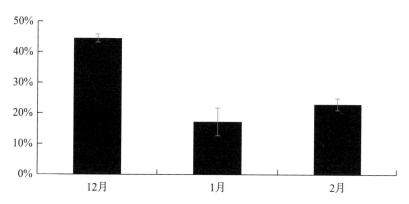

图 5.12　大天鹅越冬期间随月份变化游动行为占行为总体比例

3. 示威行为

大天鹅的示威行为占行为总体比例在三个月变化不大（图5.13），通过独立样本 T检验发现，三个月的示威行为所占行为总体比例无显著差异，示威行为三个月的平均值为1.74%，标准差为0.007。

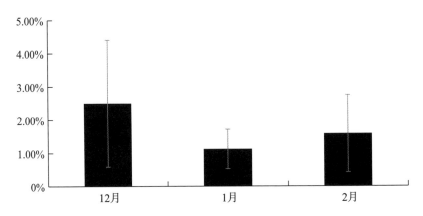

图5.13 大天鹅越冬期间随月份变化示威行为占行为总体比例

4. 取食行为

大天鹅的取食行为存在显著变化（图5.14）。2014年12月大天鹅取食行为占行为总体比例为13.49%，标准差为0.04；2015年1月大天鹅取食行为占行为总体比例为5.12%，标准差为0.016；2015年2月大天鹅取食行为占行为总体比例为11.09%，标准差0.047。通过独立样本 T检验可知，12月的取食行为占行为总体比例显著大于1月份（F=4.003，P=0.012），而与2月份无显著差异。1月份与2月份取食行为占总体比例无显著差异。

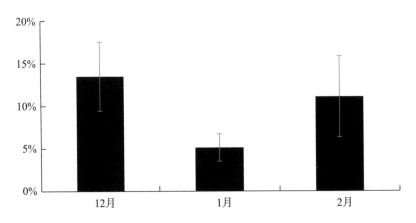

图5.14 大天鹅越冬期间随月份变化取食行为占行为总体比例

5. 飞行行为

大天鹅的飞行行为占行为总体比例在三个月变化不大（图5.15），通过独立样

 黄河三门峡库区越冬大天鹅研究

本 T 检验发现，三个月的飞行行为所占行为总体比例无显著差异，三个月的平均值为 2.25%，标准差为 0.0057。

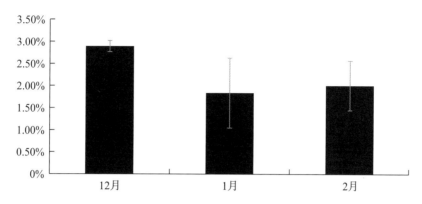

图 5.15　大天鹅越冬期间随月份变化飞行行为占行为总体比例

6. 观望行为

通过独立样本 T 检验分析三个月大天鹅观望行为占行为总体比例无显著差异，如图 5.16。三个月的平均值为 10.58%，标准差为 0.0074。

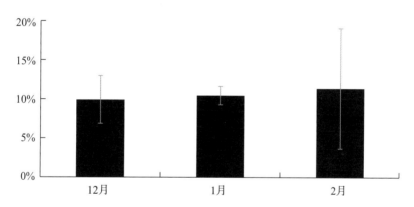

图 5.16　大天鹅越冬期间随月份变化观望行为占行为总体比例

7. 理羽行为

大天鹅的理羽行为在 2014—2015 年越冬期间三个月的变化如图 5.17。2014 年 12 月份的大天鹅理羽行为占行为总体比例为 15.30%，标准差为 0.019；2015 年 1 月份理羽行为占大天鹅行为总体比例为 7.06%，标准差为 0.022；2015 年 2 月份理羽行为占大天鹅行为总体比例为 16.00%，标准差为 0.056。通过独立样本 T 检验可知，2014 年 12 月大天鹅的理羽行为占行为总体比例极显著大于 2015 年 1 月份（$F=0.007$，$P=0.004$），而与 2 月份无显著差异。2015 年 1 月份的理羽行为占大天鹅行为总体的比例显著小于 2015 年 2 月份（$F=4.08$，$P=0.03$）。

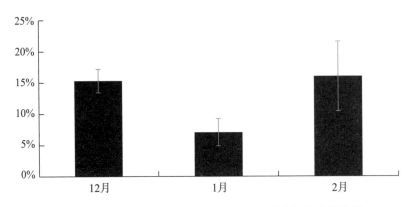

图 5.17 大天鹅越冬期间随月份变化理羽行为占行为总体比例

8. 睡觉行为

大天鹅的睡觉行为在 2014 年 12 月—2015 年 2 月期间，出现显著变化，如图 5.18。2014 年 12 月大天鹅的睡觉行为占总体行为比例平均 9.69%，标准差为 0.043；2015 年 1 月份大天鹅的睡觉行为占总体行为比例平均 54.15%，标准差为 0.075；2015 年 2 月份大天鹅的睡觉行为占总体行为比例平均 34.05%，标准差为 0.007。通过独立样本 T 检验可知，大天鹅在 2014 年 12 月份的睡觉行为占总体行为比例极显著小于 2015 年 1 月份（$F=1.586$，$P<0.001$）及 2 月份（$F=3.715$，$P<0.001$）；大天鹅在 2015 年 1 月份的睡觉行为占总体行为比例显著大于 2 月份（$F=7.357$，$P=0.012$）。

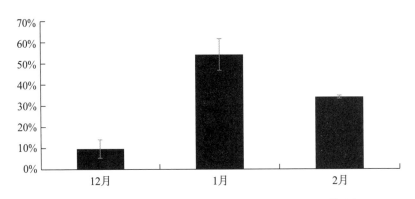

图 5.18 大天鹅越冬期间随月份变化睡觉行为占行为总体比例

5.2.3 大天鹅越冬期间主要活动逐月变化

2014 年 12 月 10—12 日日间，在天鹅湖防浪墙连续观察大天鹅行为，扫描大天鹅数量平均 259 只。统计结果发现（图 5.19），游动行为比例全天高于其他行为，在 8：00—9：00、11：00—12：00 以及 16：00—18：00，这三个时间段出现波峰；在 9：00—11：00 和 12：00—15：00 两个时间段游动行为比例相对较小，出现波谷。取食行为比例变化较大，9：00—10：00 取食行为占比最小，为 5.83%，10：00—11：00

觅食行为达到波峰，最大占比为 24.14%。12：00 以后，取食行为在 10% 上下波动。观望行为比例一天中出现两个波峰，一个波峰在 9：00—10：00，达到 14.04%，另一个波峰在 12：00—13：00，达到 17.98%，其他时间在 8% 上下波动。理羽行为比例在 8：00—10：00 和 14：00—15：00 达到全日间最高峰，分别是 20.18% 和 25.36%。在 11：00—13：00 和 16：00—17：00 出现全日间波谷，其中 10：00—12：00 最低，约为 9.3%。睡觉行为比例呈现明显的中午高，早晚低的趋势，其中，在 13：00—14：00 睡觉行为比例最高，达到 21.17%；10：00—11：00 及 14：00 之后的时间段内均保持较低水平，在 5% 上下波动。另外，在 8：00—9：00 也存在睡觉行为的小高峰，比例接近 10%。

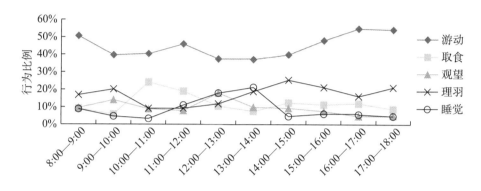

图 5.19　2014 年 12 月大天鹅主要行为日分配变化

2015 年 1 月 28 日—2 月 1 日，连续五天在青龙湖防浪墙观察大天鹅行为，扫描大天鹅数量平均 160 只。本次调查结果如图 5.20。调查发现，大天鹅的睡觉行为比例明显高于其他行为，总体呈现倒 "U" 型趋势。游动行为比例低于睡觉行为，但高于其他行为，在 11：00—12：00 出现短暂高峰，达到 22.8%，在 12：00—13：00 达到日间最低 7.59%，其后，比例开始逐渐上升，到 17：00—18：00 时，游动行为达到全天最高峰 34.75%。观望行为比例的日间表现同游动行为，在 11：00—12：00 游动行为出现短暂高峰，达到 13.73%，14：00—15：00 之后出现增长趋势，至 17：00—18：00 时间段，观望行为比例达到 23.04%。理羽行为比例日间变化不大，基本保持在 7% 上下波动。取食行为比例总体偏低，呈 "W" 形趋势。日间取食行为最大值在 8：00—9：00 期间，达到 11.53%，波谷出现在 11：00—12：00 和 15：00—16：00，比例分别是 3.16% 和 2.51%。

2015 年 2 月 28 日—3 月 2 日，连续在青龙湖防浪墙观察大天鹅行为，扫描大天鹅数量平均 261 只。调查结果如图 5.21。睡觉行为比例总体呈现倒 "U" 型，但在 12：00—13：00 期间出现短暂波谷。在 14：00—15：00 达到最大值 60.39%，在 17：00—18：00 达到最小值 2.23%。游动行为比例基本呈现 "U" 型，在 12：00—

15：00期间出现连续波谷，最小值出现在14：00—15：00，为5.85%。理羽行为比例日间在12：00—15：00出现连续高峰，在20%以上。观望行为比例在8：00—9：00、11：00—12：00以及16：00—17：00出现三个波谷，其中在16：00—17：00期间达到日间最大值25.58%。在10：00—11：00与13：00—15：00期间出现波谷。取食行为比例仍然呈现"W"型，在11：00—12：00与13：00—14：00期间出现波谷，约1%左右。在8：00—9：00和16：00—18：00期间达到最高峰，分别为14.59%和30%。

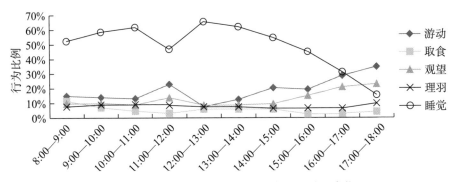

图5.20 2015年1月大天鹅主要行为日分配变化

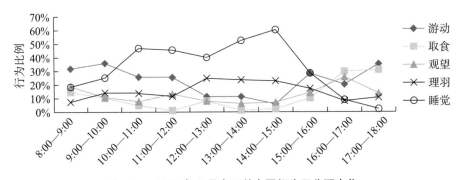

图5.21 2015年2月大天鹅主要行为日分配变化

5.2.4 禽流感前后天鹅活动规律变化及比较

2015年1—2月在三门峡天鹅湖湿地公园发生禽流感。在数天内，出现大天鹅、红头潜鸭（*Aythya ferina*）、野鸭等水鸟相继死亡。2015年1月15日，国家禽流感参考实验室将其确诊为H5N1亚型高致病性禽流感疫情。确诊之后，三门峡天鹅湖湿地公园立即封园，对园区内的大天鹅主要栖息地及人类经常活动区域开展消毒处理，并且减少投喂玉米，大天鹅的聚集状态逐渐减少。在经历1个多月的隔离消毒工作后，疫情逐渐得到控制，并最终消除疫情，全程工作未出现人员感染。于2015年1月28日—2月1日连续5 d在三门峡天鹅湖观察大天鹅行为，这段时间处于禽流感主要流行时期。按照国家有关规定，如果家禽发生禽流感疫情，连续21 d没有发现感染病例，就可解除疫情。2015年3月2日，三门峡天鹅湖湿地公园停止封园，开始向公众开放。本项研究于 2015 年 2 月 28 日—3 月 2 日对大天鹅行为调查处于禽流感消除之后，对其行为观察可以代表禽流感过去之后的大天鹅活动情况。

在禽流感期间及禽流感之后，为了对比不同区域的天鹅活动情况，分别在 1 月 28 日—2 月 1 日、2 月 28 日—3 月 2 日在青龙湖防浪墙和苍龙湖防浪墙处观察记录大天鹅的行为活动。研究结果见图 5.22、图 5.23。1 月份青龙湖与苍龙湖的行走、游动、示威、飞行、观望、理羽行为无显著差异。取食行为比例，青龙湖极显著小于苍龙湖（F=3.241，P<0.001）。睡觉行为比例，青龙湖极显著大于苍龙湖（F=3.481，P=0.003）。取食行为比例，青龙湖显著小于苍龙湖（F=3.644，P=0.012）。1 月份与 2 月份，在青龙湖防浪墙处的观察与苍龙湖防浪墙处的观察大天鹅 8 种行为中，行走、游动、示威、飞行、观望、理羽均无显著差异，而取食行为具有显著差异（F=2.589，P<0.001），睡觉行为在 1 月份禽流感期间青龙湖显著多于苍龙湖（F=2.141，P<0.001），在 2 月份禽流感过后两处无显著差异。比较两处禽流感期间及其后的观察结果，发现禽流感期间青龙湖防浪墙鹅大天鹅睡觉行为明显增多。

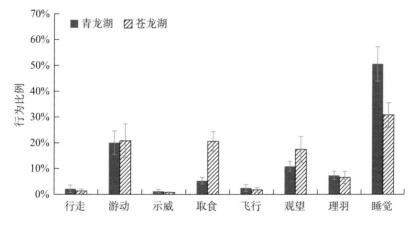

图 5.22　1 月份青龙湖与苍龙湖 8 种行为分配比较

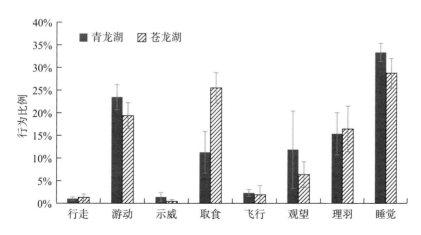

图 5.23　2 月份青龙湖与苍龙湖 8 种行为分配比较

5.2.5 浅滩及投食量对天鹅行为影响

在三门峡天鹅湖内，不同的观察位置具有不同的投食量和浅滩面积，投食量和浅滩面积对天鹅的行为有一定影响。观察发现，青龙湖防浪墙处有较大面积浅滩，投食量大；青龙湖东观鸟屋有较小面积浅滩，投食量中等；苍龙湖内几乎无浅滩，投食量小。2014年2月28日—3月2日，在青龙湖防浪墙、青龙湖东观鸟屋、苍龙湖对大天鹅的行为进行观察记录，得到结果如图5.24所示。

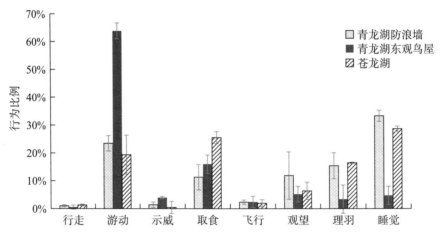

图 5.24　2 月份大天鹅在 3 处的行为分配比较

行走、示威、飞行、观望等四种行为在三处的观察记录中无显著差异。游动行为比例在防浪墙与苍龙湖无显著差异，在防浪墙与东观鸟屋有极显著差异（$F=4.87$，$P=0.001$），在东观鸟屋与苍龙湖观察点也存在极显著差异（$F=4.492$，$P=0.001$），且东观鸟屋的游动行为比例大于防浪墙和苍龙湖。取食行为比例，在防浪墙显著小于苍龙湖（$F=0.192$，$P=0.012$），在东观鸟屋显著小于苍龙湖（$F=1.047$，$P=0.014$），在防浪墙与东观鸟屋无显著差异。理羽行为比例，在防浪墙显著大于东观鸟屋（$F=8.444$，$P=0.047$），在防浪墙与东观鸟屋无显著差异，在东观鸟屋显著小于苍龙湖（$F=7.77$，$P=0.046$）。睡觉行为比例，在防浪墙显著大于东观鸟屋（$F=1.036$，$P<0.001$），在防浪墙与苍龙湖无显著差异，在苍龙湖显著大于东观鸟屋（$F=1.85$，$P<0.001$）。

从青龙湖防浪墙到青龙湖东观鸟屋，再到苍龙湖，浅滩面积逐渐减小，投食量逐渐减小，比较三者结果发现：游动行为比例，在有浅滩但面积小的情况下最大，而浅滩面积较大或者几乎没有浅滩情况下，游动行为相对较小。取食行为比例，在有浅滩相对无浅滩情况较小，可能有随浅滩面积增加，投食量增大，取食容易，故而取食行为占比减小的趋势；苍龙湖取食多，与投喂少，自燃食物获取相对费时有关，1月、2月都是如此。理羽行为占比，在有较小面积浅滩的情况下最小，在较大面积浅滩和无浅滩情况下，理羽行为相对较大。睡觉行为占比同理羽行为，在有较小面积浅滩情况下最小，在较大面积浅滩和无浅滩情况下，睡觉行为相对较大，且无明显差异。

5.2.6 大天鹅不同行为的相关关系

通过 2014 年 2 月、2014 年 11 月—2015 年 2 月的大天鹅行为观察记录，计算大天鹅在越冬期不同行为之间的相关关系见表 5.2，结果表明，大天鹅的行走行为与观望行为呈极显著正相关（$P=0.003$）；游动行为与示威行为呈极显著正相关（$P=0.004$），游动行为与飞行行为呈极显著正相关（$P<0.001$），游动行为与睡觉行为呈极显著负相关（$P=0.009$）；示威行为与飞行行为呈显著正相关（$P=0.021$），示威行为与理羽行为呈极显著负相关关系（$P=0.004$），示威行为与睡觉行为呈显著负相关（$P=0.032$）；取食行为与理羽行为呈极显著负相关关系（$P=0.007$），取食行为与睡觉行为呈极显著负相关关系（$P=0.002$）；理羽行为与睡觉行为呈显著正相关关系（$P=0.017$）。

表 5.2 大天鹅越冬期 8 种不同行为的相关系数

相关系数	行走	游动	示威	取食	飞行	观望	理羽	睡觉
行走	1	−0.299	−0.089	−0.247	−0.129	0.775**	0.414	0.233
游动	—	1	0.763**	0.231	0.854**	−0.259	−0.548	−0.717**
示威	—	—	1	0.361	0.655*	−0.216	−0.766**	−0.618*
取食	—	—	—	1	0.064	−0.327	−0.73**	−0.79**
飞行	—	—	—	—	1	−0.043	−0.34	−0.545
观望	—	—	—	—	—	1	0.508	0.282
理羽	—	—	—	—	—	—	1	0.669*
睡觉	—	—	—	—	—	—	—	1

注：* 表示差异显著（$P<0.05$），** 表示差异极显著（$P<0.01$）。

5.2.7 单体观察结果

2014 年 2 月、11 月在三门峡天鹅湖湿地公园的东观鸟屋以定动物法观察大天鹅单体的行为规律，选择带有环志的大天鹅全天跟踪，遇到丢失的天鹅，则及时更换追踪对象。共选择观察带有环志的天鹅 C79、A57、G70、0T58 4 只，跟踪 6 d。观察数据统计可知（图 5.25），大天鹅越冬期间白天在游动、觅食、观望、理羽行为分配时间最多，分别为 29.53%，18.87%，18.4%，17.98%。在睡觉、飞行、示威、行走方面分配的时间均不足 10%。

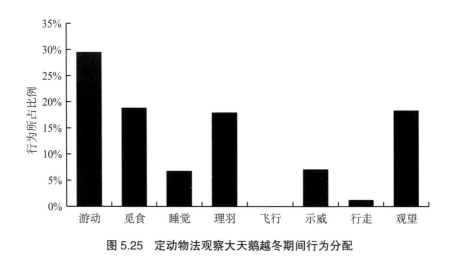

图 5.25　定动物法观察大天鹅越冬期间行为分配

5.3　大天鹅越冬期的活动规律及其影响因素

5.3.1　大天鹅越冬期日间活动规律

大天鹅在三门峡天鹅湖的日间行为分配规律表明，大天鹅在天鹅湖越冬期间游动（32.12%）行为占比例最大，其次是睡觉（25.03%）和取食（15.73%）行为，超过 10% 的行为还有观望（10.85%）和理羽（10.69%）行为。马鸣等（1993）人在 20 世纪 90 年代初新疆巴音布鲁克对大天鹅的观察研究发现，大天鹅在春季的活动中休息（51.9%）、运动（21.4%）、觅食（18.8%）是三种最主要的活动，三者之和超过90%。而他们在秋季对大天鹅的行为观察发现，觅食（34.1%）、休息（26.9%）、观望（18%）、运动（12.3%）行为占比例最多，总和超过 90%。董超（2015）在 2011—2013 年在山西平陆县对大天鹅越冬期的观察研究中发现，大天鹅的主要行为有：静息（40.5%）、运动（22.8%）、取食（18.2%）、理羽（9.6%），总和也超过 90%。董超（2015）研究发现大天鹅的静息行为包括睡觉和静止不动，相当于本研究中睡觉行为与观望行为的总和。因此，本研究与董超（2015）在山西平陆的研究总体上差异不大，但在三门峡天鹅湖游动行为占比例更大，取食行为占比例相对较小。这可能是由于人工投食对大天鹅的影响，投食前后大天鹅游动行为明显增加，在投食区食物丰富且集中，相对于贫营养食物，营养丰富的食物可以减少大天鹅的取食频次。综上所述，大天鹅的游动、觅食、睡觉、观望、理羽是大天鹅的主要活动。在不同的季节不同活动的占比有变化，根据大天鹅的迁徙规律，在春季的大天鹅经历了远距离的迁徙，体力消耗大，休息行为为主；秋季的大天鹅为迁徙准备充足食物，取食行为增加；冬季的大天鹅以游动、睡觉、取食行为为主。

三门峡大天鹅的日间活动规律表明，大天鹅在 8：00—10：00 主要活动是游动、取食、观望；10：00—14：00 以睡觉活动为主；14：00—16：00 以理羽活动为主，16：00—18：00，大天鹅又开始取食，同时还有游动和观望。行走、示威、飞行在一天中占据的比例较少，在任意小时的时间段内均不超过 5%。对于行走行为可能是由于浅滩面积和浅滩与游人的距离等原因造成大天鹅仅在取食时候才登陆浅滩进食时伴随有行走行为。飞行和示威行为一般都伴有复杂的动作，可能存在该种行为消耗能量较大的原因。另外，对于示威行为往往发生在天鹅聚集的时候，常以家族为单位进行攻击或鸣叫，这是由食物的有限导致的种内竞争。

对比 2014 年 12 月—2015 年 2 月在青龙湖防浪墙的观察结果发现，行走、示威、飞行、观望四种行为无显著差异。取食行为、理羽行为占比例在 1 月份相对较小，12 月与 2 月份占比例相当。睡觉行为占比例在 12 月份最小，2 月份较大，1 月份最大。2015 年 1 月份禽流感期间，投食量减少，导致大部分天鹅离开青龙湖防浪墙，且留下的大天鹅出现睡觉行为明显增加，游动、取食、理羽等行为减少的现象。根据气象信息，2015 年 1 月份调查时间相对于 2014 年 12 月份和 2015 年 2 月份温度较低，最低温 −5℃，湖面结冰，睡觉行为增加，活动行为减少，这与 Squires（1997）、董超（2015）等人的结论相同，当温度下降时，天鹅趋向于减少能量消耗，睡觉行为增加，取食等活动行为减少。

5.3.2 禽流感对大天鹅越冬行为的影响

流感病毒分为 A、B、C 型三种病毒，禽流感病毒都属于 A 型流感病毒。目前禽流感发现有 16 种 HA 亚型病毒和 9 种 NA 亚型病毒，其中 H5 和 H7 型禽流感病毒是高致病性的。至今发现能直接感染人的禽流感病毒亚型有：H5N1、H7N1、H7N2、H7N3、H7N7、H9N2 和 H7N9 亚型。禽流感病毒能够在水中生存，在 0℃水中可存活 30 d，在 22℃水中能存活 2 d，而水中盐分和 pH 也能够影响禽流感病毒在水中的存活时间。对于野生鸟类，禽流感病毒主要通过口腔和粪便传播。野生鸟类中易感染禽流感病毒的主要是雁行目鸟类，如绿头鸭（*Anas platyrhynchos*）、斑嘴鸭（*Anas poecilorhyncha*）、针尾鸭（*Anas acuta*）、天鹅等。据统计，2005—2006 年在发现的 26 例野生鸟类感染禽流感事件中，有 11 例是天鹅死亡，数量达 180 余只；有 6 例是野鸭死亡，最严重的一次是我国青海出现 6 000 多只野生水禽感染 H5N1 型禽流感死亡的情况，包括斑头雁（*Anser indicus*）、赤麻鸭（*Tadorna ferruginea*）、潜鸭、棕头鸥（*Larus brunnicephalus*）、渔鸥（*Larus ichthyaetus*）等（雷富民和赵德龙，2005；张凤江和李庆伟，2006）。

2015 年 1 月份在青龙湖和苍龙湖发现有大天鹅感染禽流感死亡。在禽流感暴发和消除期间对大天鹅的行为观察发现，在禽流感暴发期间，青龙湖的大天鹅睡觉行为显著多于苍龙湖，在禽流感消除后，青龙湖的大天鹅睡觉行为与苍龙湖无差异。大天鹅在青龙湖睡觉行为增加，可能与气温、投食、人为干扰等有关。1月份三门峡天鹅湖最低温 -5℃，最高温 4℃，湖面结冰，导致天鹅的活动范围减小，天鹅是恒温动物，需要在寒冷的气候中产生更多能量来御寒，因此，天鹅的行为活动是选择觅食更多的食物来补充能量或者减少行为活动来减少能量的耗散。同时，由于温度较低时，结冰湖面使得天鹅的活动受到限制，表现出较多睡觉行为。在禽流感暴发期间，为了降低种群密度，公园管理人员对大天鹅的投食量减小，投食时间推迟到傍晚，使得日间观察到的取食行为减少。此外，生病的大天鹅有主动离开群体单独行动的现象，也说明了大天鹅能感知自己身体的不适。平时观察到大天鹅往往以家族为单位进行活动，当一个家族中的天鹅感到自己染病而离群，家族其他成员并未跟随该个体离群，说明天鹅家族成员感知染病个体的异常行为或者意识到疾病存在。在大天鹅取食过程伴随有喝水、排遗等动作，而投食点较多的粪便使得禽流感更易传染。

2015 年 2 月禽流感消除以后，青龙湖中大天鹅的睡觉行为比例降低，与苍龙湖无显著差异，这是由于 2 月温度升高，最低温 -1℃，最高温 13℃，湖面结冰区域减少，此外，投食时间从傍晚的下午 5 点 30 提前至下午 4 点，从图 5.21 可以看出取食活动在投食后显著增加。2 月青龙湖大天鹅的理羽行为显著增加（图 5.23），随睡觉行为同步变化，这也说明了在气温升高的条件下，天鹅的睡觉行为减少，其他活动增加。苍龙湖的大天鹅 2 月份观望行为减少，理羽行为增加的现象，说明在气温升高条件下，大天鹅的理羽行为增加，这与青龙湖观察到的现象一致。董超（2015）在山西平陆的大天鹅行为研究也发现，大天鹅的理羽行为与温度呈现正相关关系。

5.3.3 浅滩与投食对大天鹅行为的影响

大天鹅性机警，常在浅水水面、光滩或者农田等视野广阔的地区活动，在三门峡天鹅湖，容易找到浅水水域、光滩等类型的栖息地。食物对于鸟类都是很重要的栖息地选择要素，在三门峡天鹅湖有大面积的浅水水域，但有限的水生或湿地植物不能满足所有天鹅的需求，需要补充一定的食物来保证天鹅顺利过冬。因此，适宜栖息地面积与食物量是影响大天鹅在此越冬数量的重要因素。

由于人工投喂的玉米是在浅滩上均匀分布，因此，浅滩面积与投食量成明显正比。2 月份在青龙湖东观鸟屋、青龙湖防浪墙、苍龙湖三处观察点记录结果表明：第一，在面积小的浅滩，天鹅的游动行为较多，理羽、睡觉行为较少。这是由于浅滩面积小导致只有部分天鹅在浅滩上取食，大部分天鹅停留于水中，同时，由于更多天鹅要到浅滩取食，使得先到天鹅无法在浅滩上休息，在浅水区域休息亦受到其他天鹅的惊扰。第二，无浅滩的水域，天鹅的取食频率更高。苍龙湖部分投食点常见到有投食而天鹅不食的现象，倾向于水中衔食水草。由于水草提供的能量较玉米更少，需要大天鹅增加取食频率以获得足够的营养，因此，在苍龙湖观察到的取食行为较青龙湖更多。第三，青龙湖防浪墙处的浅滩面积大，投食量多，能够满足天鹅的需要。相较于青龙湖东观鸟屋处的天鹅，这里的天鹅在游动、取食行为减少的同时，增加理羽、睡觉等休息行为。这与马鸣（1993）、董超（2015）等对大天鹅行为的研究中休息行为占大部分比例的结果相似。

5.3.4 大天鹅越冬期不同行为的相关关系

在比较大天鹅在整个越冬期的 8 种不同行为的相关关系发现，呈正相关的有：行走与观望、游动与示威、游动与飞行、示威与飞行、理羽与睡觉；呈负相关的有：游动与睡觉、示威与理羽、示威与睡觉、取食与理羽、取食与睡觉。正相关的往往具有伴随发生、间或发生或者连续发生的情况。负相关关系的行为则是不可能同时发生的行为。比如，大天鹅在向投食后的浅滩游动的过程中，遇到同类抢食的情况，就容易发生示威的行为。在早晨从四面八方飞来的天鹅与其他天鹅一起向投食后的浅滩游动，这就表现出飞行与游动的正相关关系。大天鹅在睡觉的时候常伴随有理羽行为，因此睡觉与理羽呈正相关。睡觉或理羽一般都是静止或站立在水中或浅滩，与动作变化较大的行为都不能同时发生，这是具有负相关关系的行为产生的原因。

5.3.5 单体观察

通过定动物法观察到大天鹅的行为与全扫描法有一定不同，定动物法观察天鹅可以尽可能地看清楚每一个动作。弊端是存在间隔时间内天鹅迅速离开观察范围的情况，这时需要换另一只天鹅观察，因此存在观察行为上的误差。相对于全扫描法观察，定动物法观察到的大天鹅睡觉行为少，理羽、观望行为增多。董超（2015）在山西平陆对大天鹅日间行为的研究，发现大天鹅在越冬期的主要行为是静息、运动和取食，分别占全部行为比例的（40.5±1.4）%、（22.8±0.9）% 和（18.2±0.8）%。包头南海湿地的大天鹅春季日间行为研究表明，在时间分配方面，大天鹅主要用于取食（45.8%）、休息（34.1%）、运动（11.1%）和保养（6.8%）行为。研究结果是，大天鹅越冬期间白天在游动、觅食、观望、理羽行为分配时间最多，分别为 29.53%、18.87%、18.4%、17.98%。包头主要为大天鹅迁徙停歇地，大天鹅在此停留需要补充能量并适当休息，因此，取食和休息占主要。山西的大天鹅研究包括官家窝和三湾两个地点，这两个地点有明显的区别，官家窝的人为干扰小，三湾的人为干扰大。在天鹅湖湿地天鹅的密度较大，在有限的食物面前，天鹅湖的天鹅之间存在更激烈的竞争，因此，天鹅的活动更多，休息相对更少。这与 2014 年 2 月份用全扫描法观察的结论相同。此外，在平陆的大天鹅研究与三门峡天鹅湖的大天鹅研究在取食行为所占比例上，具有几乎相同的结论，两者均为 18%。

参考文献

董超,张国钢,陆军,等,2015.山西平陆越冬大天鹅日间行为模式[J].生态学报,35(2):290-296.

蒋志刚,2004.动物行为原理与物种保护方法[M].北京:科学出版社.

雷富民,赵德龙,2005.野生鸟类对禽流感爆发与传播的影响[J].中国科学院院刊,20(6):466-470.

刘利,张乐,苗春林,等,2015.包头南海湿地保护区大天鹅春季行为事件分配及日活动节律[J].四川动物,34(3):458-462.

马鸣,1993.野生天鹅[M].北京:气象出版社.

三门峡旅游局网站.三门峡天鹅湖景区禽流感疫情解除敞门迎客[EB/OL].http://bbs.smxe.cn/article-258370-1.html,2015-03-05.

杨莹莹,张华,杜姗.天鹅湖景区禽流感疫情解除[EB/OL].http://m.dahebao.cn/show.aspxid=329204,2015-03-03.

张凤江,李庆伟,2006.野生鸟类在禽流感传播中所起的作用[J].辽宁师范大学学报(自然科学版),29(4):473-476.

中国新闻网.河南三门峡库区发生禽流感已致93只野鸟死亡[EB/OL].http://finance.ifeng.com/a/20150121/134472090.shtml,2015-01-21.

SQUIRES J R,ANDERSON S H,1997.Changes in Trumpeter Swan *Cygnus buccinator* Activities from Winter to Spring in the Greater Yellowstone Area[J].The American Midland Naturalist,138(1):208-214.

第6章
笼养越冬大天鹅行为研究

　　大天鹅是国家二级保护动物，被列入《中国濒危动物红皮书：鸟类》中。大天鹅的繁殖栖息地类型多样，如靠近浅水湖泊或池塘的陆地（常位于小岛之上）、植被茂密的沼泽地带等。在冰岛，大天鹅常选择低地农田沼泽、高地池塘与沼泽以及海拔高达 700 m 的冰碛湖作为其营巢地带。近年来对大天鹅野外生态学习性、种群动态、疾病预防、食性分析等研究较多，而对笼养大天鹅的行为观测研究并不多见。关于笼养鸟类的越冬行为，现在的研究主要有：鸿雁（*Anser cygnoides*）、灰鹤、白腹锦鸡（*Chrysolophus amherstiae*）、大鸨（*Otis tarda*）、大紫胸鹦鹉（*Psittacula derbiana*）、褐马鸡（*Crossoptilon mantchuricum*）等。2016 年越冬期，观察并记录了救助后笼养期间的 6 只成年大天鹅和 5 只幼年大天鹅的越冬行为，以期能为救助的越冬大天鹅的保护和康复提供参考。

6.1　研究地点笼舍和天鹅情况

6.1.1　研究地点

　　研究区域位于河南省三门峡市天鹅湖国家城市湿地公园内，地理坐标为 $111°8'4''E$，$34°46'18''N$。公园内有专门为救治保护大天鹅而建设的屋舍，鹅舍简图见图 6.1、图 6.2，实验期间鹅舍温湿度变化见表 6.1。

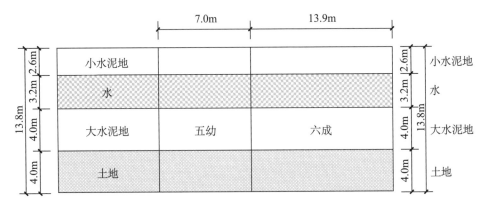

图 6.1　鹅舍模式图

图 6.2　大天鹅笼舍实物图

表 6.1　实验期间鹅舍温湿度变化

日期	温度 /℃ 湿度 /%	时间点（8：00—17：00）										
		8	9	10	11	12	13	14	15	16	17	平均
14/1	℃	3	5	6	6	6.5	7.5	7	6.5	6	5	5.85
	%	54	52	52	51	51	51	50	50	51	52	51.4
15/1	℃	4	4	4	4.5	5	6.5	7	6.5	6	5.5	5.3
	%	52	51	51	50	51	52	45	43	48	50	49.3
16/1	℃	2	2.5	3	3.5	4	5	5.5	6	6	6	4.35
	%	78	73	70	62	55	53	50	50	50	51	59.2
17/1	℃	1	1	1.5	2.5	3.5	4.5	5.5	6.5	7	6.5	3.95
	%	88	86	86	80	78	70	64	52	46	47	69.7
18/1	℃	3.5	3.5	4	5	6	6	6.5	6	5.5	5	5.1
	%	86	85	82	78	72	68	65	66	63	60	82.5

（续）

日期	温度 /℃ 湿度 /%	时间点（8：00—17：00）										
		8	9	10	11	12	13	14	15	16	17	平均
19/1	℃	2.5	4	4	4.5	5	5.5	6	6.5	6	6	5
	%	93	46	39	36	33	31	30	30	30	30	39.8
20/1	℃	−1.5	−1.5	0	1.5	2.5	3.5	3.5	4.5	5	4	2.15
	%	63	60	48	39	31	29	26	26	27	26	37.5

6.1.2　天鹅的情况

研究对象为河南省三门峡市天鹅湖国家城市湿地公园内被笼养两个月以上的 11 只大天鹅，6 成 5 幼，成鹅 3 雌 3 雄，幼鹅 3 雌 2 雄，成、幼鹅分开饲养。研究期间身体健康，每天人工投喂玉米。体重见表 6.2，形态见图 6.3、图 6.4。

表 6.2　研究对象体重

类别	体重 / kg	平均体重 / kg
成鹅 1	11.3	
成鹅 2	9.4	
成鹅 3	8.2	9.45 ± 0.49
成鹅 4	8.9	
成鹅 5	10.4	
成鹅 6	8.5	
幼鹅 1	9.0	
幼鹅 2	9.1	
幼鹅 3	9.6	8.72 ± 0.33
幼鹅 4	8.1	
幼鹅 5	7.8	

图 6.3　成鹅

图 6.4　幼鹅

6.2　研究方法

在 2017 年 1 月 14—20 日进行行为观察实验，采用瞬时扫描法对 11 只笼养大天鹅进行全日观察，20 min 一次，从 8：00—17：40（天黑前），每小时扫描 3 次，全天共扫描 28 次，观测完成后对大天鹅的行为数据进行记录与分析。每隔 1 h 记录观察期间的温湿度变化。实验开始后，观察者隐藏起来，避免影响研究对象，观察记录时不让研究对象察觉。所有的观察记录数据均输入建立的数据库中进行处理。

行走：在土地和水泥地上双腿慢速交替移动。

游动：在水中匀速游动，静水时，其身后水面有波纹产生。

取食：包括倒立探食、水面滤食、土地啄食人工投喂的玉米。

观望：在水中或陆地上静止，颈部伸直，头部朝向某一方向，眼睛对周围扫描，密切关注动向。

理羽：以单腿或双腿支撑身体，用喙整理身体各部羽毛，还包括展翅、振翅、整理足部、在水中沐浴等。

睡觉：包括打盹、浅睡眠、深睡眠等。打盹即站立或静卧，颈部弯曲，头部下垂，眼睛微闭，如遇危险，立刻睁开眼睛，伸直颈部。典型的睡觉动作是，站立或静卧，头扭向背面，喙插入羽毛中，眼睛闭合。

示威：呈现警戒姿势和警告鸣叫，常伴有站立展翅的动作（董超，2013）。

（说明：笼舍面积无法满足大天鹅起飞飞行需要，所以在此不对飞行行为进行描述与统计。）

6.3　笼养成年和幼年大天鹅的 7 种行为规律及比较

6.3.1　笼养成年大天鹅日间活动规律及行为分配

2017 年 1 月 14—20 日，在三门峡天鹅湖湿地公园观察成年笼养大天鹅行为共计 7 d，观察时间超过 68 h，有效扫描天鹅行为 204 次，扫描天鹅总计 1 226 只 / 次。单日行为分配数据见图 6.5。

成鹅总体行为观察数据汇总和日间行为分配如图 6.6，理羽行为占比例最多，为 25%，其次是游动与观望行为，都为 18%，行走占总体行为比例是 15%，取食行为占 7%，睡觉行为占 16%，示威行为占 1%。

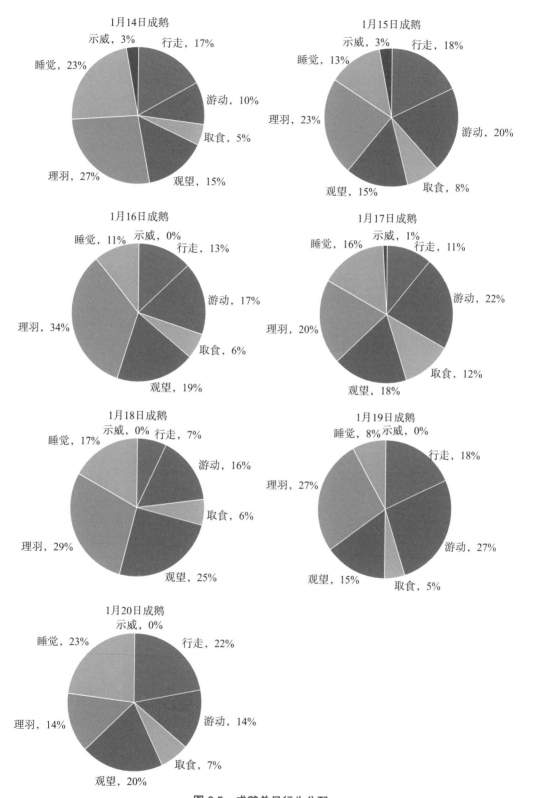

图 6.5 成鹅单日行为分配

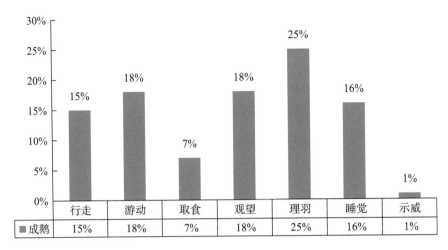

图 6.6　成鹅总体行为分配

6.3.2　笼养幼年大天鹅日间活动规律及行为分配

2017 年 1 月 14—20 日，在三门峡天鹅湖湿地公园观察幼年笼养大天鹅行为共计7 d，观察时间超过 68 h，有效扫描天鹅行为 204 次，扫描天鹅总计 1 043 只 / 次。单日行为分配数据见图 6.7。

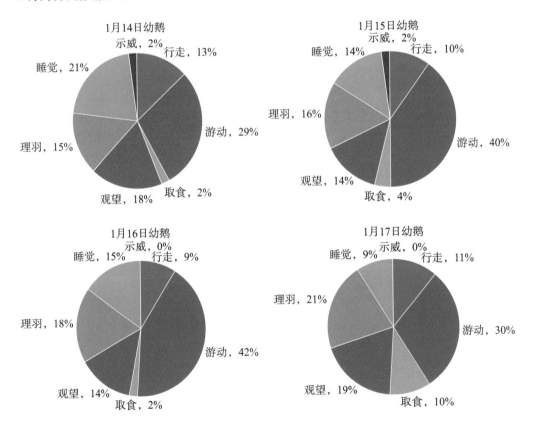

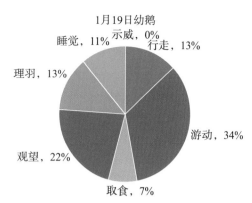

图 6.7　幼鹅单日行为分配

幼鹅总体行为观察数据汇总和日间行为分配见图 6.8，游动行为占比例最多，为 31%，其次是理羽行为占 18%，行走占总体行为比例 11%，取食行为占 5%，观望行为占 16%，睡觉行为占 17%，示威行为占 2%。

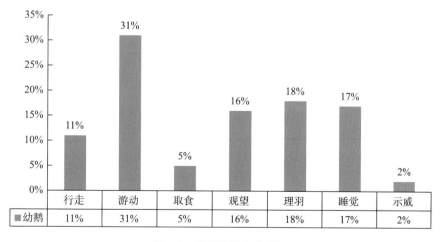

	行走	游动	取食	观望	理羽	睡觉	示威
幼鹅	11%	31%	5%	16%	18%	17%	2%

图 6.8　幼鹅总体行为分配

6.3.3　成鹅与幼鹅行为分配的比较

总体上看幼鹅的游动行为占比大于成鹅游动行为占比，成鹅的理羽行为占比大于幼鹅理羽行为占比，其他行为占比相差不大，见图 6.9。K–S 检验表明，成鹅和幼鹅行为分配符合正太分布，行为分配无显著差异（Independent-Samples T Test，$F=0.01$，$P=0.981$）。

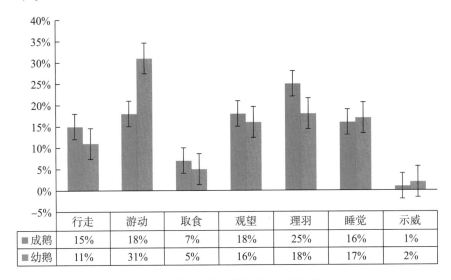

	行走	游动	取食	观望	理羽	睡觉	示威
▮ 成鹅	15%	18%	7%	18%	25%	16%	1%
▮ 幼鹅	11%	31%	5%	16%	18%	17%	2%

图 6.9　成鹅与幼鹅总体行为分配对比

6.3.4　大天鹅不同行为的相关关系

通过 2017 年 1 月 14—20 日的大天鹅行为观察记录，计算成年大天鹅在越冬期不同行为之间的相关关系见表 6.3。结果表明，大天鹅的行走行为与游动行为呈正相关（$P=0.008$），与取食行为呈负相关（$P=-0.223$），与观望行为呈负相关（$P=-0.531$），与理羽行为呈负相关（$P=-0.573$），与睡觉行为呈正相关（$P=0.100$），与示威行为呈正相关（$P=0.045$）；游动行为与取食行为呈正相关（$P=0.364$），与观望行为呈负相关（$P=-0.071$），与理羽行为呈正相关（$P=0.145$），与睡觉行为呈显著负相关（$P=-0.793$），与示威行为呈负相关（$P=-0.386$）；取食行为与观望行为呈正相关（$P=0.198$），与理羽行为呈负相关（$P=-0.340$），与睡觉行为呈负相关（$P=-0.025$），与示威行为呈负相关（$P=-0.010$）；观望行为与理羽行为呈正相关（$P=0.211$），与睡觉行为呈正相关（$P=0.186$），与示威行为呈负相关（$P=-0.694$）；理羽行为与睡觉行为呈负相关（$P=-0.628$），与示威行为呈负相关（$P=-0.238$）；睡觉行为与示威行为呈正相关（$P=0.257$）。

表 6.3　成鹅不同行为的相关关系

相关系数	行走	游动	取食	观望	理羽	睡觉	示威
行走	1	0.008	−0.223	−0.531	−0.573	0.100	0.045
游动	—	1	0.364	−0.071	0.145	−0.793*	−0.386
取食	—	—	1	0.198	−0.340	−0.025	−0.010
观望	—	—	—	1	0.211	0.186	−0.694
理羽	—	—	—	—	1	−0.628	−0.238
睡觉	—	—	—	—	—	1	0.257
示威	—	—	—	—	—	—	1

　　幼年大天鹅在越冬期不同行为之间的相关关系见表 6.4。结果表明，行走行为与游动行为呈负相关（$P=-0.066$），与取食行为呈负相关（$P=-0.075$），与观望行为呈负相关（$P=-0.268$），与理羽行为呈正相关（$P=0.266$），与睡觉行为呈负相关（$P=-0.296$），与示威行为呈负相关（$P=-0.298$）；游动行为与取食行为呈负相关（$P=-0.246$），与观望行为呈负相关（$P=-0.414$），与理羽行为呈负相关（$P=-0.043$），与睡觉行为呈负相关（$P=-0.682$），与示威行为呈负相关（$P=-0.104$）；取食行为与观望行为呈正相关（$P=0.728$），与理羽行为呈正相关（$P=0.205$），与睡觉行为呈负相关（$P=-0.219$），与示威行为呈负相关（$P=-0.380$）；观望行为与理羽行为呈负相关（$P=-0.237$），与睡觉行为呈负相关（$P=-0.082$），与示威行为呈负相关（$P=-0.286$）；理羽行为与睡觉行为呈负相关（$P=-0.225$），与示威行为呈负相关（$P=-0.522$）；睡觉行为与示威行为呈正相关（$P=0.210$）。

表 6.4　幼鹅不同行为的相关关系

相关系数	行走	游动	取食	观望	理羽	睡觉	示威
行走	1	−0.066	−0.075	−0.268	0.266	−0.296	−0.298
游动	—	1	−0.246	−0.414	−0.043	−0.682	−0.104
取食	—	—	1	0.728	0.205	−0.219	−0.380
观望	—	—	—	1	−0.237	−0.082	−0.286
理羽	—	—	—	—	1	−0.225	−0.522
睡觉	—	—	—	—	—	1	0.210
示威	—	—	—	—	—	—	1

6.4 笼养与野外大天鹅日间活动规律的差异分析

6.4.1 成年笼养与野外大天鹅活动规律的比较

鸟类的时间分配受温度、群体大小、生活类型、领域面积、性别等多种因素影响（杨晓君等，1998）。本研究分析成鹅总体行为分配，发现理羽行为占比例最多为25%，其次是游动与观望行为都为18%，行走占总体行为比例是15%，取食行为占7%，睡觉行为占16%，示威行为占1%。野生大天鹅的越冬行为时间分配和笼养大天鹅有一定的差别。动物的行为节律受环境影响很大，除了温度及天气等外界环境因子的影响外，还受生存环境和自身健康状况等的影响，在笼养条件下环境温度高于外界，睡觉行为比例比野外低，用睡觉来保存体温的需求减少（田秀华等，2005）。在野外，大天鹅对生存环境的要求很高，示威行为强，需花费一定的时间和精力去关注天敌等外来因素，笼养状态下大天鹅的示威行为比例很低，而且6只成鹅的数量相对于野外环境来说种群数量很小，没有很多家庭之间的竞争与示威，因此示威行为比例很低。

越冬期笼养大天鹅的理羽行为比例高于取食、行走和游动，这种行为分配模式与疣鼻天鹅的研究结论一致。笼养状态下有足够食物，而且笼舍面积远远小于野外环境，温度比野外高，因此，大天鹅可以在相对较低的取食时间内满足自身的能量需求（董超等，2015），所以用于取食的行为的比例较低为7%，取食行为分配低于野外大天鹅。满足自身需要而进行的行为如睡觉、取食、理羽和游动、行走等占全部时间比的81%以上，而对其他个体有影响的繁殖和社群行为所占比例较小，这说明笼养大天鹅时间分配以满足自身需要为主。笼舍内温度较野外环境高，且不经常换水，水质差于野外环境，利于寄生虫与细菌滋生，导致大天鹅所有行为中理羽行为比例最高占到25%。

6.4.2 幼年笼养与野外大天鹅活动规律的比较

鸟类用于各种行为活动的时间分配，既是鸟类对当地环境条件的适应，也是影响动物行为活动全部因素的综合表现（杨陈等，2007）。每一个种群都有自己最适于当地条件的时间分配，有最适时间分配的个体在自然选择中是有利的（段玉宝，2010）。研究中分析幼鹅总体行为分配，发现游动行为占比例最多为31%，其次是理羽行为占18%，行走占总体行为比例是11%，取食行为占5%，观望行为占16%，睡觉行为占17%，示威行为占2%。笼养件下的幼年大天鹅由于人工供给充足的食物，因此亦表现出取食行为分配较少而游动、理羽、睡觉时间相对较长的时间分配模式，这与杨晓君等对白腹锦鸡和绿孔雀（*Pavo muticus*）的研究结果相同（杨晓君等，1998）。幼鹅生性活泼，喜欢待在水里游动，本研究发现虽然隔着围栏，但幼鹅常在水中游动徘徊时不时撞向围栏表现出想与成年大天鹅汇合的意愿，故而游动行为比例最高。笼养状态下大天鹅有足够的食物，同时笼舍面积远远小于野外区域，幼鹅在较少的取食时间获取足够的能量需求，因此取食行为占比仅为5%。

6.4.3 大天鹅不同行为的相关关系

比较野生生活大天鹅与笼养大天鹅7种不同行为的相关关系，发现呈现正相关的有：行走与游动、行走与睡觉、行走与示威、游动与取食、游动与理羽、取食与观望、观望与理羽、观望与睡觉、睡觉与示威。正相关的往往具有伴随发生、间或发生或者连续发生的情况，比如大天鹅在向投食后的浅滩游动的过程中，遇到同类抢食的情况，就容易发生示威的行为。大天鹅在睡觉的时候常伴随有理羽行为，因此睡觉与理羽呈正相关。睡觉或理羽一般都是静止或站立在水中或浅滩，而动作变化较大的行为都不能同时发生，这是具有负相关关系的行为产生的原因，比如游动行为与睡觉行为呈显著负相关（$P=-0.793$），在游动时无法睡觉。

参考文献

董超，2013.大天鹅保护生物学研究［D］.北京：中国林业科学研究院.

董超，张国钢，陆军，等，2015.山西平陆越冬大天鹅日间行为模式［J］.生态学报，35（2）：7.

段玉宝，2010.黄河三角洲自然保护区东方白鹳繁殖期行为和生境选择的研究［D］.哈尔滨：东北林业大学.

田秀华，张佰莲，刘群秀，等，2005.笼养大鸨越冬行为的时间分配［J］.动物学杂志，40（2）：6.

杨陈，周立志，朱文中，等，2007.越冬地东方白鹳繁殖生物学的初步研究［J］.动物学报，（2）：215-226.

杨晓君，杨岚，王淑珍，等，1998.笼养大紫胸鹦鹉的活动时间分配［J］.Current Zoology，44（3）：277-285.

第 **7** 章
野外越冬大天鹅食性研究

7.1 大天鹅食性的国内外研究综述

　　大天鹅是杂食性偏植食性的大型游禽，而北方寒冷的冬季植物枯萎，大天鹅食物资源匮乏。俗话说"鸟为食亡"，食物资源对鸟类的安全越冬及顺利迁回繁殖地十分重要。大天鹅喜在水草茂密的浅水湖泊和缓慢流动的河流中活动，成年天鹅主要采食水生植物的根茎、种子、绿叶，如早熟禾、苔草、眼子菜以及海边的大叶藻等，冬季也在农田中寻找剩余的谷类、萝卜（*Raphanus sativus* L.）、土豆（*Solanum tuberosum*）、甜菜（*Beta vulgaris* L.）和冬麦苗等。幼年大天鹅则偏向于动物性食物。

7.1.1 国外大天鹅食性研究

　　本田清（1979）通过对日本的越冬大天鹅食性研究发现，大天鹅在越冬初期采食早熟禾、看麦娘（*Alopecurus aequalis*）、弯曲碎米荠（*Cardamine flexuosa*）等，越冬末期取食水稻（*Oryza*）等植物。俄罗斯生物学家 Krivtson 等对大天鹅和小天鹅的基础代谢（BM）、能量预算（DEBs）、时间预算和热散射测定，发现天鹅的基础代谢比其他温带鸟类要低，而大天鹅的能量预算高于小天鹅。以取食范围看，大天鹅需要的食物相对集中，单位面积上生物量更大，因此，苔原区限制了其数量和分布。荷兰生物学家 Dirksen、Beekman 等研究发现小天鹅秋季喜食植物的根、块茎等富含糖类的高能食物，春季则以富含高蛋白的农作物、牧草为食。

大天鹅在繁殖期的食物略有不同，除了植物性食物还会取食动物性食物。研究表明，春季在冰岛观察到部分大天鹅繁殖对以摇蚊为食，严冬时节在丹麦大群个体摄取咸水或淡水贝类如紫壳菜蛤（*Mytilus edulis*）等（Einarsson，1996；Rees and Einarsson，1997）。在冰岛山地，莎草科薹草属（*Carex*）植物与普通羊胡子（*Eriophorum angustifolium*）会为繁殖时期的大天鹅所利用（Einarsson，1996）。另外，大天鹅还觅食其他植物，如：丹麦的大叶藻属（*Zostera*）、川蔓藻属（*Ruppia*）及眼子菜属（*Potamogeton*）；苏格兰的轮藻属（*Chara*）、眼子菜属（*Potamogenton*）；英格兰东南部乌斯沃什的甜茅属（*Glyceria*）、木贼属（*Equisetum*）和沼泽黄芥（*Marsh Yellow-cress*）。不同地域繁殖的大天鹅在食物利用上略有不同，一般是有啥吃啥。

7.1.2 国内大天鹅食性研究

马鸣(1993)通过对巴音布鲁克的大天鹅进行粪便分析时发现，在大天鹅的粪便中，未发现动物性食物，全部为植物的茎、叶、块茎、球茎、种子和一些浮游植物、苔藓、藻类等碎片。粪便的颜色大概可以分为三种：深绿、黄褐和黑色。取食对象、周边环境和所处季节不同，其粪便颜色不一样。夏天以富含绿色植物的绿色粪便、富含水下黄褐色植物以及种子的深褐色粪便为主，冬季则主要是富含腐质物泥的黑色粪便。春秋两季因天鹅常在枯黄色草地上或者污水坑中觅食，粪便多为黄褐或者黑色，且粪便中水分含量较大，每次排粪湿重 70~200 g，干物质仅占 10%~35%。对幼鸟粪便干物质分析发现，草籽占 7%~10%，绿色叶片占 5%~15%，其余为褐色成分。粪便的形状多呈棒状或粘粥状。有研究者曾解剖天鹅尸体进行胃检，发现大天鹅取食多为植物性碎片，包括莎草、野葱和一些较难分辨的碎片以及许多细砂石。

刘利等（2014）在研究包头南海子湿地春季北迁大天鹅食性中发现，大天鹅的春季食物主要为酸模叶蓼、玉米、光果甘草和香蒲。黄河开河前后两个时间段迁徙的大天鹅，其取食植物种类有明显差异。开河前，以酸模叶蓼为主（99.4%），开河后以玉米为主（69.7%）。董翠玲等人运用粪便显微分析法对山东荣成天鹅湖湿地越冬大天鹅食性分析中发现：大天鹅的进食以小麦、海带和大叶藻等植物为主。其中小麦的取食量可达到 90% 以上，远高于其他种类。

对放养的大天鹅观察，其取食频度与环境植被的多度相关，其可食的种类十分广泛，包括：禾本科、莎草科、眼子菜科、菊科、十字花科、蔷薇科、豆科、芝菜科、百合科等。夏季喜食纤维含量较低的鲜嫩部位，如水下部分的茎、叶、块根和水上部分的茎尖、细叶、花和种子等。亦见捕食昆虫，如苍蝇、蝗虫等，多为幼鸟。人工投食试验表明，大天鹅喜吃碎玉米粒、麸皮、蔬菜、剩饭、生瓜等，亦喜吃生羊肉，未见不良反应。散放饲养或圈养的补充饲料主要是玉米碎粒、麸皮、混合饲料（高粱 10%、玉米 55%、麸皮 20%、玉米皮 10%、贝壳粉 3.5%、盐 1.5%），还有一些蔬菜（如大白菜、土豆）、鸡蛋和骨粉等。对体质差的个体圈养时追加生肉末（鱼、羊肉、牛肉末）或肉片。在幼鸟饲养阶段补充动物性饲料是必须的。如果食物供应充足，人工饲养大天鹅可在冬季零下35℃的环境中栖息过夜。

7.2 研究方法

7.2.1 研究地点

以三门峡市天鹅湖国家城市湿地公园为主要研究地点，同时选择三门峡库区上游的圣天湖（运城市芮城县境内）和三门峡库区下游的王官为比较研究的地点。

三门峡市天鹅湖国家城市湿地公园位于河南省三门峡市湖滨区，公园北部紧邻黄河，中心地理坐标为111°08′E，34°47′N。园区内有两湖：北侧的青龙湖和南侧的苍龙湖。自2013年以来，每年冬季有2 000只以上的大天鹅在青龙湖栖息，几十只至百余只大天鹅在苍龙湖栖息。两湖有6处投食点，玉米粒为主要补充食物，供大天鹅取食，湖周围有多种野生或人工栽培湿地植物。

山西芮城县圣天湖景区位于山西省运城市芮城县南部，南邻黄河，中心地理坐标为110°54′E，34°43′N。每年约1 000只大天鹅在此越冬，大天鹅活动于此园区的大面积浅水区域内，周围有大量湿地植物，该栖息地环境近似野生生境。此地冬季封闭管理，干扰较少，有两个投食点，每天投喂少量玉米粒。

黄河湿地王官大天鹅重点保护区位于三门峡市东部王官村，保护区位于黄河南岸，中心地理坐标为111°15′E，34°48′N。该区域每年夏季水少，冬季水多，属周期性洪泛地区，夏季水退后成为农田，种植油葵。冬季水淹形成大面积浅水区，周围有大面积野生湿地植物，外围有大片人工林，该栖息地环境近似野生生境。每年冬季有300只以上的大天鹅在该保护区内越冬。区内有一处投食点，可投喂少量玉米粒。

7.2.2 研究方法

对于动物食性的研究方法有：观察取食分析、胃检、粪便镜检分析等。但是大天鹅取食水草的根部往往在水下，不利于观察，大天鹅还属于国家二级保护动物，难以获取死亡个体用于胃容物检查，所以粪便显微分析方法优势明显。大天鹅是以草食为主的杂食性动物，植物纤维容易从粪便中检出，此外，此方法对大天鹅无干扰，样品容易收集。故本研究采用粪便镜检分析方法研究大天鹅的食性，该方法由Baumgartner等在1939年提出，其原理是：植物表皮组织不容易被消化，可在显微水平对粪便内的植物残片进行表皮结构特征观察和拍摄，以此来比对判断植物种类。

为了掌握大天鹅在越冬期间的食性情况，2014年11月—2015年2月、2015年

11月—2016年1月，在三门峡天鹅湖湿地公园、王官湿地、圣天湖景区等地点采样后，带回实验室处理，利用粪便镜检的方法分类鉴定。

7.2.3 样品收集

2014年11月和12月，在天鹅湖湿地公园青龙湖防浪墙下的二号浅滩上取大天鹅粪便样品，见图7.1~图7.3。该浅滩面积为4 765 m²，周围水深不足1 m。该浅滩上其他鸟类较少，仅有骨顶鸡（*Fulica atra*）、家鸽（*Columba*）等。这些鸟类粪便与大天鹅粪便差异较大，易于区分，因而可以确保样品来自大天鹅。每月取样3 d，每天取11堆样品，共66个样品，有效样品60个。2015年11月—2016年1月在三门峡天鹅湖公园、黄河湿地王官保护区、芮城圣天湖等地的粪便集中地取样，共取到有效样品50个。

大天鹅粪便一般成形，圆柱状，直径1~2 cm，深绿色或淡黄色。每次取样选择新鲜成形的大天鹅样品。取回的样品分开放入自封袋中，并尽快放置于冰箱中冷冻保藏，记录取样时间、地点、编号并拍照。在取样地周围选择可能被大天鹅食用的完整植物样品，冷冻保藏并带回实验室处理。

图7.1 栖息浅滩

图7.2 在浅滩上取样

图7.3 粪便样品

7.2.4 样品处理

粪便显微分析法的原理是利用植物组织与粪便中植物组织的对比来判断动物觅食的内容。由于植物的表皮组织及部分细胞结构不易被消化，因此，在显微水平下的植物不同部位的表皮组织结构特征可以作为鉴定粪便中含有某种植物部分的依据，并以此来判断动物觅食的植物种类及部位。

在实验室，收集的粪便在烘箱中 70℃加热 48 h 至恒重后取出，每份粪便干样保存于自封袋中。取回的植物材料每种按根、茎、叶、果实、种子分类并烘干至恒重。将烘干的粪便样品分别倒入不同烧杯中，用 5% NaOH 溶液浸泡 24 h，去除样品中的色素，以自来水冲洗直至样品颜色恒定。对照植物材料的处理：先用镊子捣成小块，然后进行小心的研磨，研磨的力度以能使所有食物碎片分离为宜，避免用力过大将植物种子等成分捣碎，而无法辨识。粉碎后的样品倒入烧杯中，之后与粪便样品的处理方法相同。

7.2.5 样本的制作与判断

分别取出烧杯中处理过的样品制作玻片，每个粪便制作 7 个玻片。将玻片置于体视（莱卡 M205）显微镜下观察，放大至可清晰看清细胞排列结构，并拍照记录。将粪便中植物碎片和参照植物碎片进行比对。将取回的 28 种完整植株分别对其根、茎、叶、花、果实、种子等不同部分做切片，在显微镜下与粪便中植物碎片的组织结构比较，识别出相同植物部位的组织结构。对比结果和标准见表 7.1 和图 7.4 系列。

表 7.1　对照植物种类与粪便中出现植物种类

植物种类	对照植物	粪便中植物
风花菜 *Rorippa globosa*	图 7.4.1	图 7.4.2
大豆 *Glycine max*	图 7.4.3	图 7.4.4
一年蓬 *Erigeron annuus*	图 7.4.5	图 7.4.6
繁穗苋 *Amaranthus paniculatus*	图 7.4.7	图 7.4.8
苍耳 *Xanthium sibiricum*	图 7.4.9、图 7.4.11 、图 7.4.13	图 7.4.10、图 7.4.12、图 7.4.14
睡莲 *Nymphaea tetragona*	图 7.4.15	图 7.4.16
玉米 *Amaranthus paniculatus*	图 7.4.17	图 7.4.18

植物种类	对照植物	粪便中植物
长芒苋 *Amaranthus palmeri*	图 7.4.19	图 7.4.20
酸模叶蓼 *Polygonum lapathifolium*	图 7.4.21	图 7.4.22
小麦 *Triticum aestivum*	图 7.4.23、图 7.4.25	图 7.4.24、图 7.4.26
圆叶牵牛 *Ipomoea purpurea*	图 7.4.27	图 7.4.28
芦苇 *Phragmites australis*	图 7.4.29	图 7.4.30
苘麻 *Abutilon theophrasti*	图 7.4.31	图 7.4.32
香蒲 *Typha orientalis*	图 7.4.33、图 7.4.35	图 7.4.34、图 7.4.36
早熟禾 *Poa annua*	图 7.4.37	图 7.4.38
茵草 *Beckmannia syzigachne*	图 7.4.39	图 7.4.40
红鳞扁莎 *Pycreus sanguinolentus*	图 7.4.41、图 7.4.43	图 7.4.42、图 7.4.44
沼生蔊菜 *Rorippa palustris*	图 7.4.45、图 7.4.47	图 7.4.46、图 7.4.48
球穗扁莎 *Pycreus globosus*	图 7.4.49、图 7.4.51	图 7.4.50、图 7.4.52
齿果酸模 *Rumex dentatus*	图 7.4.53	图 7.4.54
多花水苋 *Ammannia multiflora*	图 7.4.55、图 7.4.57	图 7.4.56、图 7.4.58
牛筋草 *Eleusine indica*	图 7.4.59、图 7.4.61	图 7.4.60、图 7.4.62
碱茅 *Puccinellia distans*	图 7.4.63	图 7.4.64
具芒碎米莎草 *Cyperus microiria*	图 7.4.65	图 7.4.66
大刺儿菜 *Cirsium segetum*	图 7.4.67	—
莲 *Nelumbo nucifera*	图 7.4.68、图 7.4.69	—

植物种类	对照植物	粪便中植物
黄花鸢尾 *Iris wilsonii*	图 7.4.70	—
稗 *Echinochloa crusgalli*	图 7.4.71	图 7.4.72

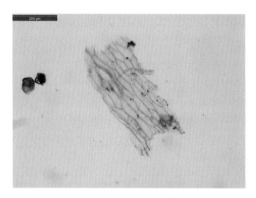

图 7.4.1　对照风花菜叶

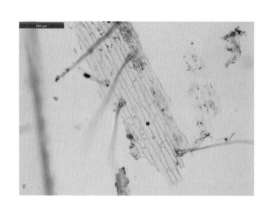

图 7.4.2　粪便中风花菜叶

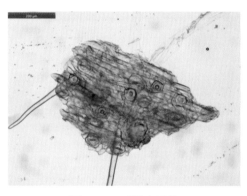

图 7.4.3　对照大豆荚

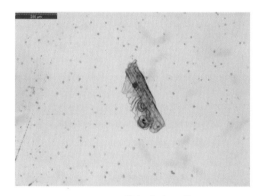

图 7.4.4　粪便中大豆荚

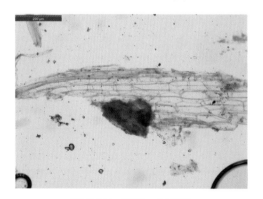

图 7.4.5　对照一年蓬花

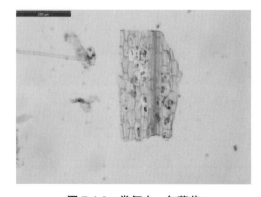

图 7.4.6　粪便中一年蓬花

图 7.4.7　对照繁穗苋叶

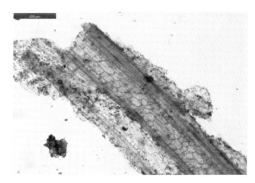

图 7.4.8　粪便中繁穗苋叶

图 7.4.9　对照苍耳茎

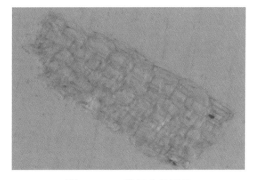

图 7.4.10　粪便中苍耳茎

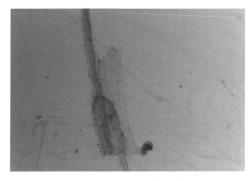

图 7.4.11　对照苍耳叶

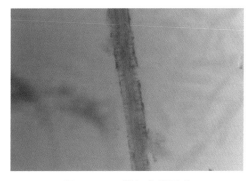

图 7.4.12　粪便中苍耳叶

图 7.4.13　对照苍耳种子

图 7.4.14　粪便中苍耳种子

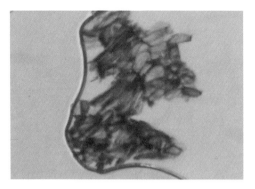
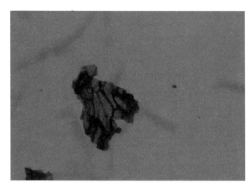

图 7.4.15　对照睡莲果皮　　　　　　　　图 7.4.16　粪便中睡莲果皮

图 7.4.17　对照玉米果实　　　　　　　　图 7.4.18　粪便中玉米果实

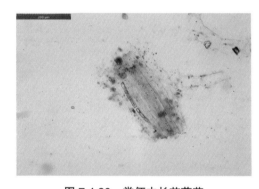

图 7.4.19　对照长芒苋茎　　　　　　　　图 7.4.20　粪便中长芒苋茎

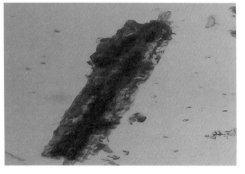

图 7.4.21　对照酸模叶蓼茎　　　　　　　图 7.4.22　粪便中酸模叶蓼茎

图 7.4.23　对照小麦茎

图 7.4.24　粪便中小麦茎

图 7.4.25　对照小麦叶

图 7.4.26　粪便中小麦叶

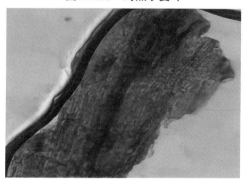

图 7.4.27　对照牵牛种子

图 7.4.28　粪便中牵牛种子

图 7.4.29　对照芦苇种子

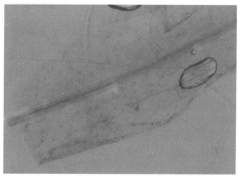

图 7.4.30　粪便中芦苇种子

图 7.4.31　对照苘麻果实

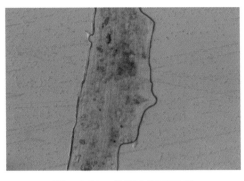

图 7.4.32　粪便中苘麻果实

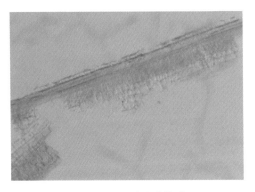

图 7.4.33　对照香蒲叶

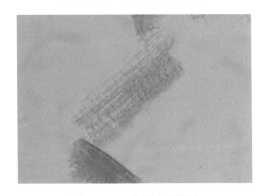

图 7.4.34　粪便中香蒲叶

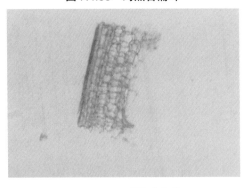

图 7.4.35　对照香蒲茎

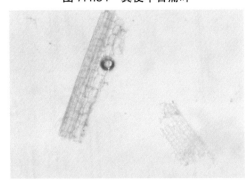

图 7.4.36　粪便中香蒲茎

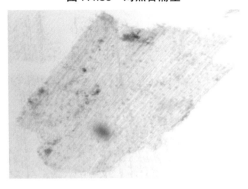

图 7.4.37　对照早熟禾种子

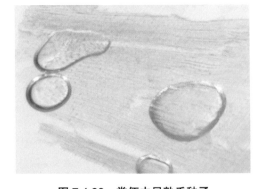

图 7.4.38　粪便中早熟禾种子

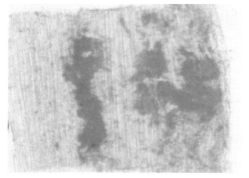

图 7.4.39 对照菌草根

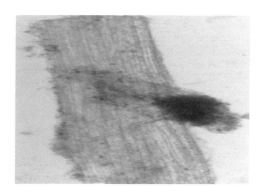

图 7.4.40 粪便中菌草根

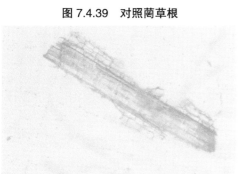

图 7.4.41 对照红鳞扁莎茎

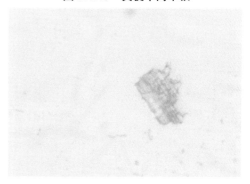

图 7.4.42 粪便中红鳞扁莎茎

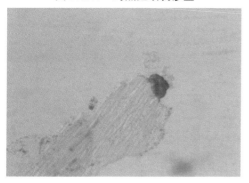

图 7.4.43 对照红鳞扁莎种子

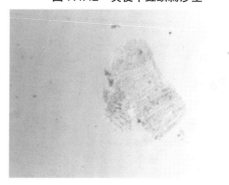

图 7.4.44 粪便中红鳞扁莎种子

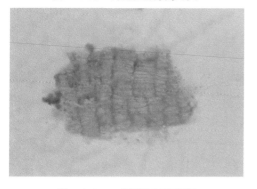

图 7.4.45 对照沼生蔊菜根

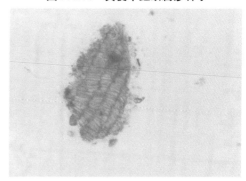

图 7.4.46 粪便中沼生蔊菜根

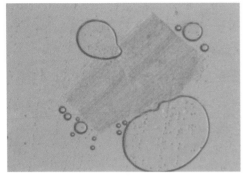

图 7.4.47　对照沼生蔊菜茎

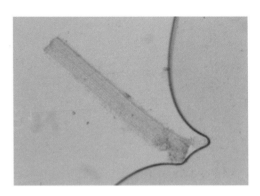

图 7.4.48　粪便中沼生蔊菜茎

图 7.4.49　对照球穗扁莎茎

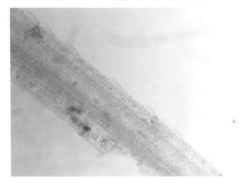

图 7.4.50　粪便中球穗扁莎茎

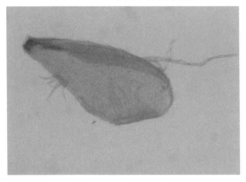

图 7.4.51　对照球穗扁莎种子

图 7.4.52　粪便中球穗扁莎种子

图 7.4.53　对照齿果酸模茎

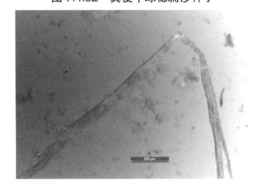

图 7.4.54　粪便中齿果酸模茎

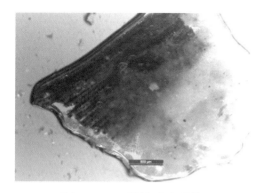

图 7.4.55　对照多花水苋茎

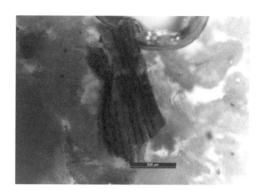

图 7.4.56　粪便中多花水苋茎

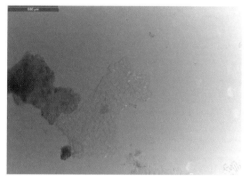

图 7.4.57　对照多花水苋种子

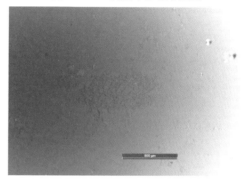

图 7.4.58　粪便中多花水苋种子

图 7.4.59　对照牛筋草根

图 7.4.60　粪便中牛筋草根

图 7.4.61　对照牛筋草叶

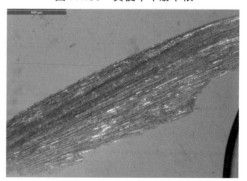

图 7.4.62　粪便中牛筋草叶

图 7.4.63　对照碱茅种子

图 7.4.64　粪便中碱茅种子

图 7.4.65　对照具芒碎米莎草根

图 7.4.66　粪便中具芒碎米莎草根

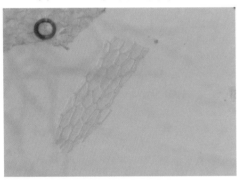
图 7.4.67　对照大刺儿菜

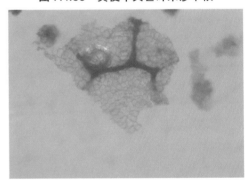
图 7.4.68　对照莲叶

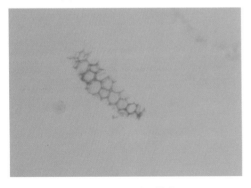
图 7.4.69　对照莲茎

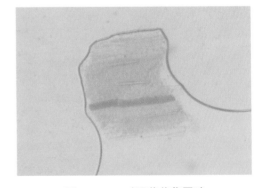
图 7.4.70　对照黄花鸢尾叶

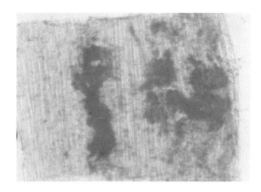

图7.4.71 对照稗根表皮组织　　　　　　图7.4.72 粪便中稗根表皮组织

图7.4 对照植物切片与粪便中植物切片的对比观察结果

7.2.6 数据处理

数据通过 Excel 2013 和 SPSS 22.0 整理并统计。利用独立样本 T 检验分析不同月份之间的差异。

7.3 大天鹅在越冬期的食物组成及其变化

7.3.1 大天鹅在越冬期对不同植物的取食

2014 年 11—12 月的调查取样，共获得 66 个样品 462 次重复 2403 个视野的对照检验，对 16 种植物进行分类统计，得到如下结果（图 7.5）：小麦占大天鹅食物的比例是 52.81%，玉米 7.95%，芦苇 4.12%，稗 2.46%，苍耳 1.62%，牵牛 1.54%，莲（*Nelumbo nucifera*）0.87%，早熟禾 0.75%，红鳞扁莎（*Pycreus sanguinolentus*）0.62%，其他未识别出的碎片占 25.43%。此外，占比在 0.5% 以下的还有香蒲、苘麻（*Abutilon theophrasti*）、球穗扁莎（*Pycreus globosus*）、菵草（*Beckmannia syzigachne*）、睡莲（*Nymphaea tetragona*）、酸模叶蓼、早熟禾、长芒苋（*Amaranthus palmeri*）、沼生蔊菜（*Rorippa palustris*）等。图中还能看出，小麦所占比例远远大于玉米等其他食物的比例，这说明大天鹅对小麦的取食有更大的偏好性。

通过对植物分科统计（图 7.6）发现，取回的样品中出现频率最多的是禾本科植物，占 68.41%，其余植物出现的频率较低。菊科 1.62%，旋花科 1.54%，莎草科 1.04%，睡莲科 0.92%，锦葵科 0.42%，香蒲科 0.29%，蓼科 0.17%，十字花科 0.12%，苋科 0.04%。这说明大天鹅在 11—12 月期间取食主要是禾本科植物，结合图 7.5，禾本科中小麦、玉米、芦苇、稗都是大天鹅取食最多的食物。

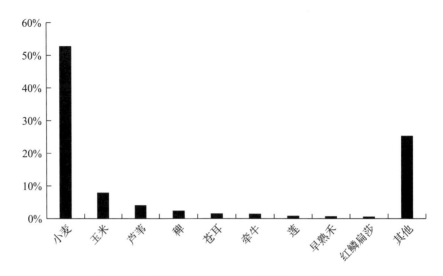

图 7.5　不同种植物在 11—12 月期间出现的频度

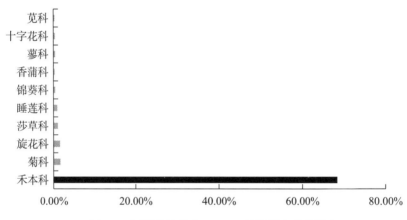

图 7.6　不同科植物在 11—12 月期间出现的频度

7.3.2　大天鹅在不同月份的取食变化

通过独立样本 T 检验比较大天鹅在 11 月和 12 月取食食物的变化,分析可知(表7.2),
11 月份小麦叶、小麦茎的取食极显著大于 12 月份,11 月份对芦苇茎的取食极显著小于
12 月份,其余各类食物在两月中无显著差异。这说明大天鹅的取食偏爱小麦,尤其是
小麦叶。从 11—12 月,由于大天鹅的取食,小麦减少后,大天鹅又开始取食芦苇茎。对
各植物及其器官的分析可知,在 11 月和 12 月,大天鹅主要取食小麦叶,占到食物比
例的 31.25%;其次是小麦茎,占 20.06%,玉米果实占 7.57%,芦苇茎占 2.5%,
稗根占 2.21%。对于不同的植物,大天鹅取食的部位有所不同。大天鹅取食小麦主要
是食其叶和茎,取食玉米主要食其果实,取食芦苇主要食其茎,取食稗主要食其根。

表 7.2　11 月与 12 月大天鹅食物中的不同植物组分比较

植物、部位	11 月频度 / %	12 月频度 / %	P	F	占总体百分比 / %
小麦叶	40.42 ± 14.64	18.26 ± 5.92	0.07	2.48	31.25
小麦茎	26.91 ± 0.66	10.26 ± 1.95	0	6.051	20.06
玉米果实	7.28 ± 3.19	7.94 ± 4.20	0.84	0.62	7.57
芦苇茎	0.06 ± 0.11	6.0 ± 0.63	0	5.018	2.50
稗根	0.13 ± 0.22	5.26 ± 3.45	0.06	5.91	2.21
小麦根	2.98 ± 4.68	0	0.39	15.5	1.50
芦苇种子	0	3.6 ± 6.24	0.42	16	1.46
牵牛种子	0	3.3 ± 2.59	0.16	15.57	1.37
苍耳茎	0	2.63 ± 2.31	0.19	12.28	1.08
早熟禾种子	0.17 ± 0.29	1.49 ± 1.35	0.17	5.19	0.71
红鳞扁莎种子	0.9 ± 0.89	0.19 ± 0.34	0.27	1.39	0.58

　　比较 11 月与 12 月的植物科数和种数（图 7.7）。11 月份，统计到大天鹅取食植物 7 科 13 种，12 月统计大天鹅取食植物 10 科 16 种，随着时间变化，大天鹅取食的植物种类和科数都有所增加，说明大天鹅取食广泛，对食物选择有较强的适应能力。

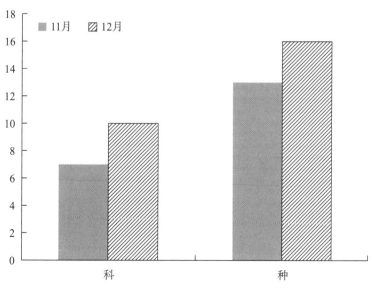

图 7.7　11 月与 12 月植物科和种数目比较

7.3.3 大天鹅对植物不同器官取食的偏好

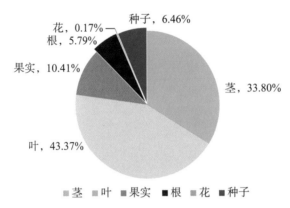

图 7.8 大天鹅取食植物不同部分所占比例

将所有的样品中取食植物的数据按照植物器官分类，分为根、茎、叶、花、果实、种子 6 种，得到结果见图 7.8。由图可知，叶的分量占得最大达到 43.37%，茎的分量其次占 33.8%，果实占 10.41%，种子占 6.46%，根占 5.79%，食物中花所占只有 0.17%，说明大天鹅取食偏爱植物的叶和茎。然而，冬季的植物叶子往往掉落或枯黄，天鹅对小麦叶和茎表现出的喜爱，也给冬季的小麦增添较大压力，但相对于小麦的叶和茎，大天鹅对小麦的根没有那么大的偏好性。大天鹅喜爱取食的叶和茎主要依靠植物的营养生长，取食的果实和种子依靠植物的生殖生长，而且是生殖生长的后期才能出现成熟的种子和果实。

7.3.4 天鹅湖湿地公园内大天鹅在越冬期对不同植物的取食

通过 2014 年 11 月、12 月，2015 年 11 月的取样调查，共获得 90 个样品 630 次重复 3464 个视野的对照检验。与 28 种对照植物（表 7.1）进行比对、分类、统计，得到如下结果（图 7.9）：在天鹅湖湿地公园的大天鹅食物比例中，小麦最多，占 36.02%；玉米粒占 18.57%；芦苇占 3.52%，菵草占 2.30%，苍耳占 1.62%，牵牛占 1.38%，酸模叶蓼占 1.29%，莲占 0.88%，多花水苋占 0.83%，苘麻占 0.67%，齿果酸模占 0.64%，早熟禾占 0.63%。此外，占食物比例在 0.5% 以下的还有：红鳞扁莎、球穗扁莎、沼生蔊菜、碱茅、香蒲、具芒碎米莎草、牛筋草、睡莲、长芒稗等。其他未识别出的（包括粪便内植物碎片层数大于 1 层，无法清晰地辨认其结构）占 29.95%。

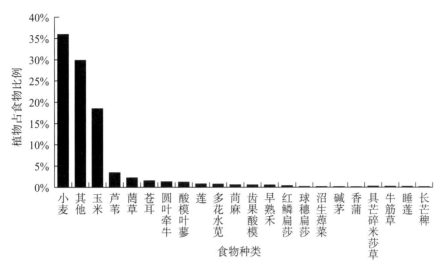

图 7.9　天鹅湖湿地公园大天鹅越冬期植物成分分析
（比例未达 0.5% 的植物未计入在内，下同）

通过对植物分科统计（图 7.10）可知，粪便中植物出现频率最多的是禾本科植物，占 63.57%。其余植物出现的频率比较低。蓼科 1.56%，菊科 1.41%，旋花科 1.21%、睡莲科 0.95%、莎草科 0.95%、千屈菜科 0.66%、锦葵科 0.61%、十字花科 0.23%、香蒲科 0.20% 及苋科 0.03%，这说明大天鹅在 11—12 月取食食物主要以禾本科植物为主。结合图 7.9 所知，禾本科中的小麦、玉米、芦苇、茵草都是大天鹅取食多的食物。

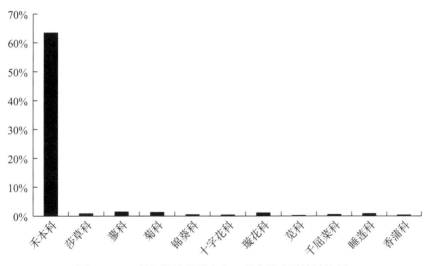

图 7.10　天鹅湖湿地公园内大天鹅食性分科统计比例

7.3.5　大天鹅在三门峡不同月份的取食变化

对比大天鹅在 2014 年 11 月与 2015 年 11 月的食物组成，得到表 7.3 结果。2014

年 11 月大天鹅对小麦茎的取食极显著大于 2015 年 11 月其对小麦茎的取食（F=9.97，P=0.001），2014 年 11 月大天鹅对玉米粒的取食极显著小于 2015 年其对玉米粒的取食（F=3.62，P=0.003）。其余各类食物在两月比较中无显著差异。因 2015 年浅滩上并未种植小麦，2015 年大天鹅与 2014 年大天鹅相比对小麦各部位的取食均有下降，而对玉米粒的取食显著增多。2015 年大天鹅主要取食玉米粒（39.88%）、小麦叶（10.49%）、酸模叶蓼茎（3.25%）、多花水苋茎（1.46%）、齿果酸模茎（1.10%）、多花水苋种子（1.04%）。

表 7.3 2014 年 11 月与 2015 年 11 月大天鹅取食食物中不同植物组分比较

植物部位	2014.11 频度 /%	2015.11 频度 /%	P	F
齿果酸模根	0	0.58 ± 1.01	0.423	16.00
齿果酸模茎	0	1.10 ± 0.96	0.185	14.56
多花水苋茎	0	1.46 ± 0.93	0.053	6.94
多花水苋种子	0	1.04 ± 1.54	0.363	14.65
红鳞扁莎种子	1.02 ± 0.72	0.10 ± 0.18	0.098	2.92
莲种子	0.80 ± 0.84	0	0.242	15.18
苘麻果实	0.23 ± 0.26	0.58 ± 1.01	0.611	8.19
酸模叶蓼茎	0	3.25 ± 2.74	0.176	7.80
小麦根	2.98 ± 4.68	0	0.385	15.50
小麦茎	26.37 ± 1.72	0.09 ± 0.15	0.001	9.97
小麦叶	39.41 ± 12.36	10.49 ± 10.86	0.38	0.01
玉米粒	7.89 ± 2.23	39.88 ± 8.01	0.003	3.62

7.3.6 天鹅湖大天鹅对植物不同器官的取食偏好

将 2014 年 11 月、12 月以及 2015 年 11 月的所有样品中取食的植物按其器官分为根、茎、叶、花、果实、种子 6 类，并将数据进行统计。由图 7.11 可知，其取食的器官里叶所占的比例最多（26.18%），其次是茎（19.52%），果实（17.52%），种子（4.73%），根只占 3.44%。这说明大天鹅取食偏爱植物的叶和茎。大天鹅主要取食的叶和茎是主要依靠植物的营养生长，取食的果实和种子依靠的是植物的生殖生长，并且是生殖生长的后期才能出现成熟的种子和果实。

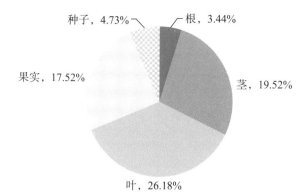

图 7.11　天鹅湖湿地公园大天鹅取食植物器官所占比例

7.3.7　大天鹅在天鹅湖湿地公园、圣天湖、王官食性对比

1. 在天鹅湖湿地公园与王官的食物组成对比

通过 2015 年 11 月的取样调查，共获得 10 个样品 70 次重复 316 个视野的对照检验，得到结果统计。由图 7.12 可知，对比 2015 年 11 月天鹅湖内大天鹅的取食，大天鹅在王官取食增加的植物：风花菜（39.87%）、一年蓬（12.34%）、繁穗苋（4.43%）、长芒苋（0.95%）、睡莲（0.63%）、香蒲（0.63%）。在天鹅湖有取食而在王官没有取食的植物为：齿果酸模（1.69%）、多花水苋（2.50%）、苘麻（0.58%）。对于玉米，大天鹅在天鹅湖湿地公园内取食的比例为 39.88%，而王官则大大减小，为 2.53%。大天鹅在王官的取食与在天鹅湖湿地公园相比，芦苇、苍耳、牵牛这三种植物的取食率均有增加。

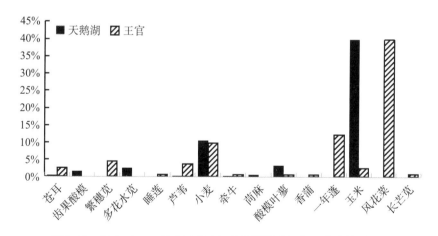

图 7.12　2015 年 11 月大天鹅在天鹅湖湿地公园与王官食性对比

2. 在天鹅湖湿地公园与圣天湖的食物组成对比

通过 2015 年 11 月的取样调查，共获得 10 个样品 70 次重复 244 个视野的对照检验，

对比大天鹅在圣天湖及在天鹅湖湿地公园的食性，得到图 7.13。由图可知，与天鹅湖相比，圣天湖地区大天鹅取食增加的植物中，最多的是风花菜（31.97%）、其次是繁穗苋（11.48%）、一年蓬（8.20%）、大豆（3.28%）。而大天鹅在天鹅湖湿地公园取食的植物中,圣天湖地区没有的是齿果酸模（1.81%）、多花水苋（2.32%）、碱茅（0.60%）、芦苇（0.50%）、牵牛（0.50%）、玉米（40.52%）。小麦在圣天湖地区的大天鹅食性中所占的比例为 37.7%，远远大于在天鹅湖地区，酸模叶蓼变化不大。

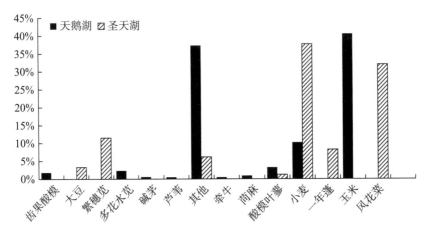

图 7.13　2015 年 11 月大天鹅在三门峡天鹅湖公园与圣天湖食性对比

7.4　库区大天鹅的食性特点及变化规律分析

7.4.1　越冬期间取食易于获得且能量较高的食物

根据 2014 年 11 月、12 月和 2015 年 11 月对三门峡天鹅湖的研究表明，大天鹅在这两个月主要取食禾本科的植物，如小麦、玉米、芦苇、菵草等。这可能：一是人工投喂大量的玉米，2014 年在浅滩上种了大片麦苗。根据食物选择经济学中的最优摄食对策学说：动物在觅食时，会选择用最小的能量消耗，去获得最大的能量和最佳营养收获。因人工投喂的玉米、种植的小麦并不需要大天鹅去消耗太多能量寻找食物，所以其取食小麦、玉米比例比较高。二是禾本科的植物在我国最为常见，数量巨大。很多粮食作物都是属于禾本科，因为其含有较高的营养价值。对比其他地方天鹅越冬期间的食物，发现在山东荣成越冬的天鹅主要取食小麦、海带、大叶藻等植物，其中小麦的取食量达到 90% 以上，远高于其他种类。刘利等（2014）在包头南海子调查大天鹅越冬及迁徙时的食性发现，在黄河开河前期主食酸模叶蓼，占 99.4%，在黄河开河后期主食玉米（占 69.7%）、光果甘草（占 18.3%）、香蒲（占 11.2%）等植物。美国黄石地区的研究发现天鹅以水生植物为食，如轮藻、加拿大伊乐藻、蓖齿眼子菜等。日本的越冬大天鹅食性研究发现，大天鹅在越冬初期采食早熟禾、看麦娘、弯曲碎米荠等，越冬末期采食水稻等植物。这些研究表明，大天鹅对食物的选择广泛，很多时候会选择当地环境条件下最多的可食植物，如荣成的小麦和海带、包头南海子的酸模叶蓼和玉米等。经过调查，天鹅湖内沉水植物稀少，野生植物以禾本科植物为主，如芦苇、香蒲、稗、早熟禾等，人工种植的植物以小麦、莲为主。此外，投喂的玉米或为大天鹅提供了充足的食物。

7.4.2　不同时期的食物受环境中可食植物变化的影响

2014 年 11—12 月，天鹅湖天鹅食物中小麦茎出现的频度减少，芦苇茎出现的频度增多。据现场观察，11 月份小麦苗几乎被大天鹅采食干净，因此，在大天鹅的食物中小麦茎和叶出现的频度减少。孙儒泳（2001）认为，根据动物对食物的取食数量和频度，动物食物可分为四类：基本食物、次要食物、偶吃食物和替代性食物。基本食物是在食物资源丰富时，动物食物中占比例较大的食物，在本次研究中是小麦叶和小麦茎。次要食物是在食物资源丰富时，动物食物中占有相当比例的食物，本次研究中是玉米果实。偶吃食物是在食物资源丰富时，采食频次低的食物，如稗根、早熟禾种子、红鳞扁莎种子、芦苇茎、芦苇种子、牵牛种子等。替代性食物是动物在食物丰富时不采食，在食物资源贫乏时才采食的食物。前面提到的南海子大天鹅越冬取食的食物中，在黄河开河前，大天鹅活动范围受到限制，取食的酸模叶蓼种子应该是大天鹅的替代性食物，待黄河开河后，大天鹅活动范围扩大，玉米种子成了天鹅的基本食物，光果甘草和香蒲属于次要食物。2015 年三门峡天鹅湖未种植小麦，玉米则上升为基本食物。

对于采食植物的科和种类，从 11—12 月的统计数据来看，大天鹅取食的植物由 7 科 10 种增至 13 科 17 种。牛红星等（1997）对河南新乡黄河湿地的大天鹅观察发现，大天鹅越冬期间取食香蒲、菹草、马来眼子菜（*Potamogeton malaianus*）、穿叶眼子菜（*Potamogeton perfoliatus*）、黑藻（*Hydrilla verticillata*）、狐尾藻（*Myriophyllum verticillatum*）以及杂草的种子。井长林等（1992）在大天鹅的繁殖地巴音布鲁克发现可取食的食物有苔藓、水毛茛（*Batrachium bungei*）、水葫芦苗（*Halerpestes cymbalaria*）等。实际上，越冬期间不同时期，大天鹅食物是随环境中可食植物的变化而变化的，在三门峡天鹅湖国家城市湿地公园 2014 年 11 月以小麦为基本食物，2015 年 11 月为玉米。

7.4.3　叶、茎、果实和根是取食的主要植物器官

大天鹅对不同植物器官的取食统计表明，大天鹅偏爱植物的叶和茎，也取食果实、种子、根，取食花最少。这里有以下几点原因：第一，冬季低温低，植物通过减少代

谢来度过冬天，生殖生长基本停止，因此，这个季节基本没有花的存在。第二，植物的果实、种子都含有比较丰富的营养物质，但冬季的果实和种子并不多，野生环境下水生植物种子都比较小，含有的能量有限，这里果实占比达到10.41% 主要归因于人们给大天鹅投食玉米果实。值得注意的是，在天鹅湖湿地公园有较多的苍耳，但研究发现苍耳种子或果实占有的比重不足0.1%。第三，动物的生存需要摄取足够的糖类和蛋白质。常见的植物纤维素、植物蛋白都是大天鹅的糖分和蛋白质来源。植物生长的过程中，营养优先供应最需要的地方，也就是说，如果植物在进行营养生长，叶、茎等处的光合作用产物优先供应植物的新叶、新芽，这里种植的冬小麦恰恰是在这个时候生长，而冬小麦的叶、茎具有丰富的糖类和蛋白质，因此，成为大天鹅的优先选择。第四，研究发现大天鹅具有相对发达的盲肠，盲肠占全肠道的13%，而肉食性鸟类盲肠不发达，如毛脚鵟体内盲肠只占全肠道的0.4%。盲肠占全肠道的比例大小是区别于肉食性鸟类的一个显著特征，盲肠内多含有细菌等微生物，这些微生物具有对植物纤维发酵和分解的能力，因此，具有发达盲肠的鸟类多以植物纤维为主食。植物茎内输导组织的导管、筛管等细胞含有较多纤维素，这也是导致大天鹅喜食植物茎的原因。

7.4.4　对植物性食物的适应性使其食性因地而异

在对比天鹅湖湿地公园内大天鹅的食性与附近其他地区（圣天湖、王官）的大天鹅食性时发现：圣天湖和王官地区的大天鹅，取食风花菜最多。在野外观察时发现，圣天湖和王官大天鹅取食的区域内，有大量的风花菜。圣天湖和王官投食玉米粒很少，游人干扰也很少，几乎近似于野生环境。与天鹅湖湿地公园的大天鹅的食性相比，王官地区和圣天湖地区的大天鹅的食性还增加了：一年蓬、繁穗苋、长芒苋、睡莲、香蒲、大豆，这也说明了大天鹅取食具有广泛性。在圣天湖和王官，尽管都没有为大天鹅专门种植的小麦，但其食性结果中均有小麦，分别为37.7% 和9.81%。这也从另一个方面说明了大天鹅对小麦具有优先选择性。圣天湖和王官都有少量的玉米粒撒食，但大天鹅对玉米粒的取食很少，圣天湖地区为零。导致这一结果的原因有：①玉米粒不是大天鹅优先选择的食物，在其他食物充足情况下，不会优先选择玉米。②因在王官及圣天湖地区取样较少，其结果不能全部覆盖大天鹅取食的所有植物。

马鸣（1993）在《野生天鹅》中对大天鹅食性总结：大天鹅成鸟主要采食水生植物的根茎、种子、绿叶，如早熟禾、苔草、溪木贼、篦齿眼子菜以及其他藻类（大叶藻属、川蔓藻属、伊乐藻属），冬季也在农田中寻找剩余的谷类、萝卜、土豆、甜菜和冬麦苗。董翠玲等在山东荣成的马山湖，利用粪便显微组织分析法研究大天鹅的食性，发现大天鹅在越冬期主要取食小麦、海带和大叶藻。刘利等（2014）在包头南海子湿地利用与董翠玲（2007）同样的方法研究大天鹅在春季迁徙期间的食性，发现大天鹅的食物主要是酸模叶蓼、玉米、光果甘草和香蒲等植物。

综合以上，大天鹅的食物包括四类：①水生植物，包括沉水植物大叶藻、海带、菹草、马来眼子菜、穿叶眼子菜、黑藻、狐尾藻、轮藻、加拿大伊乐藻、蓖齿眼子菜等，挺水植物芦苇、香蒲等；②陆生禾本科植物，如小麦、玉米、茵草、早熟禾等；③除禾本科以外的陆生草本植物，如风花菜、酸模叶蓼、光果甘草、牵牛、苍耳、红鳞扁莎等；④部分动物性食物。越冬期间大天鹅的取食主要取决于当地环境中的可食植物种类和数量。

7.5 国外成功案例介绍

天鹅作为迁徙鸟类，每次迁徙都需要选择合适的栖息地，包括繁殖地、中途停歇地、越冬地等，由于天鹅能够对历史栖息地记忆深刻，在环境条件不变的情况，它们往往每年都在同一繁殖地、同一越冬地之间迁徙，甚至中途停歇地也相同。天鹅对这些栖息地选择的原因既有严格的要求，也是有历史记忆的因素。对于栖息地的选择，主要考虑食物、水源、隐蔽环境等因素。天鹅经过数千公里的迁徙到达越冬地，补充每日所需食物，满足自身活动的能量需求，也为次年的繁殖做准备。这里之所以选择越冬地在黄河三门峡段，是由于大天鹅迁徙的能量消耗与栖息环境的适宜度供给达到最经济的效果，即大天鹅能够以最短的迁徙距离（能量消耗少）获得度过整个越冬期的适宜栖息环境（包括充足的食物、不结冰或短时结冰的水域、安全的隐蔽环境）。

在我国东部一衣带水的邻国——日本，是大天鹅在东亚的主要越冬地之一，20世纪90年代末期调查统计，发现日本的越冬天鹅有数万只，其中，大天鹅有32 000只，小天鹅有31 000只。据文献记载，日本早在1955年就开始给越冬的大天鹅投喂食物，当时的投喂地有18个，其中15个投食地在整个冬季都投喂，3个只做临时投喂。然而，投喂真正开始增加是20世纪70年代。1976年，在日本北海道野付湾，经历过一个寒冷的冬季，500只大天鹅由于饥饿而死亡。这起事件激起了日本人民给大天鹅提供食物的强烈愿望，人们逐渐在天鹅的栖息地开始投喂粮食。后来，当日本的旅游业发现观看给天鹅喂食成为人们喜爱的一项娱乐活动，便立即建立起很多新的天鹅投食地。直到1995—1999年，投食地的数量还在持续增加。20世纪70年代早期，天鹅投食地有100个，到80年代中期，增加到200个，直到90年代投食地的数量已经接近500个。

在日本，对大天鹅投食的食物组成主要是大米和面包，也包括其他谷类、茶叶、水果皮、燕麦、大麦、玉米和苹果。据日本研究人员Ohmori报道，每只大天鹅每天需要400~500 g的食物。经历这些年的努力，大天鹅在日本的栖息地和数量都有所增加，但由于投食会对天鹅野性有一定影响，现在的投食量也在不断减少。

7.6 觅食栖息地优化建议

（1）恢复和补种湿地植物。大天鹅喜食水生植物，尤其是沉水植物，但天鹅湖的沉水植物匮乏，因此，在青龙湖和苍龙湖中，可在夏季补种水生植物，如菹草、穿叶眼子菜、黑藻、狐尾藻、篦齿眼子菜等沉水植物，以及荷花、风花菜等挺水植物。对于河岸的湿地，可以自然恢复，若自然恢复效果不佳，则采用土壤种子库移植的方法加速自然植被的恢复和生长。

在湿地公园水陆交替的浅水滩涂区域，利用土壤种子库技术恢复水生植物。土壤种子库技术是一种经济、高效、自我持续性高的湿地植被恢复方法。土壤种子库是指土壤中仍具有繁殖力的种子、可再生的植物结构和无性繁殖体的总称。种子库技术恢复湿地植被，是利用湿地植物种子具有休眠的特征。一旦周围的环境提供了其适宜繁殖的条件，具有繁殖力的土壤种子库，能够在地面形成植物物种和群落。在湿地公园周围土壤种子库丰富的地区取土，填充于水陆交替的浅水滩涂区域。即避免了外来物种的入侵，又能使植被可以很好地适应自然环境。

（2）增加浅水区。苍龙湖西侧有大面积芦苇滩涂，大天鹅无法在此觅食，且每年冬季都要人为割除，增加管理成本。近几年来由于管理工作和栖息地改造，在苍龙湖活动的大天鹅较2013年前后成倍增加，但适合活动的浅水区相对较少，建议将此处地表高程降低30~40 cm，将芦根清除，形成浅水区，使得地表自然生长的多种水生和湿生植物，供大天鹅取食和在此栖息。经过栖息地的改造，如果草本植物生长过高，还可通过放养1~2头水牛的方式控制草本植物生长，为天鹅冬季觅食栖息提供适宜的生境。

（3）投食管理。美国新墨西哥州的博基德尔阿帕奇国家自然保护区每年冬季都有上万只沙丘鹤越冬，保护区每年都收购当地农户种植的玉米，通过生物学专家每天观测沙丘鹤数量，定量割倒相应量的玉米，让沙丘鹤自主觅食（鹤类较机警，通常不进入大型植物密集区内觅食）。天鹅湖国家城市湿地公园应以每只天鹅每日食量（400~500 g）为依据，根据现有天鹅数量以及环境承载力的要求，按照合理预期的大鹅数量来增加或减少每日食物的供应量，选择最经济有效的投喂食物，并通过恢复周边自然植被，为越冬大天鹅等水鸟提供较为丰富的食物来源。

参考文献

本田清，1979. 天鹅风景——文化、生态、保护［M］. 东京：日本放送出版协会：170-173.

董翠玲，齐晓丽，刘建，2007. 荣成天鹅湖湿地越冬大天鹅食性分析［J］. 动物学杂志，42（6）：53-56.

井长林，马鸣，顾正勤，等，1992. 大天鹅在巴音布鲁克地区越冬的调查报告［J］. 干旱区研究，2（2）：61-63.

刘利，刘晓光，苗春林，等，2014. 包头南海子湿地春季北迁大天鹅食性初步分析［J］. 动物学杂志，49（3）：438-442.

马鸣，1993. 野生天鹅［M］. 北京：气象出版社.

牛红星，路纪琪，吕九全，等，1997. 豫北大天鹅越冬生态习性的研究［J］. 河北师范大学学报，9（3）：314-316.

孙儒泳，2001. 动物生态学原理［M］. 北京：北京师范大学出版社：260-261.

BAUMGARTNER L L，MARTIN A C，1939. Plant histology as an Aid in Squirrel Food Habits Studies［J］.Journal of Wild Management，3：266-268.

EINARSSON O，1996. Breeding Biology of the Whooper Swan and Factors Affecting its Breeding Success，with Notes on its Social Dynamics and Life Cycle in the Wintering Range［D］.University of Bristol.

JOHN O，ALBERTSEN，YUJI，KANAZAWA，2001.Numbers and Ecology of Swans Wintering in Japan［J］.The International Journal of Waterbird Biology，25：74-85.

JOHN R S，STANLEY H A，1997. Changes in Tmmpter Swan *Cygnus buccinator* Activities from Winter to Spring in the Greater Yellow stone Area［J］.The American Midland Naturalist，138：208-214.

KREBS J R，DAVIES N B，1990. An Introduction to Behavioural Ecology［J］. Oxferd：Blanck Well ScienTific Publication.

REES E O，EINARSSON，1997. Whooper Swan *Cygnus Cygnus*［J］. BWP Update，1：27-35.

SQUIRES J R，ANDERSON S H，1995. Trumpeter Swan *Cygnus buccinator* Food Habits in the Greater Yellow Stone Ecosystem［J］. American Midland Naturalist，133（2）：274-282.

第**8**章
笼养越冬大天鹅食性研究

食物是动物适应性生存的基础，能量平衡对动物生存、繁殖和进化起着至关重要的作用。动物能量代谢的生理生态特征与其能量利用、分配、行为方式及其系统发育等方面密切相关，反映了动物对环境的适应模式和生理功能，体现出生物多样性与环境之间相适应的关系。进化的最适化原理认为有机体生活史进化过程就是把有限的能量最适合地分配到维持繁殖及生长过程中。

本章通过试验对笼养大天鹅的日食量与能量摄入进行研究，以增加和积累大天鹅笼养喂食方面所需要的数据和经验，进一步规范和完善大天鹅的饲养规程，促进大天鹅保护事业的开展。

8.1 研究地点和大天鹅的选择

8.1.1 研究地点

研究区域位于河南省三门峡市天鹅湖国家城市湿地公园内，地理坐标为111°8′44″E，34°46′18″N。公园内有专门为救治保护大天鹅而建设的屋舍，鹅舍简图和实验期间鹅舍温湿度变化见第 6 章图 6.1、图 6.2。

8.1.2 大天鹅的选择

大天鹅选择三门峡市天鹅湖国家城市湿地公园内被笼养两月时间以上的 11 只大天鹅，6 成 5 幼，成鹅 3 雌 3 雄（图 6.3），幼鹅 3 雌 2 雄（图 6.4）。研究期间天鹅身体健康，每天人工投喂玉米作为食物。天鹅的体重详见表6.2。其中成鹅平均体重为（9.45±0.49）kg，幼鹅平均体重为（8.72±0.33）kg。

8.2 研究方法

8.2.1 日食量测定

实验开始后每天早上8：00投喂玉米，第二天8：00前回收剩余玉米称重，计算减少量，持续7 d，第八天不需要投食但是需要收回第七天投喂的食物称重，得到每天大天鹅吃掉的食物重量。使用台秤HY-601型号，精度为0.1 g，将数据录入计算机。

8.2.2 排便量测定

投食实验开始后第二天每天9：00前收集全部粪便并使用精度为0.1 g天平称取粪便鲜重，数据录入计算机。

8.2.3 能量测定

摄入能：大天鹅每日每只进食玉米的热总值。

粪便能：收取粪便用全自动热量仪测量粪便热值。在每天9：00前分别收取成鹅与幼鹅全部粪便，分别测出总鲜重，使用天平精度为0.1 g。每日收集成幼鹅粪便分别混合均匀后分别随机取4组粪便样品，烘干、称重、测量每克粪便热值。计算粪便含水量并输入热量仪，自动计算出每1 g鲜重粪便的热值，7 d成幼鹅分别得到28个湿重热值，取平均值得出平均每克鲜重粪便的热值，然后分别乘以每天粪便总鲜重，得到每天粪便的总热值，即粪便能。

消化能：每日粪便能与每日吃掉的玉米的热总值相减得到每日吸收的热值。消化能=饲料总能-粪便能-不能被动物利用的甲烷等气能（即被消化吸收的饲料所含能量）。从饲料总能中减去粪能后的能值，亦称"表观消化能"，在这里只计算表观消化能，不测量甲烷气体等。

8.2.4 数据处理

采用Excel和SPSS19软件进行实验数据的统计分析。对大天鹅的摄食量、排便量、摄入能、粪便能、消化能、消化率采用独立样本T检验进行分析（Independent Samples T-Test）。对连续7 d测量的以上各指标采用重复测量方差分析（Repeated Measures）。结果以平均值±标准误差表示（Mean±SE）。$P<0.05$为差异显著，$P<0.01$为差异极显著。

8.3 摄食量、排便量和能量代谢

8.3.1 摄食量与排便量

6 只成年大天鹅平均每日共吃掉 1 671 g 玉米（表 8.1），平均每只成鹅每日吃掉 278.57 g 玉米，占体重比（2.95 ± 0.15）%。6 只成年大天鹅平均每日共排便 1 388.79 g，平均每只成鹅每日排便 223.13 g（表 8.1），占体重比（2.36 ± 0.05）%。

表 8.1　6 只成年大天鹅每日摄食量与排便量

日期	摄食量 /g	排便量 /g
15/1	1 200	1 401.65
16/1	1 700	1 198.04
17/1	1 800	1 239.58
18/1	1 700	1 373.98
19/1	1 700	1 417.54
20/1	1 700	1 389.65
21/1	1 900	1 351.09
平均每日	1 671 ± 83	1 388.79 ± 32
平均每只每日	278.57 ± 14	223.13 ± 5.3
占体重比	（2.95 ± 0.15）%	（2.36 ± 0.05）%

5 只幼年大天鹅平均每日共吃掉 857.14 g 玉米（表 8.2），平均每只每日吃掉 171.43 g 玉米，占体重比（1.96 ± 0.16）%。5 只幼年大天鹅平均每日共排便 513.38 g，平均每只每日排便 102.68 g（表 8.2），占体重比（1.18 ± 0.10）%。

表 8.2　5 只幼年大天鹅每日摄食量与排便量

日期	摄食量 /g	排便量 /g
15/1	600	511.6
16/1	700	362.42
17/1	700	347.34
18/1	900	662.41
19/1	1 000	600.58

日期	摄食量 /g	排便量 /g
20/1	1 100	586.27
21/1	1 000	523.03
平均每天	857.14 ± 72	513.38 ± 45
平均每只每天	171.43 ± 14	102.68 ± 9
占体重比	（1.96 ± 0.16）%	（1.18 ± 0.10）%

8.3.2　能量代谢

成年大天鹅与幼年大天鹅粪便的热值、摄入能、粪便能、消化能和消化率见表 8.3~表 8.6。

表 8.3　成年大天鹅粪便热值

编号	湿重 /g	干重 /g	含水量 /%	1 g 湿重热值 /cal
15/1-1	17.9769	4.5005	74	455.8
15/1-2	6.9355	2.0263	70.7	360.9
15/1-3	23.0900	6.2706	72.8	581.8
15/1-4	12.8761	3.2385	74.8	511.6
16/1-1	48.8495	6.7944	86.1	0.9
16/1-2	11.7637	2.2689	80.7	74.59
16/1-3	10.7878	1.7690	83.6	198.6
16/1-4	14.0598	2.3939	82.97	8.288
17/1-1	21.7745	2.1636	90.06	123.8
17/1-2	12.6374	1.5566	87.7	56.9
17/1-3	7.0914	2.1916	69.1	592.7
17/1-4	10.5861	1.6416	84.4	144.1
18/1-1	15.4487	2.3427	84.8	229.6
18/1-2	30.5151	3.8640	87.3	59.81
18/1-3	19.6121	2.2395	88.6	39.1
18/1-4	12.4087	2.0306	83.6	229.7
19/1-1	48.5540	8.0189	83.5	163.4

编号	湿重 /g	干重 /g	含水量 /%	1 g 湿重热值 /cal
19/1-2	17.1630	3.5372	79.4	427.2
19/1-3	11.3300	2.2215	80.4	438.4
19/1-4	10.4931	2.2500	78.6	479.3
20/1-1	64.3680	13.5475	78.9	394.3
20/1-2	27.8240	5.4703	80.3	393.2
20/1-3	51.2731	11.9072	76.8	578.4
20/1-4	59.4867	12.8938	78.3	466.8
21/1-1	33.6199	7.6425	77.3	580.6
21/1-2	27.8534	5.4400	80.5	429.5
21/1-3	57.0388	11.8973	79.2	468.8
21/1-4	84.5870	15.3589	81.9	90.29
平均值	31.18	5.27	80.58 ± 0.96	306.37 ± 38

表 8.4 成年大天鹅能量代谢

日期	摄入能 /kcal	粪便能 /kcal	消化能 /kcal	消化率 /%
15/1	2 352	429.42	1 922.58	81.74
16/1	3 332	367.04	2 964.96	88.98
17/1	3 528	379.77	3 148.23	89.24
18/1	3 332	420.94	2 911.06	87.37
19/1	3 332	434.29	2 897.71	86.97
20/1	3 332	425.74	2 906.26	87.22
21/1	3 724	413.9	3 310.1	88.89
平均每日	3 276 ± 164	410.15 ± 9.8	2 865.84 ± 167	87.48 ± 0.97
平均每只每日	546 ± 27	68.36 ± 1.6	477.64 ± 28	87.48 ± 0.97

表 8.5 幼年大天鹅粪便热值

编号	湿重 /g	干重 /g	含水量 /%	1g 湿重热值 /cal
15/1-1	17.6619	5.2793	70.0	534.7
15/1-2	7.7856	1.3986	82.0	485.0

（续）

编号	湿重 /g	干重 /g	含水量 /%	1g 湿重热值 /cal
15/1-3	2.5558	0.7549	70.4	564.6
15/1-4	5.6571	2.1774	61.0	752.7
16/1-1	22.917	2.8550	87.5	79.2
16/1-2	4.7135	4.0065	85.0	7.0
16/1-3	99.1264	11.9073	87.9	88.8
16/1-4	20.8059	4.6582	77.6	416
17/1-1	3.8745	0.4245	89.0	114.6
17/1-2	13.8200	1.6363	88.1	57.14
17/1-3	7.0942	0.8851	87.5	16.32
17/1-4	10.5522	0.8352	92.1	228.6
18/1-1	15.9200	2.2764	85.7	133.7
18/1-2	8.6899	2.0216	76.7	293.3
18/1-3	26.0523	2.9537	88.6	36.15
18/1-4	16.7573	1.5036	91.0	135.7
19/1-1	28.1599	2.9849	89.4	100.7
19/1-2	16.6363	3.1605	81.0	336.9
19/1-3	28.3692	5.5353	80.5	427.6
19/1-4	14.9197	2.9746	80.0	397.4
20/1-1	22.2878	3.3042	85.1	137.5
20/1-2	31.4545	7.0514	77.6	505.7
20/1-3	12.9098	2.4192	81.3	348.7
20/1-4	32.1191	5.4678	82.9	201.4
21/1-1	18.9022	2.8159	85.1	43.37
21/1-2	24.1872	4.3264	82.1	256.3
21/1-3	21.2534	3.3643	84.2	222.1
21/1-4	24.6949	5.1628	79.1	482.4
平均值	20.0	3.36	82.44 ± 1.2	264.41 ± 38

表 8.6　幼年大天鹅能量代谢

日期	摄入能 /kcal	粪便能 /kcal	消化能 /kcal	消化率 /%
15/1	1 176	135.16	1 040.84	88.51
16/1	1 372	95.75	1 276.25	93.02
17/1	1 372	91.78	1 280.22	93.31
18/1	1 764	175.06	1 588.94	90.08
19/1	1 960	158.71	1 801.29	91.90
20/1	2 156	154.89	2 001.11	92.82
21/1	1 960	138.19	1 821.81	92.95
平均每日	1 680 ± 1411	135.65 ± 11.9	1 544.35 ± 133.5	91.9 ± 0.6
平均每只每日	336 ± 282	27.13 ± 2.4	308.87 ± 26.7	91.9 ± 0.6

8.4　成年和幼年大天鹅的能量代谢比较

8.4.1　成年大天鹅日食量、排便量和能量代谢

实验前后发现成年大天鹅体重均无太大变化。6 只成鹅平均每天吃掉 1.67 kg 玉米，平均每只成鹅每天吃掉 0.278 kg 玉米，7 d 总吸收 20 058.9 kcal，平均每天吸收 2 865.5 kcal 热量，平均每只成鹅每天吸收 477.6 kcal 热量。粪便平均含水量 81.1%，平均每克粪便热值 306.37 cal。

重复测量方差分析表明，连续 7 d 测定成年摄食量（$F=1.449$，$P>0.05$）、排粪量（$F=0.636$，$P>0.05$）、摄入能（$F=2.586$，$P>0.05$）、粪便能（$F=0.869$，$P>0.05$）、消化能（$F=3.112$，$P>0.05$）及消化率（$F=1.129$，$P>0.05$）差异均不显著。

8.4.2　幼年大天鹅日食量、排便量和能量代谢

实验前后发现幼年大天鹅体重均无太大变化。5 只幼鹅平均每天吃掉 0.86 kg 玉米，平均每只幼鹅每天吃掉 0.172 kg 玉米，7 d 总吸收 10 810.4 kcal 能量，平均每天吸收 1 544.3 kcal 热量，平均每只幼鹅每天吸收 308.87 kcal 热量。粪便平均含水量 81.1%，平均每克粪便热值 264.21 cal。

重复测量方差分析表明，连续 7 d 测定成年摄食量（$F=1.449$，$P>0.05$）、排粪量（$F=0.636$，$P>0.05$）、摄入能（$F=2.586$，$P>0.05$）、粪便能（$F=0.869$，$P>0.05$）、消化能（$F=3.112$，$P>0.05$）及消化率（$F=1.129$，$P>0.05$）差异均不显著。

研究结果显示，越冬期成年大天鹅的摄食量和消化能均高于幼鹅。

第9章
天鹅湖国家城市湿地公园大天鹅栖息地适宜性评价

　　湿地鸟类是湿地生态系统重要组成部分，在能量流动和维持系统稳定性方面起着举足轻重的作用（Mclaughlin and Cohen，2013）。大天鹅作为湿地水鸟的一种，属雁形目鸭科天鹅属大型水鸟，是国家二级保护动物（郑光美和王岐山，1998）。大天鹅是一种迁徙鸟类，春天飞往欧亚大陆北部繁殖后代，冬季迁徙到南方越冬（傅承钊和郑琳，1987）。其越冬栖息地在我国主要分布在山东沿海、黄河中下游湿地、青海湖等黄河流域的河流和湖泊湿地。文献记载大天鹅的适宜栖息地有泰加林和桦木林带附近的沼泽低地、河流三角洲、山间积水盆地、水草丰茂的浅水湖泊、流动缓慢的河流等（杜博等，2018）。

　　三门峡市天鹅湖国家城市湿地公园是大天鹅在黄河中游的主要越冬地之一，近年来公园管理处加强对大天鹅的保护工作，并与高校开展大天鹅生态招引，增加了公园内觅食栖息地，采取为天鹅投食等措施，每年冬季在天鹅湖湿地公园栖息的大天鹅数量可达 2 000 只左右。2014 年夏季开展栖息地修复后，当年冬季天鹅湖湿地公园大天鹅数量最多达到 6 000 余只。2015 年初由于种群密度过高等因素，湿地公园发生了天鹅感染高致病性禽流感病毒的疫情（张国钢等，2016）。

　　为合理引导天鹅种群分布，迫切需要对大天鹅越冬栖息地进行适宜性评价，分析大天鹅生境需求。邹丽丽等（2012）采用 Logistic 模型对鹭科水鸟的栖息地进行了适宜性评价，为栖息地适宜性分析提供了参考。吴庆明等（2016）采用最大熵（Maxent）模型，结合遥感和 GIS 等技术手段对扎龙湿地丹顶鹤营巢生境进行了分析，为保护区的管护工作提供了更为科学的理论基础。利用遥感和 GIS 空间分析技术对栖息地开展研究具有定量、省时、清晰可见等特点，因而采用 Maxent 模型对天鹅湖大天鹅栖息地进行了适宜性评价，研究结果有助于管理者了解天鹅在公园内的适宜栖息地分布情况，并可用于指导天鹅湖大天鹅的栖息地修复和景观格局优化。

9.1 三门峡市天鹅湖国家城市湿地公园概况

　　三门峡市天鹅湖国家城市湿地公园位于三门峡市东、西城区之间的生态区，东起209国道立交桥，西到陕州大道与沿黄观光路交叉处，南接陕州大道，北至黄河滩涂。核心景区包括双龙湖白天鹅观赏区、陕州古城和沿黄生态林带三部分。公园中青龙湖（水域面积 100 hm²）和苍龙湖（水域面积 42 hm²）是大天鹅在天鹅湖的主要栖息地。园内地形主要以黄土台地和黄河湿地为主（图 9.1），平均海拔 320~354 m，年平均降水量为 560~630 mm；属暖温带大陆性季风气候，四季分明，冬季寒冷干燥，多西风和西北风，年平均气温 13.9℃，极端最低气温 –13℃（李景玉等，2007）。湿地内的河流主要有黄河、青龙涧河和苍龙涧河等季节性河流，夏季 7—9 月份降水集中，冬、春两季水量较少（徐文茜等，2016）。每年 10 月—次年 3 月，三门峡大坝蓄水期间，上千只大天鹅在此栖息越冬，形成三门峡市一道亮丽风景线，天鹅湖也因此得名。

图 9.1　三门峡市天鹅湖国家城市湿地公园区位图

9.2 研究方法

9.2.1 栖息地适宜性评价方法
　　栖息地适宜性评价研究在相当长的时间内只能定性描述环境变量的影响，而无法定量描述每个影响因子的贡献率以及预测物种潜在的空间分布情况（杨维康等，

2000）。随着 3S 技术水平的提高，栖息地选择研究得以飞跃发展。目前，在栖息地适宜性评价中模型方法较多，根据栖息地研究中按模型所需"出现点"（presence）和"非出现点"(absence)的不同分为机理模型(Mechanism Model)、回归模型(Regression Model) 和生态位模型（Ecological Niche Model ）（王学志等，2008）。机理模型在运算过程中既不需要目标物种的"出现点"数据，也不需要"非出现点"数据，而是研究人员在清晰地了解到所研究物种的生态需要之后，根据生态需要进行建模预测。但此类模型存在很强的主观性，不同研究人员对各环境因子的权重赋值不同，将会导致评价结果存在明显差异（董张玉等，2014）。回归模型，即通过环境变量与"出现点"和"非出现点"建立回归函数进行研究。在利用回归模型的众多研究中发现，只有获得真实的"非出现点"数据，回归模型才能计算出准确的预测结果（江红星等，2009）。而现实情况是，湿地公园内大天鹅会进行游动，对于观测时没有大天鹅分布的位置以后可能会被记录到，从而引起误差。生态位模型一般是利用物种的出现点数据和相关环境变量，通过一系列的算法运算预测物种的实际分布和潜在分布（Guisan and Zimmermann，2000）。在动植物资源栖息地适宜性评价中出现了包括生态位因子分析模型、基于规则集的遗传算法模型和最大熵模型在内的多种生态位模型，而 Elith 等（2006）利用多种生态位模型对不同地区 226 个物种进行栖息地分布预测，结果表明 Maxent 模型预测最为准确，更加接近实际分布，因此本书选取 Maxent 模型。

9.2.2　Maxent 模型

本书选择仅需要物种"出现点"的最大熵模型（Maxent 模型），预测大天鹅的适宜生态位分布，并分析各个环境变量对栖息地选择的影响。Maxent 模型在栖息地选择中原理是首先将地理空间和生态空间联系起来，通过获取物种已知分布点数据和影响栖息地选择的环境变量，基于机器学习理论判断物种的生态需求，通过模型运算得到研究区物种出现的概率分布情况，进而预测其在地理空间内的分布（高蓓等，2015；朱耿平和乔慧捷，2016）。

Maxent 模型首先将研究区域划分为 x 个有限数量网格，记 $p(x)$ 为赋予各网格的概率，模型如公式所示：

$$\begin{cases} p(x) = e^{c1f1(x)+c2f2(x)+\cdots cnfn(x)}/Z \\ H\left(\dfrac{1}{p}\right) = -\sum \dfrac{1}{p}(x) \\ \sum p(x) = 1 \end{cases}$$

式中：$c1$, $c2\cdots cn$, Z——常量；

　　　　$f1(x)$, $f2(x)\cdots fn(x)$——目标地区的各种环境特征方程；

　　　　H——p 分布的熵。

满足这些限制条件的分布有很多，由限定条件列出特征方程，首先计算出研究区域概率分布的熵值，然后通过不断迭代，最后将研究对象分布地区的概率分布不断增加。这时研究区域概率分布的最大熵也不断增加，直到执行到最大迭代次数或者达到收敛阈值，这时得到的熵最大的分布即为最优分布（Phillips *et al.*, 2006）。

9.2.3 数据收集与处理

2015 年 12 月—2016 年 2 月，在三门峡天鹅湖城市湿地公园以样线法调查大天鹅的栖息地（图 9.2）。一条样线沿青龙湖周围步道，自东观鸟屋起至苍龙涧河河口终，全长 3.2 km。另一条样线沿苍龙湖周围步道，自苍龙涧河河口起至苍龙湖南路边观测平台终，全长 1.9 km。每月调查一次，每次调查记录大天鹅数量与大天鹅所在的栖息地环境类型，同时记录天鹅湖公园投食位点。

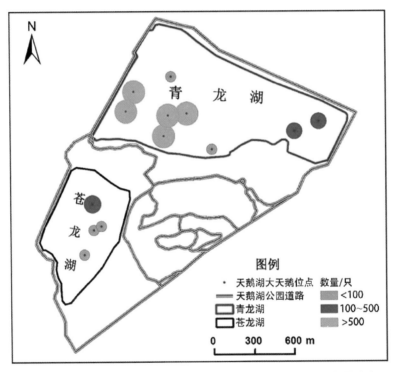

图 9.2　三门峡市天鹅湖国家城市湿地公园内大天鹅的空间及数量分布

通过观察，在分析大天鹅栖息地生境要素与生境结构的基础上，结合收集到的卫星影像、野外调查数据和大天鹅实测数据，从影响大天鹅栖息地的食物、水源和周围生境方面选取投食点距离、MNDWI（改进归一化水体指数）、NDVI（植被指数）、道路距离、土地利用类型、坡度和坡向等作为环境变量。

土地利用类型采用 2015 年 12 月资源三号遥感影像（中国资源卫星应用中心提供）

人工目视解译得到，NDVI 和 MNDWI 利用同时期 Landsat8 OLI 遥感影像在 ENVI5. 3 中进行波段运算得到，Landsat8 影像由美国地质调查局（United States Geological Survey，USGS）提供，坡度、坡向利用 DEM 水文分析得到。

三门峡市天鹅湖国家城市湿地公园总面积 291 hm²，主要有人工表面（包括建筑物和道路）、坑塘水面、林地、芦苇湿地和草地 5 种土地利用类型（图 9.3）。其中，坑塘水面面积最大，达到 132 hm²，主要是青龙湖和苍龙湖的水域面积；林地面积 118 hm²，成为天鹅湖公园陆地地面主要类型；人工表面散布于天鹅湖公园，面积总计 27 hm²；芦苇湿地主要分布在苍龙湖，面积 7 hm²；草地较少，面积 6 hm²，散布于苍龙湖周围和公园东部。

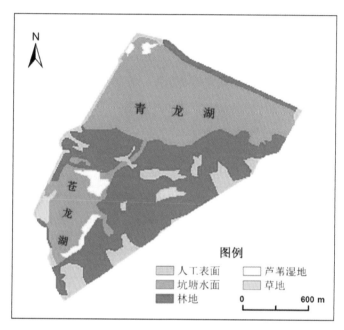

图 9.3　三门峡市天鹅湖国家城市湿地公园土地利用类型

9.3　主要影响因子排序与适宜栖息地分级分布

将收集到的大天鹅位点数据和提取出的影响因子图层导入 Maxent_3.4 软件中，预测出大天鹅适宜性概率分布。用刀切法（Jackknife）判断各环境因子对物种分布影响的重要性，结果以柱状图形式显示，见图 9.4。从图中可以观察到对大天鹅栖息地适宜性的重要程度从高到低依次为投食点距离、MNDWI、道路距离、NDVI、土地利用、坡度、坡向。单独使用投食点距离变量建模时增益值最大，排除投食点距离时增益值最小，因此表明投食点距离是大天鹅栖息地适宜性评价中最重要的因素。

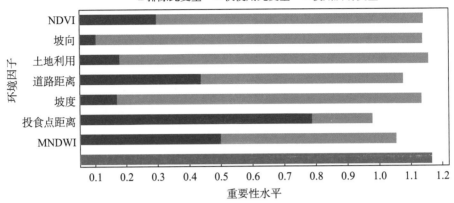

图 9.4 基于刀切法的环境因子重要性

Maxent 模型同时模拟出大天鹅分布概率即栖息地适宜性随各影响因子变化的曲线（图 9.5），横坐标表示影响因子的数值变化，纵坐标表示适宜大天鹅栖息的概率值（取值 0~1）。投食点距离和 NDVI 值越大，大天鹅分布的概率越低；MNDWI 和道路距离值越大，分布概率越高。

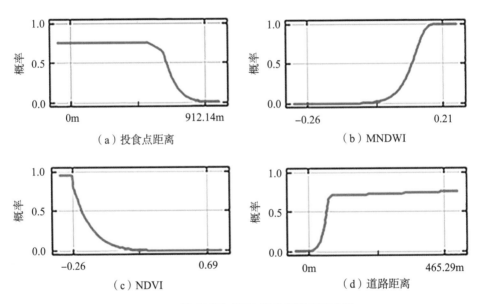

图 9.5 影响因子对栖息地选择的反应曲线

参照土地适宜性分级标准（FAO）（刘纪元，1996），将天鹅湖湿地公园内大天鹅栖息地适宜性概率分布划分为 5 个等级：① $P \geq 0.8$ 为最适宜栖息地：土地开发程度低，环境抗干扰能力强，最适宜大天鹅栖息；② $0.6 \leq P < 0.8$ 为适宜栖息地：土地开发程度低，环境抗干扰能力较强，不影响大天鹅活动，适宜大天鹅栖息；

③ 0.4 ≤ P<0.6 为基本适宜栖息地：土地开发程度中等，环境抗干扰能力中等，对大天鹅栖息有较小影响，大天鹅可以栖息；④ 0.2 ≤ P<0.4 为不适宜栖息地：栖息地开发程度高，有大部分城镇用地，对大天鹅影响较大，大天鹅难以长期停留；⑤ P<0.2 为不可栖息地：栖息地被开发程度很高，几乎不能自动恢复，大天鹅不可栖息。

利用天鹅湖公园矢量边界在 arcgis10.2 中对研究区的大天鹅越冬栖息地适宜性分级图进行裁剪，得到天鹅湖公园大天鹅越冬栖息地适宜性分级图（图 9.6）。利用 arcgis10.2 中的空间统计功能计算面积，经统计，公园总面积 291 hm²，其中最适宜栖息地面积 41 hm²，适宜栖息地面积 48 hm²，基本适宜栖息地面积 65 hm²，不适宜栖息地面积 50 hm²，不可栖息地面积 87 hm²。大天鹅可栖息和最适宜的土地利用类型都是坑塘水面。

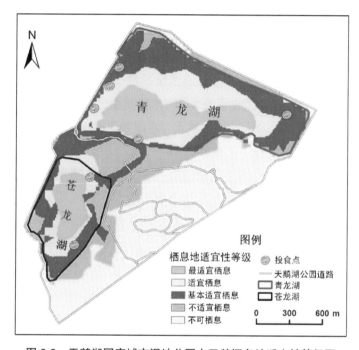

图 9.6　天鹅湖国家城市湿地公园大天鹅栖息地适宜性等级图

9.4　根据评价结果优化栖息地

实地调查结果（表 9.1）表明，大天鹅主要栖息于青龙湖的浅滩及周围水域，出现的大天鹅次数占统计到大天鹅总数的 68.24%。其次是青龙湖与苍龙湖的开阔水域，占总数的 30.05%，在青龙湖和苍龙湖的荷花群落周围统计到大天鹅占总数的 5.18%，苍龙湖的芦苇群落周围统计到大天鹅占总数的 1.3%。

表 9.1　大天鹅在不同栖息地的频度及比例

栖息地类型	出现频度 / (只·次 $^{-1}$)	栖息地所占比例 /%
开阔水面	1 913	30.05
浅滩及周围水域	4 345	68.24
荷花群落周围	330	5.18
芦苇群落周围	83	1.30

　　调查发现大天鹅在天鹅湖湿地公园主要选择栖息于浅滩及周围水域和开阔水面，这与利用大天鹅栖息地适宜性选择模型的结果相似，主要适宜栖息地在青龙湖和苍龙湖的开阔水面。但不完全相同，实地调查发现大天鹅多栖息于浅滩等靠近岸边的浅水区域，这在栖息地适宜性分级图中，不是最优的选择。实地调查发现浅滩上有人为投食对大天鹅有较强吸引力，可能是大天鹅选择到浅滩栖息的重要原因。此外，观察发现若距离人类较近的大天鹅在受到人类活动干扰如鲜艳颜色的衣服、汽车鸣笛等，均容易导致大天鹅往湖中心游动，这也说明距离人为干扰较近的天鹅栖息地不是大天鹅稳定选择的栖息地。

　　根据表 9.1 和图 9.2 的结果，天鹅湖公园内大天鹅的空间及数量分布主要集中在投食点附近的浅滩浅水区，局部天鹅数量多时达 2 000 只，密度过大；而且青龙湖的数量超过 3 000 只，苍龙湖不到 1 000 只。因此，应根据最适栖息地的特点，对苍龙湖的生境进行改造，增加浅滩和浅水区，并对西堤下的大面积芦苇湿地进行改造，降低高程，减少芦苇的面积，增加其他适合天鹅食用的野生植物。在大天鹅抵达湿地公园越冬前，秋季前对芦苇地上部分进行刈割，减少因植物体内养分回流到水体中增加水体的富营养化风险，同时增加天鹅适宜的浅滩栖息地。青龙湖也应在南侧增加一部分投食点，分散天鹅觅食地过于集中的现状，使整个天鹅湖的天鹅分布更加均匀和分散。

　　根据适宜性评价结果还应在库区黄河流域寻找潜在越冬栖息地，大天鹅易于选择远离道路干扰的开阔水域作为栖息地，以满足其觅食活动和对安全的要求。在寻找新的适宜栖息地时发现，库区湿地保护区部分开阔水域被违法改造建鱼塘进行人工养殖，建议拆除此类违建进行栖息地修复。食物是大天鹅对栖息地选择最重要的影响因素，大天鹅主要取食沉水植物的茎叶、挺水植物的根茎、农作物、湿生植物果实等。冬季，由于温度较低，植物生长缓慢，大天鹅取食的野生植物有限，适当人工投食玉米可作为其食物来源之一。

参考文献

董张玉，刘殿伟，王宗明，等，2014.遥感与 GIS 支持下的盘锦湿地水禽栖息地适宜性评价［J］.生态学报，34（6）：1503-1511.

杜博，宫兆宁，茹文东，等，2018.三门峡水库越冬大天鹅栖息地选择研究［J］.湿地科学，16（3）：370-376.

傅承钊，郑琳，1987.大天鹅的生态习性［J］.自然资源研究，（3）：61-63.

高蓓，卫海燕，郭彦龙，等，2015.应用 GIS 和最大熵模型分析秦岭冷杉潜在地理分布［J］.生态学杂志，34（3）：843-852.

江红星，刘春悦，钱法文，等，2009.基于 3S 技术的扎龙湿地丹顶鹤巢址选择模型［J］.林业科学，45（7）：76-83.

李景玉，杨胜天，徐宗学，等，2007.三门峡水库回水变动区土地利用／土地覆被变化及其景观格局分析［J］.农业工程学报，23（3）：61-68.

刘纪元，1996.中国资源环境遥感宏观调查与动态研究［M］.北京：中国科学技术出版社.

王学志，徐卫华，欧阳志云，等，2008.生态位因子分析在大熊猫（*Ailuropoda melanoleuca*）生境评价中的应用［J］.生态学报，28（2）：821-828.

吴庆明，王磊，朱瑞萍，等，2016.基于 MAXENT 模型的丹顶鹤营巢生境适宜性分析：以扎龙保护区为例［J］.生态学报，36（12）：3758-3764.

徐文茜，汤茜，丁圣彦，2016.河南新乡黄河湿地鸟类国家级自然保护区景观格局动态分析［J］.湿地科学，14（2）：235-241.

杨维康，钟文勤，高行宜，2000.鸟类栖息地选择研究进展［J］.干旱区研究，17（3）：71-78.

张国钢，陈丽霞，李淑红，等，2016.黄河三门峡库区越冬大天鹅的种群现状［J］.动物学杂志，51（2）：190-197.

郑光美，王岐山，1998.中国濒危动物红皮书：鸟类［M］.北京：科学出版社：38-39.

朱耿平，乔慧捷，2016.MAXENT 模型复杂度对物种潜在分布区预测的影响［J］.生物多样性，24（10）：1189-1196.

邹丽丽，陈晓翔，何莹，等，2012.基于逻辑斯蒂回归模型的鹭科水鸟栖息地适宜性评价［J］.生态学报，32（12）：3722-3728.

ELITH J，GRAHAM C H，Anderson R P，*et al.*，2006. Novel methods improve prediction of species distributions from occurrence data ［J］.Ecography，29（2）：129－151.

GUISAN A，ZIMMERMANN N E，2000. Predictive habitat distribution models in ecology［J］. Ecol Modell，135（2）：147－186.

MCLAUGHLIN D L，COHEN M J，2013. Realizing ecosystem services：wetland hydrologic function along a gradient of ecosystem condition.［J］. Ecological Applications A Publication of the Ecological Society of America，23（7）：1619－1631.

PHILLIPS S J，ANDERSON R P，Schapire R E，2006. Maximum entropy modeling of species geographic distributions［J］. Ecological Modelling，190（3）：231－259.

第**10**章

黄河公园越冬大天鹅栖息地构建与生境适宜性评价

10.1 大天鹅越冬栖息地构建的前期研究

10.1.1 构建前期的调研和方案设计

2014 年，在对三门峡市天鹅湖进行清淤和大天鹅越冬栖息地修复设计的同时，对黄河三门峡库区大天鹅天然栖息地和黄河公园进行了调查。结果显示，在王官、北营、北村等处都有适合大天鹅越冬的生境。比较这些生境与天鹅湖和黄河公园后，将黄河公园作为应用栖息地恢复技术构建越冬大天鹅栖息地的首选目标，并通过开展栖息地选择研究掌握栖息地应满足的主要条件。

2014 年冬季，对黄河公园现状开展的生境调查结果显示，黄河公园地形为狭长形，东部和中部已建设了休闲景观，其中东部水面游人可通过步道深入湖中，对大天鹅活动干扰较大，中部水面无木栈道进入水域中心，中心水域与人的距离基本能够满足大天鹅需要（最近处 80 m），可修建面积适宜的湖心岛和周围的浅水浅滩供天鹅栖息，同时大天鹅要度过整个越冬季，食物来源如仅靠投食，无法满足较多天鹅需要。针对以上情况，提出了两套黄河公园大天鹅栖息地构建和生态招引方案。

方案一：黄河公园中湖以西退林还湿构建栖息地。中湖以西呈狭长形，但最宽处近 300 m，最窄处 100 m，长度 500 m，面积呈梯形向西逐渐变窄。该地块现状为长势较差的杨树林，总面积约 150 亩，按退林还湿砍伐。该区域北面为黄河，西面是林带，东面与公园中部中湖间有树木隔离带，南面为园内行车道。若南面公路无人员干扰且游客不进入该区域内，可恢复为大天鹅越冬栖息地。沿树林北侧是宽阔的河道湾区，河道较宽、弯度平缓，在栖息地恢复的地形整理中，可向河道方向填入地形整理开挖的土方，形成浅水区，增加天鹅栖息地面积达到近 20 hm^2（是现有中部湖面的 3 倍）。作为生态招引示范工程的重要组成部分和先行示范区，实施后将为今后的大面积恢复黄河流域天鹅越冬栖息地提供技术和经验。该区域栖息地设计包括有浅水区、觅食滩涂区、狭长形小岛等休憩处、深水区和天鹅起飞需要的浅水跑道，以及栖息地北扩后的新河岸护坡区等。其中护坡区为近自然缓坡，中间高而两侧逐渐降低，河水上涨时可漫过护坡高处进入新扩入河道中的栖息地部分，不影响行洪。栖息地内种植或自然恢复野生湿地植物，可种植部分天鹅喜爱的作物作为冬季天鹅食物。

方案二：利用黄河公园现有中湖的 6.67 hm^2 水面，构建天鹅栖息地。包括构建边缘为缓坡的椭圆形湖心岛，便于大天鹅上岛，在岛上种植小麦，为大天鹅提供补充食物。在湖心岛附近，设计增加部分浅滩、浅水区，岛的周边和浅水区补种一些大天鹅喜食的野生植物和莲藕等。

其中方案二能立即实施，工程量和投资额都较小。经过方案比选，市林业部门选择了方案二作为应用栖息地恢复技术构建越冬大天鹅栖息地的首个实施项目。

10.1.2　越冬栖息地构建步骤与种群数量监测

黄河公园天鹅招引生态工程的实验从 2015 年秋季开始。根据前期观察，曾发现有野生天鹅小群在此停歇觅食。栖息地构建包括以下环节：对湖心岛的地形和水面进行改造（司世杰等，2018），扩大小岛和浅滩面积；在湖心岛种植小麦；安排人员加强管理，以减少游人干扰，成功吸引越冬大天鹅两批各 10 多只在湖中栖息。但是，清早消防队按惯例在公园演习，将来此栖息的天鹅惊飞。经与消防部门协调，取消了在黄河公园的训练，并从天鹅湖国家城市湿地公园借用了几只救治后无法迁飞的天鹅作为招引的诱子，很快成功实现了野生天鹅的招引。在 2015 年成功招引的基础上，开展了为期四年的越冬大天鹅数量连续监测。2016 年初对黄河公园中湖天鹅栖息地生境进行了进一步优化，使越冬大天鹅的数量逐年上升，并成为大天鹅越冬期的重要夜栖地之一。

10.2　越冬栖息地构建方法与适宜性评价

在开展黄河公园越冬栖息地构建同时，运用 3S 技术对黄河公园大天鹅越冬栖息地开展了适宜性评价研究，为今后在更大区域进行越冬大天鹅栖息地构建和修复提供了经验。该研究论文已由《湿地科学与管理》发表，其中详细介绍了栖息地构建的技术和方法，以及栖息地适宜性的评价方法和评价结果。

随着大天鹅数量和聚集程度的提高，大天鹅对资源的需求越来越大，同时增加了疾病发生风险（Webster *et al.*，2002；Chen *et al*.，2005；Liu *et al.*，2005）。为降低大天鹅的聚集程度，实现大天鹅的合理分布，降低禽流感发生的风险，通过查阅国内外大天鹅越冬栖息地文献，结合前期在天鹅湖国家湿地公园的生态修复实践（杜博等，2018），选择三门峡市黄河公园进行大天鹅栖息地的构建，并对重建后栖息地适应性开展了评价。

实验区域属于三门峡市北部黄河公园的景点芦荡烟雨的一部分，面积为20.69 hm²，其中水域面积为 10.33 hm²，地处 111°11′55″~111°12′20″E，34°47′42″~34°47′58″N，紧邻黄河三门峡库区，公园之处属于黄河季节性滩涂湿地。实验设计之前，该区域地形平缓，是以枫杨（*Pterocarya stenoptera*）为主的护岸林地，生物多样性较单一，池塘生态系统结构简单，仅供游客观赏水景，缺少滩涂。

10.2.1　栖息地构建方法和技术

1. 地形整理与生境重建

越冬期大天鹅需要与人有约 100 m 安全距离（于新建等，1997），以保证其在面积一定的湖面进行飞行或降落、游泳或觅食等活动，故需对原有人工湖进行地形整理。在湖中心构建小岛，面积为 0.5106 hm²，周围形成浅水和滩涂区，有利于大天鹅休息和觅食。

考虑到生态护岸的观赏性原则，护岸采用如图 10.1 设计，乔木种植在人行道的旁边，在湖边岸坡配置灌木和草本。水边配置千屈菜（*Lythrum salicaria* L.）、黄菖蒲（*Iris pseudacorus* L.）、小香蒲（*Typha minima Funck*）和部分野生的湿地植物，方便大天鹅取食，同时增加观赏性。

2. 水文调控

实验区紧邻黄河河道，可修建水闸将黄河河道和实验区相连。在黄河丰水期（丁小谨等，2014）打开水闸，将实验区湖水与黄河水进行对流交换，提升湖水的水质。在黄河枯水期关闭水闸，保证湖区一定的水量，浅水区高程为 316.7 m，深水区高程为 315.5~316.0 m，通过与河水交换，为鸟类、两栖类、鱼类等生物提供适宜的水环境与部分天然食物。

3. 食物链构建与景观设计

对于大天鹅的习性研究发现，在不同的越冬地食物存在差异（闫建国等，2003；赵闪闪等，2018），在不同时期的食物也不尽相同（闫建国等，2003；Watanabe *et al.*，2005）。大天鹅是杂食性动物，不仅喜欢吃水生植物或湿生植物的嫩芽和嫩茎（董翠玲等，2007；刘利等，2014），繁殖季也吃一定量的动物性食物（闫建国等，

2003）。考虑到公园的景观效果和大天鹅的食物需求，在湖边种植千屈菜、黄菖蒲、小香蒲等植物，小岛上种植冬小麦及少量乔木（旱柳、水杉、枫杨），其余为草地覆盖地面，如图 10.1 所示。

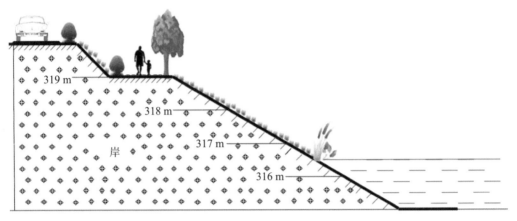

图 10.1　护岸设计示意图

10.2.2　适宜性评价

对于生态学而言，传统实验数据的获取方法往往是通过实地考察、野外测量、记录得到（杨勇等，2011）。这种方式不仅费时费力，且有时无法保证数据的准确性和精准度，具有一定的局限性。相对于传统的方法，3S 技术的发展不仅提供了科学、准确和更广尺度的数据来源，可应用于生物的分布预测（刘冬平等，2006），而且与逻辑斯蒂方程回归分析模型相结合可以作为一种栖息地适宜性评估的重要工具（Hirzel et al.，2001；Iván et al.，2004；张艳红 2006；王学志等，2008；江红星等，2009）。故采用上述方法对大天鹅越冬早期的栖息地情况进行适应性评价分析。

目前关于鸟类栖息地适宜性评价方法中较多是基于统计模型的，主要有多元线性回归模型和逻辑回归模型。多元线性回归适用于因变量连续时，如物种丰富度，当因变量为离散变量时，若再使用线性回归模型，则会违反其许多重要的假设条件，从而导致结果产生严重误差，以致无法进行合理的假设检验。大天鹅分布为"1–0"型的二元变量，所以本书选取 Logistic 模型作为栖息地适宜性评价的模型方法，并预测具有两分特点的因变量概率值。

首先，设 P 为大天鹅的发生概率值，并最后用于大天鹅适宜性评价的概率值。那么 $1–P$ 为大天鹅不发生的概率，将 $P/（1–P）$ 取对数变换，记为 $\ln\left[P/（1–P）\right]$，即对 P 做 logit 变换，以 P 为因变量，建立线性回归方程为：

$$\text{Logit}(P) = \ln\left(\frac{P}{1-P}\right) = \beta_0 + \sum_{k=1}^{n} \beta_k x_k$$

经变换可得：

$$P = \cfrac{1}{1 + \exp\left[-\left(\beta_0 + \displaystyle\sum_{k=1}^{n}\beta_k x_k\right)\right]}$$

式中：k——评价因子编号；

$\quad\quad n$——评价因子总数；

$\quad\quad \beta_k$——第 k 个因子逻辑回归系数；

$\quad\quad x_k$——第 k 个因子的数值。

对因变量影响程度用 $\exp(k)$ 来表示，当 $P>1$ 时，栖息地适宜性变量值增加，事件也随着增加，反之亦然。

1. 评价因子的选取

孔博等（2008）人认为研究中对评价因子的选择，不仅应该考虑自然条件的影响，而且应考虑人为活动的干扰。根据鸟类栖息地环境因子分析，人为影响对城市鸟类的栖息往往起主导作用（栾晓峰等，2003）。本项目中，评价因子分为自然因子和人为因子两类：自然因子包括土地利用类型、草地距离、林地距离、NDVI（归一化植被指数）、水体距离和滩地距离；人为因子包括食物距离（人为种植植物或投食点的距离）和道路距离。如表10.1。

表 10.1　指标评价体系

人为因子	食物距离
	道路距离
自然因子	土地利用类型
	草地距离
	林地距离
	水体距离
	NDVI
	滩地距离

本项目中，依据实际情况将整个研究区分成了林地、水体、滩地（含岛）、草地和道路广场（图10.2）。图10.3是食物资源分布（红色表示分布区域）情况。根据前人对大天鹅习性的研究（傅承判等，1987；姜杨等，2006；董翠玲等，2007）和观察，在越冬前期（11—12月），大天鹅吃岸边或栈道边的菖蒲的嫩茎、香蒲的根茎、酸模叶蓼和岛上种植的小麦嫩叶以及岛上投喂的玉米等食物（牛童等，2015）。图10.4 是 NDVI。NDVI 是表示检测植被生长状态、盖度和消除部分辐射误差等，体现了整体的植被情况，NDVI 值越大，表示植物越丰富，水禽食物来源越充足（董张玉等，2014）。

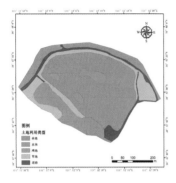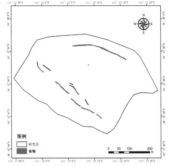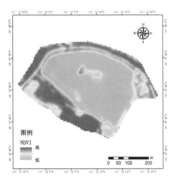

图 10.2　土地利用类型　　　　　图 10.3　食物分布　　　　　　图 10.4　NDVI

2. 评价模型的建立

根据中国资源卫星中心获取的地理数据和从黄河公园获取的种植的植物性食物和投食点的实际数据相结合，利用软件 ArcGIS 将研究区数据矢量化。

软件中利用 Create random point 工具试验区内随机生成 300 位置点，将实际观测大天鹅的出现过觅食行为的位置赋值"1"，未出现天鹅觅食行为的位置赋值为"0"。通过 ArcGIS 软件的 Extract Mufti value to point 工具提取位置点处各影响因子图层属性值，然后导出表格，对数据构建逻辑斯蒂方程进行分析。将食物距离、道路距离、水体距离、土地利用类型、草地距离、林地距离、NDVI 和滩地距离共 8 个因子带入逻辑斯蒂方程（邹丽丽等，2012）计算。

10.3　栖息地构建效果与适宜性评价结果

10.3.1　栖息地构建后的大天鹅数量变化

在原来地形基础上（如图 10.5，早期无岛），通过地形改造得到实际地形整理平面图（图 10.6），可见新建湖心岛、距小岛 70 m 外的栈道和浅水区、沿岸新种植物带等。

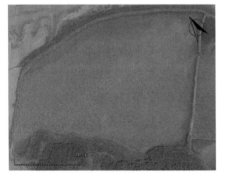

图 10.5　项目前的小湖平面图　　　　　图 10.6　地形整理后的栖息地平面图

大天鹅的数量变化如图 10.7（a）、图 10.7（b）、图 10.7（c）。在越冬前期，随着迁徙大天鹅到来，其种群数量不断增加。在越冬中期，由于食物的短缺，大天鹅数量开始下降。在越冬后期，随着天气的逐渐升温，大天鹅开始向繁殖地回迁，种群数量进一步下降。由于人为投食能吸引附近的大天鹅前来觅食，种群数量会发生波动性变化。其中 2017—2018 年数量增加最显著。

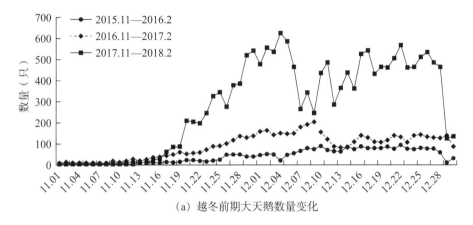

（a）越冬前期大天鹅数量变化

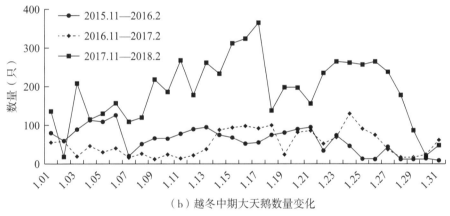

（b）越冬中期大天鹅数量变化

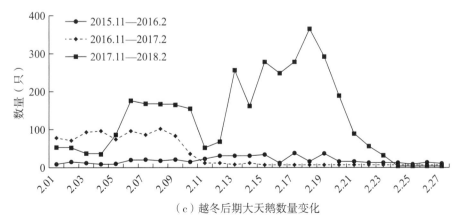

（c）越冬后期大天鹅数量变化

图 10.7　大天鹅数量变化

10.3.2 栖息地适宜性评价结果

经过逻辑斯蒂方程的筛选，由于道路距离和土地利用类型的 Wald 观测值所对应的概率 P 值大于显著性水平 α（0.05），不应拒绝零假设，认为该回归系数与 0 无显著性差异，因此在筛选过程中被剔除。剩余 3 个因子的概率 P 值小于显著性 α，应保留在方程中，构建回归模型（表 10.2）。最后经检验 Nagelkerke R^2 为 0.725，拟合良好。

表 10.2　Logistic 回归模型评价因子系数指标

进入方程的因子	偏回归系数 β	标准误差	Wald 统计量	df	P	发生比 exp
滩地距离	−0.052	0.007	54.798	1	0.000	0.949
NDVI	−2.758	0.913	9.129	1	0.003	0.063
食物距离	0.018	.007	7.201	1	0.007	1.018

1. 适宜性分布图

将得到的各因子的权重带入 ArcGIS 软件中计算适宜性分布图。以颜色来表示大天鹅出现的概率，由绿到红颜色越深表示大天鹅出现的概率越大（图 10.8）。结果发现离湖岸边越远，食物越丰富，环境越适宜大天鹅的生存，天鹅数量越多（图 10.9）。

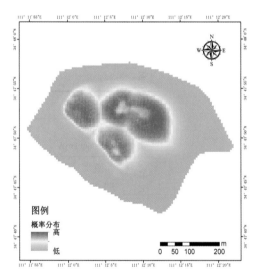

图 10.8　大天鹅概率分布图

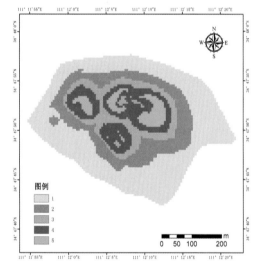

图 10.9　适应性分级图

2. 适应性分级

将得到的研究区大天鹅的发生概率进行 K 值聚类分析，结果分为 5 个等级，如图 10.9 和表 10.3。

表 10.3　适应性分级表

图例	适应性分级	概率范围	聚类点数	评价特征
1	不可用地	0~0.03312	105	林地、草地、道路等区域：人类活动较为频繁，不可作为栖息地
2	不适宜栖息	0.03312~0.32913	56	湖岸边区域：虽有一定量的食物，但是位于人类活动区域的边缘，干扰对大天鹅影响较大，不适宜栖息
3	基本适宜栖息	0.3291~0.63207	42	近岸边水面区域：受人类活动干扰不大，安全但食物较少
4	适宜栖息	0.63207~0.81373	65	开阔水面区域：干扰较小，食物较少，较为安全
5	最适宜栖息	0.81373~1	32	滩地浅水区域（含小岛周围）：食物充足，非常安全

10.4　栖息地构建技术应用前景与栖息地管理建议

实验结果表明，以大天鹅生态习性为依据，采用地形整理、水系连通、食物构建与景观设计技术重建的大天鹅栖息地在大天鹅越冬前期满足了大天鹅对食物、安全等生存要素的需求，成功招引到了大天鹅，并且大天鹅数量逐年增加，2017—2018 年冬季增加值较前两年最明显。研究结果不仅通过湿地恢复技术重建了人与自然和谐共生的生态环境，而且对实现大天鹅越冬期在三门峡库区的合理分布有着重要的指导意义。

由于黄河公园紧邻三门峡市居住区，节假日游人如织，高频度的游人有一定干扰，造成了在越冬期大天鹅数量的较小波动性变化。研究发现，随着人类干扰的不断刺激，大天鹅产生了对人类烦扰活动的适应性，但这需要进一步的实验验证。在越冬中后期，由于食物的缺乏（小麦被吃光，岸边食物死亡和降雪影响投食等）和湖面的部分结冰，大天鹅数量呈现下降的趋势，这与张进江和张国钢的研究结果一致（张进江等，2002）。

采用 GIS 技术手段和逻辑斯蒂回归分析方法相结合的大天鹅栖息地的评价结果与观测到的实际情况相吻合，表明在黄河公园人工构建的大天鹅栖息地对于大天鹅比较适宜。在 8 个评价因子中，滩地距离、NDVI 和食物距离满足方程，对大天鹅越冬早期栖息地评价贡献率由大到小依次是滩地距离、NDVI、食物距离。滩地距离的偏回归系数为负值，但绝对值较小，说明大天鹅在越冬早期喜好选择靠近滩地的区域作为栖息地，原因是食物主要分布在滩地区域，特别是湖心岛和栈道边的滩地区域。湖心岛距人的距离最远，且岛上有投食的玉米和冬小麦作为食物，但其他滩地离人行栈道较近，对大天鹅栖息产生影响。栈道上有人的时候，大天鹅不敢靠近，栈道上没人的时候，大天鹅才去滩地上休息或觅食，这与杜博研究的结果有差异（因滩地周围人无法靠近），体现了人类活动对大天鹅栖息地的影响。NDVI偏回归系数为负值，说明大天鹅在越冬期早期不易生活在林地、草地或者地形起伏较大区域。食物距离的偏回归系数为很小的正值，表明大天鹅在越冬早期喜欢生活在靠近食物的区域。

为更好地保护大天鹅，提出以下建议：

（1）保证大天鹅与人类的安全距离，特别加强市民宠物的管制，避免近距离接触大天鹅，防止禽流感病毒等对人造成危害。

（2）加大保护天鹅的宣传力度，完善公园管理制度。观测期间，仍有不少市民高声喊叫或者宠物的狂吠等干扰大天鹅的栖息。

（3）根据三门峡水库大天鹅越冬栖息地选择等研究（杜博等，2018），结合本项目，虽然黄河公园的栖息地构建满足了大天鹅越冬期的栖息条件，实现了招引和分流，但是该公园适宜天鹅栖息地面积仍然有限。实际上，在黄河三门峡库区20多年前有多处区域适宜大天鹅越冬，只是因为开垦、种树等影响使栖息地丧失。通过天然栖息地的保护和修复，退耕退林还湿，能为大天鹅在黄河流域提供更多远离人类干扰，安全、适宜的栖息地，进一步实现人与自然的和谐共生。

参考文献

丁小谨，高晓清，汤懋苍，等，2014.唐乃亥水文站径流量与黄河源区拍涡的关系[J].高原气象，33（3）：861-867.

董翠玲，齐晓丽，刘建，2007.荣成天鹅湖湿地越冬大天鹅食性分析[J].动物学杂志，42（6）：53-56.

董张玉，刘殿伟，王宗明，等，2014.遥感与GIS支持下的盘锦湿地水禽栖息地适宜性评价[J].生态学报，34（6）：1503-1511.

杜博，宫兆宁，茹文东，等，2018.三门峡水库越冬大天鹅栖息地选择研究[J].湿地科学，16（03）：370-376.

傅承判，郑琳，1987.大天鹅的生态习性[J].自然资源研究，3：59-61.

高瑞莲，吴建平，2000.3S技术在生物多样性研究中的应用[J].遥感技术鱼应用，15（3）：205-209.

江红星，刘春悦，钱法文，等，2009.基于3S技术的扎龙湿地丹顶鹤巢址选择模型[J].林业科学，45（7）：76-83.

姜杨，兰丽敏，崔春月，2006.笼养大天鹅繁殖及行为的研究[J].林业实用技术，10：33-34.

孔博，张树清，张柏，等，2008.遥感和GIS技术的水禽栖息地适宜性评价中的应用［J］.遥感学报，12（6）：1001-1009.

刘冬平，丁长青，楚国忠，2006.朱鹮的潜在繁殖地［J］.动物学报，52（1）：11-20.

刘利，刘晓光，张宇平，2014.包头南海子湿地春季北迁大天鹅食性初步分析［J］.动物学杂志，49（3）：438-442.

栾晓峰，2003.上海鸟类群落特征及其保护规划研究［D］.上海：华中师范大学.

马鸣，1993.野生天鹅［M］.北京：气象出版社.

牛童，陈光，张健，等，2005.三门峡市天鹅湖国家城市湿地公园大天鹅越冬行为观察［J］.天津师范大学学报，3（35）：149-151.

王学志，徐卫华，欧阳志云，等，2008.生态位因子分析在大熊猫（*Ailuropoda melanoleuca*）生境评价中的应用［J］.生态学报，28（2）：821-827.

闫建国，汤天庆，2003.大天鹅在荣成沿海越冬调查简报［J］.山东林业科技，145（2）：38-39.

杨勇，温俊宝，胡德夫，2011.鸟类栖息地研究进展［J］，林业科学，47（11）：172-180.

于新建，史瑞芳，李经武，等，1997.大天鹅在山东荣成越冬习性观察［J］.山东林业科技，108（1）：5-7.

张国钢，陈丽霞，李淑红，等，2016.黄河三门峡库区越冬大天鹅的种群现状［J］.动物学杂志，51（2）：190-197.

张进江，2012.黄河三门峡库区大天鹅越冬生态研究［D］.郑州：河南农业大学.

张艳红，邓伟，张树文，2006.向海自然保护区丹顶鹤生境结构空间特征［J］.生态学报，26（11）：3725-3731.

赵闪闪，褚一凡，李杲光，等，2018.新乡黄河湿地越冬大天鹅食性研究［J］，湿地科学，16（2），245-250.

邹丽丽，陈晓翔，何莹，等，2012.基于逻辑斯蒂回归模型的鹭科水鸟栖息地适宜性评价［J］.生态学报，32（12）：3722-3728.

CHEN H，SMITH J D，ZHANG S Y，*et al.*，2005. Avian flu：H5N1 virus outbreak in migratory waterfowl［J］.Nature，436（7048）：191-192.

HEPINSTALL J A，SADER S A，1997.Using Bayesian Statistics，thematic Mapper Satellite Imagery，and breeding bird survey data to model bird species probability of occurrence in Maine［J］.Photogrammetric Engineering and Remote Sensing，63：1231-1237.

HIRZEL A H，HELFER V，METRAL F，2001.Assessing habitat-suitability models with a virtual species［J］.Ecological Modelling，145：111-121.

IVÁN D V, DOLORS A, 2002.Habitat and distribution model of the horned lark *Eremophila alpestris peregrina* in the Altiplano of Cundinamarca and Boyacá, Colombia[J]. Ornithological Colombian, 2: 25−36.

LIU J, XIAO H, LEI F, *et al.*, 2005. Highly pathogenic H5N1 influenza virus infection in migratory birds [J] .Science, 309（5738）: 1206.

VÉRONIQUE L, ANNA M P, VOLKER C R, *et al.*, 2006. High resolution image texture as a predictor of bird species richness [J] .Remote Sensing of Environment, 105: 299−312.

WEBSTER R G, GUAN Y, PEIRIS M, *et al.*, 2002. Characterization of H5N1 influenza viruses that continue to circulate in geese in Southeastern China [J] .Journal of Virology, 76（1）: 118−126.

WATANABE T, 2005. Food items of Bewick's Swans at a rice field in Chicago plain in winter [J] .A Journal of Field Ornithology, 23: 83−89.

天鹅湖国家城市湿地公园与黄河公园
水环境监测

湖泊富营养化是指湖泊水体在自然因素和人类活动的影响下，大量营养盐输入湖泊水体，使湖泊逐步由生产力水平较低的贫营养状态向生产力水平较高的富营养状态变化的一种现象。湖泊富营养化评价，就是通过与湖泊营养状态有关的一系列指标及指标间的相互关系，对湖泊的营养状态作出准确的判断。自然界的湖泊随着自然环境条件的变迁，有其自身发生、发展、衰老和消亡的必然过程，由湖泊形成初始阶段的贫营养逐渐向富营养过渡，直至最后消亡。在自然状态下，湖泊的这种演变过程是极为缓慢的，往往需要几千年，甚至更长的时间才能完成（庞清江等，2007）。

三门峡天鹅湖国家城市湿地公园作为大天鹅的越冬地，每年有大量天鹅迁徙至此，在天鹅活动特别是大量排泄物影响下，富营养化进程大大加快，引起的水华暴发的潜在威胁日益严重，并于2017年夏季发生过蓝绿藻水华，造成水体缺氧和鱼类死亡。因此，有必要对天鹅湖的富营养状态进行科学的评价，以便加强对湖泊的管理，保护湖泊生态环境和越冬大天鹅种群的健康和安全。

2016年11月—2018年12月期间，历经3个越冬期，对三门峡市天鹅湖国家城市湿地公园和黄河公园湖水水质进行取样监测，测定项目包括氨氮（NH_3-N）、总磷（TP）、总氮（TN）、化学需氧量（COD）、叶绿素a和粪大肠菌群，同时测定水中浮游植物种类和数量，得到湖水水质和浮游植物的数据，为湿地公园水质评价和水环境改善提供科学依据。

11.1 取样方法

三门峡天鹅湖湿地公园包括青龙湖和苍龙湖，青龙湖面积较大，天鹅数量多，为天鹅的主要栖息地，选取 3 个取样点，分别为青龙南栈道、青龙大坝和东观鸟屋。苍龙湖面积略小，天鹅数量较少，选取 2 个取样点，分别为苍龙河河道口和苍龙湖投食点。黄河公园湖面积较小，天鹅总数较少，但密度有时较大，设置了 1 个取样点，称黄河公园取样点。天鹅湖各取样点相距较远，且多为天鹅聚集地，具有代表性。取水使用采水器现场取样后放入 1.5 L 样瓶中低温保存，测定浮游植物的样瓶中需滴加固定液（甲醛或鲁格试剂），以便保存与测定（彭涛等，2009）。

11.2 测定项目

11.2.1 水质监测

氨氮：指水中以游离氨（NH_3）和铵离子（NH_4^+）形式存在的氮。

总磷：水样经消解后将各种形态的磷转变成正磷酸盐后测定的结果，以每升水样含磷毫克数计量。

总氮：水中各种形态无机和有机氮的总量，以每升水含氮毫克数计算。常被用来表示水体受营养物质污染的程度。

化学需氧量：以氧化 1 L 水样中还原性物质所消耗的氧化剂的量为指标，折算成每升水样全部被氧化后，需要的氧的毫克数，以 mg/L 表示。该指标作为有机物相对含量的综合指标之一。

叶绿素 a：叶绿素是植物光合作用的重要光合色素，也是蓝绿藻体内的主要色素。

粪大肠菌群：粪大肠菌群是大肠菌群的一种，受粪便污染的水、食品、化妆品和土壤等物质均含有大量这类菌群。若检出粪大肠菌群即表明已被粪便污染。

11.2.2 富营养化评价

目前我国湖泊富营养化评价的基本方法主要有卡尔森营养状态指数（TSI）、综合营养状态指数（TLI）、营养度指数法和评分法，本书采用综合营养状态指数（TLI）作为评价方法（檀秀娟，2008）。

综合营养状态指数公式为：

$$TLI\left(\sum\right)=\sum_{j=1}^{m}W_{j}\cdot TLI(j)$$

式中：$TLI\left(\sum\right)$——综合营养状态指数；

$TLI(j)$——第 j 种参数的营养状态指数；

W_j——第 j 种参数的营养状态指数的相关权重。

以 chla 作为基准参数，则第 j 种参数归一化的相关权重计算公式为：

$$W_{j}=r_{j}^{2}/\sum_{j=1}^{m}$$

式中：r_j——第 j 种参数与基准参数叶绿素 a（chla）相关系数；

m——评价参数个数。

中国湖泊的叶绿素 a（chla）与其他参数之间的相关关系 r_j 及 r_j^2 见表 11.1。

表 11.1　中国湖泊部分参数与 chla 的相关关系 r_j 及 r_j^2 值

参数	chla	TP	TN
r_j	1	0.84	0.82
r_j^2	1	0.7056	0.6724

注：引自《中国湖泊环境》。

营养状态指数计算式：

（1）TLI（chla）=$10\times$（2.5+1.086lnchla）

（2）TLI（TP）=$10\times$（9.436+1.624lnTP）

（3）TLI（TN）=$10\times$（5.453+1.694lnTN）

11.3　水质监测结果与分析

11.3.1　越冬期各月和夏季的水质测定结果（表 11.2~ 表 11.15）

表 11.2　2016 年 12 月水质检测结果

取样点	检测项目 / 检测结果											
	NH$_3$–N		TP		TN		叶绿素 a		COD		粪大肠菌群	
	mg/L		mg/L		mg/L		mg/m³		mg/L		MPN/L	
苍龙投食点	0.71	Ⅲ 类	0.11	Ⅴ 类	2.61	劣Ⅴ类	14.6		<10	Ⅰ 类	170	Ⅰ 类
苍龙河道口	0.71	Ⅲ 类	0.07	Ⅳ 类	2.17	劣Ⅴ类	13.8		<10	Ⅰ 类	50	Ⅰ 类

取样点	检测项目 / 检测结果										
	NH$_3$-N		TP		TN		叶绿素 a	COD		粪大肠菌群	
	mg/L		mg/L		mg/L		mg/m^3	mg/L		MPN/L	
南栈道	0.75	Ⅲ类	0.19	Ⅴ类	3.50	劣Ⅴ类	59.8	16.4	Ⅲ类	5.4×10^3	Ⅲ类
青龙大坝	0.79	Ⅲ类	0.14	Ⅴ类	3.71	劣Ⅴ类	39.3	13.3	Ⅱ类	1.7×10^3	Ⅱ类
东观鸟屋	1.13	Ⅳ类	0.18	Ⅴ类	3.19	劣Ⅴ类	51.9	17.8	Ⅲ类	9.2×10^3	Ⅲ类

表 11.3　2017 年 1 月水质检测结果

取样点	检测项目 / 检测结果										
	NH$_3$-N		TP		TN		叶绿素 a	COD		粪大肠菌群	
	mg/L		mg/L		mg/L		mg/m^3	mg/L		MPN/L	
苍龙投食点	0.16	Ⅱ类	0.08	Ⅳ类	1.85	Ⅴ类	14.3	17.3	Ⅲ类	330	Ⅱ类
苍龙河道口	0.18	Ⅱ类	0.05	Ⅳ类	1.73	Ⅴ类	10.0	11.6	Ⅱ类	40	Ⅰ类
南栈道	0.21	Ⅱ类	0.12	Ⅴ类	2.76	劣Ⅴ类	45.7	20.5	Ⅳ类	490	Ⅱ类
青龙大坝	0.38	Ⅱ类	0.06	Ⅳ类	2.91	劣Ⅴ类	39.1	21.2	Ⅳ类	3.5×10^3	Ⅲ类
东观鸟屋	0.20	Ⅱ类	0.24	劣Ⅴ类	3.48	劣Ⅴ类	47.4	23.3	Ⅳ类	3.5×10^3	Ⅲ类

表 11.4　2017 年 2 月水质检测结果

取样点	检测项目 / 检测结果										
	NH$_3$-N		TP		TN		叶绿素 a	COD		粪大肠菌群	
	mg/L		mg/L		mg/L		mg/m^3	mg/L		MPN/L	
苍龙投食点	0.08	Ⅰ类	0.06	Ⅳ类	1.20	Ⅳ类	19.8	18.4	Ⅲ类	40	Ⅰ类
苍龙河道口	0.14	Ⅰ类	0.11	Ⅴ类	1.09	Ⅳ类	17.0	19.5	Ⅲ类	<20	Ⅰ类
南栈道	0.11	Ⅰ类	0.16	Ⅴ类	1.96	Ⅴ类	30.8	23.2	Ⅳ类	20	Ⅰ类
青龙大坝	0.14	Ⅰ类	0.21	劣Ⅴ类	2.45	劣Ⅴ类	32.9	19.5	Ⅲ类	<20	Ⅰ类
东观鸟屋	0.13	Ⅰ类	0.14	Ⅴ类	1.88	Ⅴ类	23.6	23.4	Ⅳ类	20	Ⅰ类

表 11.5　2017 年 3 月水质检测结果

取样点	检测项目 / 检测结果										
	NH$_3$-N		TP		TN		叶绿素 a	COD		粪大肠菌群	
	mg/L		mg/L		mg/L		mg/m^3	mg/L		MPN/L	
苍龙投食点	1.07	Ⅳ类	0.04	Ⅲ类	1.02	Ⅳ类	22.5	15.1	Ⅲ类	<20	Ⅰ类
苍龙河道口	0.56	Ⅲ类	0.10	Ⅳ类	0.67	Ⅲ类	13.7	17.6	Ⅲ类	<20	Ⅰ类

（续）

取样点	检测项目 / 检测结果										
	NH₃–N		TP		TN		叶绿素 a	COD		粪大肠菌群	
	mg/L		mg/L		mg/L		mg/m³	mg/L		MPN/L	
南栈道	0.51	Ⅲ类	0.19	Ⅴ类	0.88	Ⅲ类	18.4	15.3	Ⅲ类	50	Ⅰ类
青龙大坝	0.57	Ⅲ类	0.40	劣Ⅴ类	1.44	Ⅳ类	48.4	21.6	Ⅳ类	20	Ⅰ类
东观鸟屋	0.69	Ⅲ类	0.28	劣Ⅴ类	1.14	Ⅳ类	51.5	22.1	Ⅳ类	490	Ⅱ类

表 11.6　2017 年 7 月水质检测结果

取样点	检测项目 / 检测结果								叶绿素 a
	NH₃–N		TP		TN		COD		
	mg/L		mg/L		mg/L		mg/L		mg/m³
黄河公园	1.69	Ⅴ类	0.06	Ⅳ类	1.45	Ⅳ类	89	劣Ⅴ类	14.7
苍龙投食点	0.38	Ⅱ类	0.07	Ⅳ类	0.87	Ⅲ类	17	Ⅲ类	9.16
苍龙河道口	0.40	Ⅱ类	0.23	劣Ⅴ类	2.41	劣Ⅴ类	29	Ⅳ类	70.3
南栈道	1.31	Ⅳ类	0.50	劣Ⅴ类	2.49	劣Ⅴ类	25	Ⅳ类	38.8
青龙大坝	0.90	Ⅲ类	0.45	劣Ⅴ类	2.47	劣Ⅴ类	25	Ⅳ类	61.7
东观鸟屋	1.46	Ⅳ类	0.45	劣Ⅴ类	2.48	劣Ⅴ类	14	Ⅱ类	41.3

表 11.7　2017 年 11 月水质检测结果

取样点	检测项目 / 检测结果							叶绿素 a	粪大肠菌群	
	NH₃–N		TP		TN		COD			
	mg/L		mg/L		mg/L		mg/L		mg/m³	MPN/L
苍龙河道口	0.34	Ⅱ类	0.07	Ⅳ类	3.52	劣Ⅴ类	36	Ⅴ类	21.0	1.7 × 10²	Ⅱ类
苍龙投食点	0.30	Ⅱ类	0.06	Ⅳ类	3.92	劣Ⅴ类	34	Ⅴ类	13.1	2.3 × 10²	Ⅱ类
南栈道	1.12	Ⅳ类	0.16	Ⅴ类	3.36	劣Ⅴ类	36	Ⅴ类	20.2	3.5 × 10³	Ⅲ类
青龙大坝	1.22	Ⅳ类	0.09	Ⅳ类	3.83	劣Ⅴ类	17	Ⅲ类	27.3	2.4 × 10³	Ⅲ类
东观鸟屋	1.42	Ⅳ类	0.11	Ⅴ类	3.16	劣Ⅴ类	39	Ⅴ类	18.9	5.4 × 10³	Ⅲ类
黄河公园	0.49	Ⅱ类	0.04	Ⅲ类	2.59	劣Ⅴ类	33	Ⅴ类	13.0	80	Ⅰ类

表 11.8　2017 年 12 月水质检测结果

取样点	检测项目 / 检测结果										
	NH_3-N		TP		TN		COD		叶绿素 a	粪大肠菌群	
	mg/L		mg/L		mg/L		mg/L		mg/m^3	MPN/L	
苍龙河道口	0.17	Ⅱ类	0.10	Ⅳ类	2.45	劣Ⅴ类	40	Ⅴ类	11.4	20	Ⅰ类
苍龙投食点	0.14	Ⅰ类	0.06	Ⅳ类	2.60	劣Ⅴ类	8	Ⅱ类	15.3	80	Ⅰ类
南栈道	0.57	Ⅲ类	0.14	Ⅴ类	3.40	劣Ⅴ类	24	Ⅳ类	10.5	1.7×10^2	Ⅱ类
青龙大坝	0.73	Ⅲ类	0.10	Ⅳ类	3.79	劣Ⅴ类	72	劣Ⅴ类	6.54	7.0×10^2	Ⅱ类
东观鸟屋	1.16	Ⅳ类	0.20	Ⅴ类	3.01	劣Ⅴ类	20	Ⅲ类	14.5	80	Ⅰ类
黄河公园	0.81	Ⅲ类	0.06	Ⅳ类	3.85	劣Ⅴ类	52	劣Ⅴ类	8.09	<20	Ⅰ类

表 11.9　2018 年 1 月水质检测结果

取样点	检测项目 / 检测结果										
	NH_3-N		TP		TN		叶绿素 a	COD		粪大肠菌群	
	mg/L		mg/L		mg/L		mg/m^3	mg/L		MPN/L	
苍龙河道口	0.39	Ⅱ类	0.22	劣Ⅴ类	3.02	劣Ⅴ类	67.6	33	Ⅴ类	<20	Ⅰ类
苍龙投食点	0.28	Ⅱ类	0.05	Ⅲ类	2.31	劣Ⅴ类	9.78	21	Ⅳ类	<20	Ⅰ类
南栈道	1.66	Ⅴ类	0.19	Ⅴ类	4.53	劣Ⅴ类	16.4	49	劣Ⅴ类	<20	Ⅰ类
青龙大坝	1.51	Ⅴ类	0.09	Ⅳ类	4.82	劣Ⅴ类	24.6	32	Ⅴ类	<20	Ⅰ类
东观鸟屋	1.53	Ⅴ类	0.08	Ⅳ类	4.73	劣Ⅴ类	17.4	45	劣Ⅴ类	<20	Ⅰ类
黄河公园	0.42	Ⅱ类	<0.01	Ⅰ类	4.79	劣Ⅴ类	8.42	26	Ⅳ类	<20	Ⅰ类

表 11.10　2018 年 2 月水质检测结果

取样点	检测项目 / 检测结果										
	NH_3-N		TP		TN		COD		叶绿素 a	粪大肠菌群	
	mg/L		mg/L		mg/L		mg/L		mg/m^3	MPN/L	
苍龙河道口	0.11	Ⅰ类	0.06	Ⅳ类	1.39	Ⅳ类	16	Ⅲ类	28.6	<20	Ⅰ类
苍龙投食点	0.23	Ⅱ类	0.10	Ⅳ类	1.58	Ⅴ类	22	Ⅳ类	17.3	90	Ⅰ类
南栈道	1.33	Ⅳ类	0.30	劣Ⅴ类	3.57	劣Ⅴ类	32	Ⅴ类	33.2	1.4×10^2	Ⅱ类
青龙大坝	1.40	Ⅳ类	0.24	劣Ⅴ类	3.54	劣Ⅴ类	40	Ⅴ类	34.3	7.9×10^2	Ⅱ类
东观鸟屋	0.06	Ⅰ类	0.15	Ⅴ类	1.02	Ⅳ类	12	Ⅱ类	28.3	90	Ⅰ类
黄河公园	0.39	Ⅱ类	0.04	Ⅲ类	4.35	劣Ⅴ类	23	Ⅳ类	25.0	40	Ⅰ类

表 11.11　2018 年 7 月水质检测结果

取样点	检测项目 / 检测结果										
	NH_3-N		TP		TN		叶绿素 a	COD		粪大肠菌群	
	mg/L		mg/L		mg/L		mg/m^3	mg/L		MPN/L	
黄河公园	0.73	Ⅲ类	0.06	Ⅱ类	1.21	Ⅳ类	17.2	35	Ⅴ类	<20	Ⅰ类
苍龙河道口	1.72	Ⅴ类	0.10	Ⅱ类	3.21	劣Ⅴ类	6.75	20	Ⅲ类	<20	Ⅰ类
苍龙投食点	0.89	Ⅲ类	0.10	Ⅱ类	1.03	Ⅳ类	6.96	26	Ⅳ类	<20	Ⅰ类
南栈道	2.13	劣Ⅴ类	0.25	Ⅳ类	5.21	劣Ⅴ类	44.7	36	Ⅴ类	<20	Ⅰ类
青龙大坝	1.42	Ⅳ类	0.26	Ⅳ类	2.65	劣Ⅴ类	31.6	26	Ⅳ类	<20	Ⅰ类
东观鸟屋	2.91	劣Ⅴ类	0.27	Ⅳ类	6.15	劣Ⅴ类	16.2	24	Ⅳ类	1.1×10^2	Ⅰ类

表 11.12　2018 年 10 月水质检测结果

取样点	检测项目 / 检测结果										
	NH_3-N		TP		TN		叶绿素 a	COD		粪大肠菌群	
	mg/L		mg/L		mg/L		mg/m^3	mg/L		MPN/L	
黄河公园	0.21	Ⅱ类	0.09	Ⅱ类	2.62	劣Ⅴ类	56.0	26	Ⅳ类	/	Ⅰ类
苍龙河道口	0.32	Ⅱ类	0.10	Ⅱ类	3.03	劣Ⅴ类	21.1	17	Ⅲ类	/	Ⅰ类
苍龙投食点	0.06	Ⅰ类	0.10	Ⅱ类	2.68	劣Ⅴ类	5.52	19	Ⅲ类	2.6×10^2	Ⅱ类
南栈道	0.16	Ⅱ类	0.10	Ⅱ类	2.52	劣Ⅴ类	12.0	12	Ⅰ类	1.7×10^2	Ⅰ类
青龙大坝	0.39	Ⅱ类	0.10	Ⅱ类	2.74	劣Ⅴ类	13.8	14	Ⅰ类	3.3×10^2	Ⅱ类
东观鸟屋	0.63	Ⅲ类	0.11	Ⅲ类	3.46	劣Ⅴ类	16.9	18	Ⅲ类	7.9×10^2	Ⅱ类

表 11.13　2018 年 11 月水质检测结果

取样点	检测项目 / 检测结果										
	NH_3-N		TP		TN		叶绿素 a	COD		粪大肠菌群	
	mg/L		mg/L		mg/L		mg/m^3	mg/L		MPN/L	
黄河公园	0.89	Ⅲ类	0.04	Ⅱ类	2.36	劣Ⅴ类	5.66	28	Ⅳ类	<20	Ⅰ类
苍龙河道口	0.79	Ⅲ类	0.05	Ⅱ类	2.75	劣Ⅴ类	16.1	20	Ⅲ类	20	Ⅰ类
苍龙投食点	0.63	Ⅲ类	0.05	Ⅱ类	3.65	劣Ⅴ类	16.1	17	Ⅲ类	5.4×10^3	Ⅲ类
南栈道	0.83	Ⅲ类	0.18	Ⅲ类	3.10	劣Ⅴ类	33.1	26	Ⅳ类	1.3×10^3	Ⅱ类
青龙大坝	1.37	Ⅳ类	0.11	Ⅲ类	3.32	劣Ⅴ类	30.3	32	Ⅴ类	2.2×10^3	Ⅲ类
东观鸟屋	1.20	Ⅳ类	0.58	劣Ⅴ类	3.77	劣Ⅴ类	29.4	32	Ⅴ类	4.9×10^3	Ⅲ类
北村北营	0.86	Ⅲ类	0.45	劣Ⅴ类	7.69	劣Ⅴ类	15.1	24	Ⅳ类	/	Ⅰ类
王官	0.82	Ⅲ类	0.11	Ⅲ类	1.38	Ⅴ类	33.0	19	Ⅲ类	/	Ⅰ类

表 11.14　2018 年 12 月水质检测结果

取样点	检测项目 / 检测结果										
	NH$_3$-N		TP		TN		叶绿素 a	COD		粪大肠菌群	
	mg/L		mg/L		mg/L		mg/m^3	mg/L		MPN/L	
黄河公园	0.72	Ⅲ类	0.03	Ⅱ类	2.86	劣Ⅴ类	64.4	22	Ⅳ类	80	Ⅰ类
苍龙河道口	0.14	Ⅰ类	0.05	Ⅱ类	1.97	Ⅴ类	66.0	17	Ⅲ类	未检出	Ⅰ类
苍龙投食点	0.11	Ⅰ类	0.04	Ⅱ类	1.90	Ⅴ类	40.4	12	Ⅰ类	未检出	Ⅰ类
南栈道	0.26	Ⅱ类	0.09	Ⅱ类	2.23	劣Ⅴ类	18.3	13	Ⅰ类	20	Ⅰ类
青龙大坝	0.35	Ⅱ类	0.12	Ⅲ类	2.46	劣Ⅴ类	34.2	20	Ⅲ类	7×10^2	Ⅱ类
东观鸟屋	0.47	Ⅱ类	0.08	Ⅱ类	2.56	劣Ⅴ类	46.5	18	Ⅲ类	1.7×10^3	Ⅱ类

表 11.15　黄河公园水化学指标结果

取样时间	检测项目 / 检测结果					
	NH$_3$-N	TP	TN	叶绿素 a	COD	粪大肠菌群
	mg/L	mg/L	mg/L	mg/m^3	mg/L	MPN/L
2017.07.19	1.69	0.06	1.45	14.7	89	
2017.11.26	0.498	0.04	2.59	13.0	33	80
2018.01.02	0.807	0.06	3.85	8.09	52	<20
2018.01.31	0.415	4.79	<0.01	8.42	26	<20
2018.03.06	0.385	0.04	4.35	25.0	23	40
2018.07.18	0.726	0.06	1.21	17.2	35	<20
2018.10.24	0.209	0.09	2.62	56.0	26	/
2018.11.20	0.893	0.04	2.36	5.66	28	<20
2018.12.26	0.719	0.03	2.86	64.4	22	80

11.3.2　水质指标在越冬期和夏季的变化

2016 年 12 月—2018 年 12 月共测定了 13 个月份（3 个越冬期）的湖水化学指标，各化学指标的变化如下图（图 11.1~ 图 11.6）。

图 11.1~ 图 11.6 显示，同期青龙湖的水质，一般均差于苍龙湖；夏季的水质一般差于越冬期的水质；2017 年夏季到 2018 年夏季水质相对其他阶段较差，与 2017 年夏季发生蓝绿藻水华密切相关，之后采取措施后，总体表现降低的趋势。

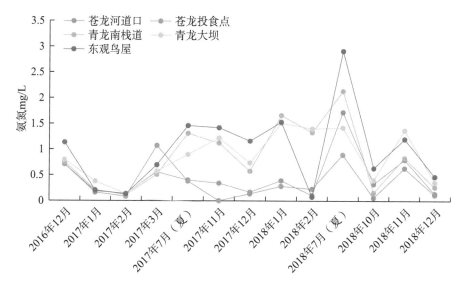

图 11.1　各取样点不同时间氨氮含量变化趋势

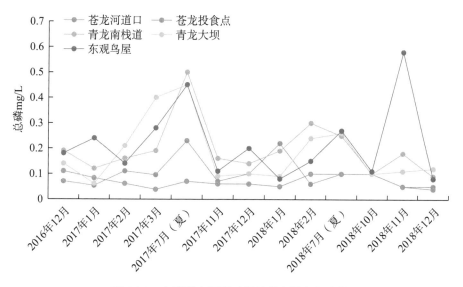

图 11.2　各取样点不同时间总磷含量变化趋势

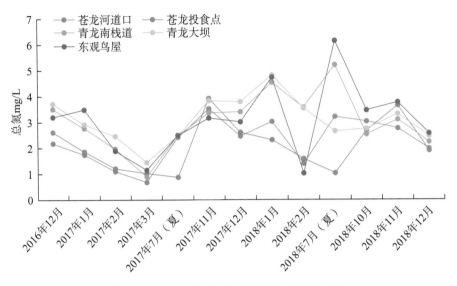

图 11.3　各取样点不同时间总氮含量变化趋势

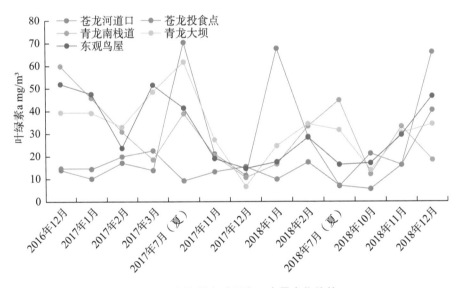

图 11.4　各取样点叶绿素 a 含量变化趋势

黄河三门峡库区越冬大天鹅研究

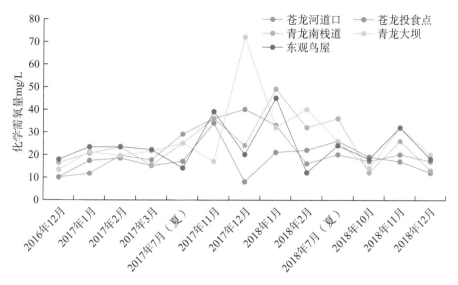

图 11.5　各取样点不同时间化学需氧量变化趋势

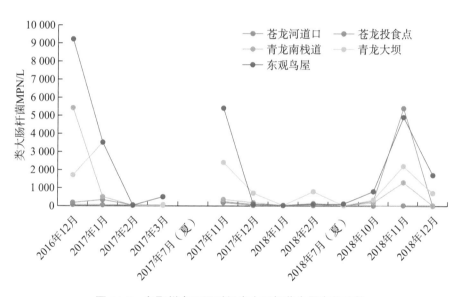

图 11.6　各取样点不同时间类大肠杆菌含量变化趋势

在大天鹅越冬季节对河南三门峡天鹅湖湖水进行取样检测，每月定时在苍龙河道口、苍龙投食点、南栈道、青龙大坝、东观鸟屋、黄河公园 6 个固定位点提取水样，送往"京城检测"水质分析公司检测。检测结果依据地表水环境质量标准（GB3838—2002）进行水质鉴定（表 11.16）。

表 11.16　天鹅湖水质评价

时间	水域	
	青龙湖	苍龙湖
2016 年 12 月	劣Ⅴ类	劣Ⅴ类
2017 年 01 月	劣Ⅴ类	Ⅴ类
2017 年 02 月	劣Ⅴ类	Ⅳ类
2017 年 03 月	劣Ⅴ类	Ⅳ类
2017 年 07 月	劣Ⅴ类	Ⅴ类
2017 年 11 月	劣Ⅴ类	劣Ⅴ类
2017 年 12 月	劣Ⅴ类	劣Ⅴ类
2018 年 01 月	劣Ⅴ类	劣Ⅴ类
2018 年 02 月	劣Ⅴ类	Ⅴ类
2018 年 07 月	劣Ⅴ类	劣Ⅴ类
2018 年 10 月	劣Ⅴ类	劣Ⅴ类
2018 年 11 月	劣Ⅴ类	劣Ⅴ类
2018 年 12 月	劣Ⅴ类	Ⅴ类

由上表可知，青龙湖湖水常年为劣Ⅴ类水，水质较差。苍龙湖水质在气温较低的2、3月份可以达到Ⅳ类水，其余月份水质为Ⅴ类或劣Ⅴ类，水质较差，但相比青龙湖稍好一些。

11.4　水质与天鹅数量的相关性分析

从图 11.7~图 11.11 和表 11.17 可知，青龙湖天鹅数量与总磷、总氮有显著相关性，与其余因子无相关性。苍龙湖天鹅数量与各因子均无相关性。总氮、总磷是评价水质的重要因子（杨建新等，2005），本项目中发现天鹅数量是青龙湖水质变化的重要影响因素，而对苍龙湖水质影响较小，联系实际可知，这是由于青龙湖天鹅数量庞大，对水质的影响也相对较大，苍龙湖天鹅数量相对较少，且水生植被生长茂盛，起到一定的净化作用，因而对水质影响较小。

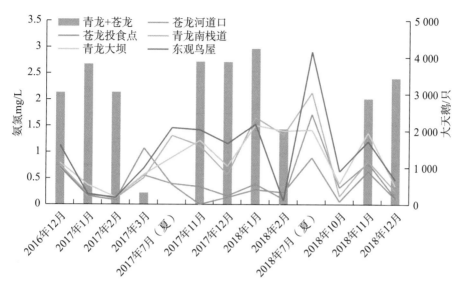

图 11.7　氨氮含量与大天鹅数量变化关系

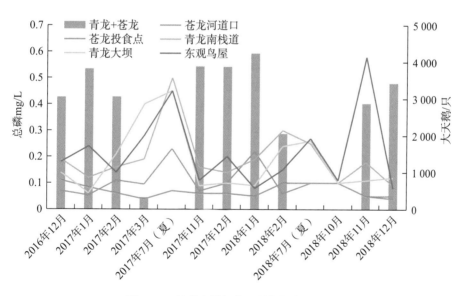

图 11.8　总磷含量与大天鹅数量变化关系

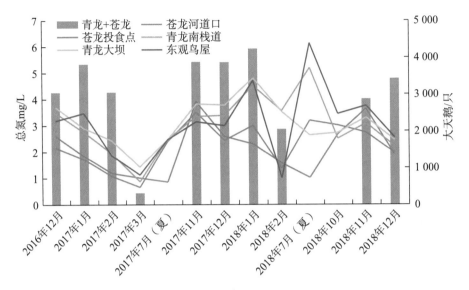

图 11.9　总氮含量与大天鹅数量变化关系

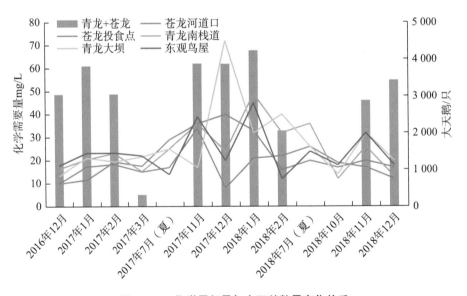

图 11.10　化学需氧量与大天鹅数量变化关系

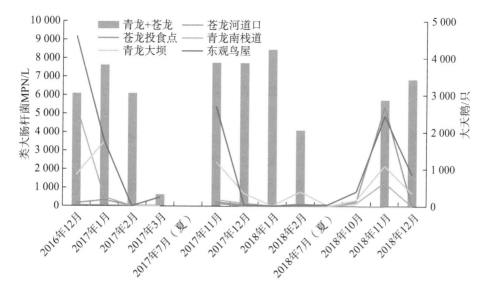

图 11.11　类大肠杆菌与大天鹅数量变化关系

表 11.17　天鹅数量与水质因子的相关性分析

	P（青龙湖）	P（苍龙湖）
氨氮	0.663	0.219
总磷	0.028	0.764
总氮	0.009	0.082
COD	0.367	0.360
粪大肠杆菌	0.392	0.870

注：$P \leqslant 0.05$ 说明有显著相关性，$P>0.05$ 说明无相关性。

11.5　浮游植物测定结果与分析

浮游植物密度和功能群的指示作用显示（表 11.18~ 表 11.41），青龙湖和苍龙湖均为富营养型水体，但程度不同，青龙湖的东观鸟屋为重富营养，苍龙湖富营养程度较轻一些。12 月、1 月、2 月和 3 月在年周期中为水温最低的冬季。一般规律是水温低，富营养化表现不明显。因此，这 4 个月为两个湖全年水质最好的时段。4 月以后，随着光照逐渐增强，水温逐步上升，在物理、化学反应和生物活动的综合作用下，两个湖的富营养程度会逐渐加重，一直到初秋。夏季东观鸟屋附近很可能会发生蓝藻水华。

在 10 月—次年 3 月期间，青龙湖为中度富营养化，在夏季，青龙湖为重度富营养化，原因是 10 月—次年 3 月期间，气温低，水中生物化学反应随之降低，氮磷主要来源之一的天鹅粪便只有部分分解，使水体中度富营养化，大量未分解的粪便沉入水底，夏季气温转暖后生物化学反应加快，粪便得到充分分解，使得氮磷含量升高，水体重度富营养化。青龙湖与苍龙湖相比，水体富营养化程度更高，这是因为在青龙湖活动的天鹅数量大，而苍龙湖天鹅数量较少，对水体影响较小，且水生植物种类和数量都较青龙湖多。青龙湖水质已经无法自净恢复，需要辅以人工净化，具体建议如下：①定期如2~3年清淤一次；②定期更换湖水，有条件每年1~2次；③栽种具有较好水质净化功能的水生植物，同时也可以作为天鹅的食物；④有场地的情况下，在附近可建立人工湿地。将湖水抽取到人工湿地净化后再循环回湖中。

苍龙湖水生植物较多，水环境稍好，加之面积相对青龙湖较小，栖息的大天鹅数量较少，粪便等有机物含量少，继续增加具有净水能力的沉水植物可以净化水质，为大天鹅提供食物储备。黄河公园水质相对较好，有机物含量相对较少，但比较浑浊。栖息的大天鹅数量总体较少，植被尚不丰富，需要种植具有净水能力的沉水植物。

表 11.18　浮游植物群落组、优势门和优势种群（2016.12）

监测点	群落构成（门类）	优势门	优势种群（y>0.02）
苍龙湖投食点	蓝藻、绿藻、硅藻、甲藻、隐藻、裸藻	硅藻 Bacillariophyta 隐藻 Cryptophyta	隐藻 Cryptomonas sp. 鱼形裸藻 Euglena pisciformis
苍龙湖河道口	蓝藻、绿藻、硅藻、金藻、隐藻、裸藻	硅藻 Bacillariophyta	针杆藻 Synedra sp. 隐藻 Cryptomonas sp.
苍龙湖南栈道	绿藻、蓝藻、硅藻、金藻、隐藻、裸藻	硅藻 Bacillariophyta 绿藻 Chlorophyta	小环藻 Cyclotella sp. 小球藻 Chlorella sp.
青龙湖大坝	蓝藻、绿藻、硅藻、甲藻、隐藻、裸藻	绿藻 Chlorophyta 隐藻 Cryptophyta	隐藻 Cryptomonas sp.
东观鸟屋	蓝藻、绿藻、硅藻、甲藻、隐藻、裸藻	绿藻 Chlorophyta 硅藻 Bacillariophyta 隐藻 Cryptophyta	四鞭藻 Carteria sp. 隐藻 Cryptomonas sp.

表 11.19　2016 年 12 月浮游植物密度（×10⁴cells/L）

监测点	蓝藻门 Cya.	绿藻门 Chl.	硅藻门 Bac.	金藻门 Chr.	甲藻门 Pyr.	隐藻门 Cry.	裸藻门 Eug.	合计
苍龙湖投食点	13.83	69.16	34.58	0	20.75	76.08	27.67	242.07
苍龙湖河道口	20.75	62.25	117.58	27.67	0	48.41	6.91	283.57
苍龙湖南栈道	55.33	172.91	117.58	34.58	0	48.41	6.91	435.73
青龙湖大坝	76.08	145.24	76.08	0	13.83	138.33	20.75	470.32
东观鸟屋	34.58	117.58	103.75	0	6.91	76.08	34.58	373.49
平均值	40.114	113.428	89.914	12.45	8.298	77.462	19.364	361.036
各门 /%	11.11	31.42	24.90	3.45	2.30	21.46	5.36	100

表 11.20　浮游植物群落组、优势门和优势种群（2017.01）

监测点	群落构成（门类）	优势门	优势种群（y>0.02）
苍龙湖投食点	蓝藻、绿藻、硅藻、金藻、甲藻、隐藻、裸藻	硅藻 Bacillariophyta 绿藻 Chlorophyta	针杆藻 Synedra sp. 四鞭藻 Carteria sp.
苍龙湖河道口	蓝藻、绿藻、硅藻、甲藻、隐藻、裸藻	硅藻 Bacillariophyta 绿藻 Chlorophyta	针杆藻 Synedra sp. 隐藻 Cryptomonas sp.
苍龙湖南栈道	绿藻、蓝藻、硅藻、金藻、隐藻、裸藻	硅藻 Bacillariophyta 绿藻 Chlorophyta	小环藻 Cyclotella sp. 小球藻 Chlorella sp.
青龙湖大坝	蓝藻、绿藻、硅藻、隐藻、裸藻	硅藻 Bacillariophyta 绿藻 Chlorophyta	美丽星杆藻 Asterionella formosa sp. 小环藻 Cyclotella sp. 小球藻 Chlorella sp.
东观鸟屋	蓝藻、绿藻、硅藻、裸藻	硅藻 Bacillariophyta 蓝藻 Cyanophyta 绿藻 Chlorophyta	颤藻 Oscillatoria sp. 小环藻 Cyclotella sp. 小球藻 Chlorella sp.

表 11.21　2017 年 1 月浮游植物密度（×10⁴cells/L）

监测点	蓝藻门 Cya.	绿藻门 Chl.	硅藻门 Bac.	金藻门 Chr.	甲藻门 Pyr.	隐藻门 Cry.	裸藻门 Eug.	合计
苍龙湖投食点	13.83	83	69.16	62.25	0	13.83	6.91	248.99
苍龙湖河道口	13.83	76.08	83	34.58	13.83	20.75	6.91	235.16
苍龙湖南栈道	83	96.83	172.91	0	0	6.91	6.91	366.57
青龙湖大坝	62.25	138.33	214.41	0	0	41.5	0	456.48
东观鸟屋	117.58	83	179.83	0	0	0	34.58	414.98
平均值	58.098	95.448	143.862	19.366	2.766	16.598	11.062	347.2
各门 /%	16.73	27.49	41.43	5.58	0.80	4.78	3.19	100

表 11.22　浮游植物群落组、优势门和优势种群（2017.02）

监测点	群落构成（门类）	优势门	优势种群（y>0.02）
苍龙湖投食点	蓝藻、绿藻、硅藻、金藻、隐藻、裸藻	绿藻 Chlorophyta	小球藻 Chlorella sp. 四鞭藻 Carteria sp.
苍龙湖河道口	蓝藻、绿藻、硅藻、金藻、隐藻、裸藻	硅藻 Bacillariophyta 绿藻 Chlorophyta	针杆藻 Synedra sp. 小球藻 Chlorella sp.
苍龙湖南栈道	绿藻、蓝藻、硅藻、金藻、甲藻、隐藻、裸藻	硅藻 Bacillariophyta 绿藻 Chlorophyta	美丽星杆藻 Asterionella formosa sp.
青龙湖大坝	蓝藻、绿藻、硅藻、甲藻、隐藻、裸藻	硅藻 Bacillariophyta 绿藻 Chlorophyta	美丽星杆藻 Asterionella formosa sp.
东观鸟屋	蓝藻、绿藻、硅藻、甲藻、隐藻、裸藻	硅藻 Bacillariophyta 绿藻 Chlorophyta	美丽星杆藻 Asterionella formosa sp.

表 11.23　2017 年 2 月浮游植物密度（×10⁴cells/L）

监测点	蓝藻门	绿藻门	硅藻门	金藻门	甲藻门	隐藻门	裸藻门	合计
	Cya.	Chl.	Bac.	Chr.	Pyr.	Cry.	Eug.	
苍龙湖投食点	0	248.99	62.25	55.33	0	0	27.67	394.23
苍龙湖河道口	48.41	110.66	124.5	13.83	0	0	48.41	345.82
苍龙湖南栈道	34.58	69.16	491.06	20.75	13.83	13.83	34.58	677.81
青龙湖大坝	34.58	103.75	311.24	0	0	27.67	34.58	511.81
东观鸟屋	152.16	131.41	290.49	69.16	0	41.5	41.5	726.22
平均值	53.946	132.794	255.908	31.814	2.766	16.6	37.348	531.178
各门 /%	10.16	25.00	48.18	5.99	0.52	3.13	7.03	100

表 11.24　浮游植物群落组、优势门和优势种群（2017.03）

监测点	群落构成（门类）	优势门	优势种群（y>0.02）
苍龙湖投食点	蓝藻、绿藻、硅藻、隐藻、裸藻	绿藻 Chlorophyta 硅藻 Bacillariophyta	美丽星杆藻 Asterionella formosa sp. 四鞭藻 Carteria sp.
苍龙湖河道口	蓝藻、绿藻、硅藻、金藻、隐藻、裸藻	绿藻 Chlorophyta	四鞭藻 Carteria sp.
苍龙湖南栈道	绿藻、蓝藻、硅藻、金藻、隐藻、裸藻	硅藻 Bacillariophyta	美丽星杆藻 Asterionella formosa sp.
青龙湖大坝	蓝藻、绿藻、硅藻、金藻、甲藻、隐藻、裸藻	硅藻 Bacillariophyta	美丽星杆藻 Asterionella formosa sp.
东观鸟屋	蓝藻、绿藻、硅藻、金藻、甲藻、隐藻、裸藻	绿藻 Chlorophyta 硅藻 Bacillariophyta	小球藻 Chlorella sp. 小环藻 Cyclotella sp.

表 11.25　2017 年 3 月浮游植物密度（×10⁴cells/L）

监测点	蓝藻门	绿藻门	硅藻门	金藻门	甲藻门	隐藻门	裸藻门	合计
	Cya.	Chl.	Bac.	Chr.	Pyr.	Cry.	Eug.	
苍龙湖投食点	6.91	124.5	96.83	0	0	34.58	41.5	304.32
苍龙湖河道口	13.83	124.5	27.67	83	0	13.83	34.58	297.41
苍龙湖南栈道	27.67	41.5	131.41	20.75	0	20.75	6.91	248.99
青龙湖大坝	41.5	76.08	408.07	13.83	6.91	13.83	20.75	580.98
东观鸟屋	55.33	636.31	539.48	34.58	6.91	20.75	13.83	1307.2
平均值	29.048	200.578	240.692	30.432	2.764	20.748	23.514	547.78
各门 /%	5.30	36.62	43.94	5.56	0.50	3.79	4.29	100

表 11.26　浮游植物群落组、优势门和优势种群（2017.11）

监测点	群落构成（门类）	优势门	优势种群（y>0.02）
苍龙湖投食点	蓝藻、绿藻、硅藻、金藻、隐藻	绿藻 Chlorophyta 隐藻 Cryptophyta	小球藻 Chlorella sp. 隐藻 Cryptomonas sp.
苍龙湖河道口	蓝藻、绿藻、硅藻、金藻、甲藻、隐藻、裸藻	隐藻 Cryptophyta	隐藻 Cryptomonas sp.
青龙湖南栈道	蓝藻、绿藻、硅藻、隐藻、裸藻	蓝藻 Cyanophyta 绿藻 Chlorophyta	集星藻 Actinastrum sp. 颤藻 Oscillatoria sp.
青龙湖大坝	蓝藻、绿藻、硅藻、金藻、甲藻、隐藻、裸藻	隐藻 Cryptophyta	隐藻 Cryptomonas sp.
东观鸟屋	蓝藻、绿藻、硅藻、甲藻、隐藻、裸藻	隐藻 Cryptophyta 硅藻 Bacillariophyta 蓝藻 Cyanophyta	隐藻 Cryptomonas sp. 颤藻 Oscillatoria sp. 小环藻 Cyclotella sp.
黄河公园	蓝藻、绿藻、硅藻、隐藻、裸藻	硅藻 Bacillariophyta 蓝藻 Cyanophyta	针杆藻 Sinedra sp. 螺旋藻 Spirulina sp. 颤藻 Oscillatoria sp.

表 11.27　2017 年 11 月浮游植物密度（$\times 10^4$cells/L）

监测点	蓝藻门 Cya.	绿藻门 Chl.	硅藻门 Bac.	金藻门 Chr.	甲藻门 Pyr.	隐藻门 Cry.	裸藻门 Eug.	合计
苍龙湖投食点	69.16	276.66	138.33	69.16	0	207.49	0	760.8
苍龙湖河道口	69.16	69.16	138.33	207.49	69.16	484.15	0	1 037.46
青龙湖南栈道	553.31	691.64	138.33	0	0	69.16	0	1 452.44
青龙湖大坝	69.16	207.49	69.16	0	69.16	691.64	0	1 106.62
东观鸟屋	345.82	69.16	345.82	0	69.16	414.98	0	1 244.95
平均值	221.322	262.822	165.994	55.33	51.87	373.484	0	1 130.822
各门 /%	19.57	23.24	14.68	4.89	4.59	33.03	0	100

表 11.28　浮游植物群落组、优势门和优势种群（2017.12）

监测点	群落构成（门类）	优势门	优势种群（y>0.02）
苍龙湖投食点	蓝藻、绿藻、硅藻、金藻、隐藻	金藻 Chrysophyta 硅藻 Bacillariophyta	分歧锥囊藻 Dinobryon. divergens 小环藻 Cyclotella sp.
苍龙湖河道口	蓝藻、绿藻、硅藻、金藻、隐藻、裸藻	金藻 Chrysophyta	分歧锥囊藻 D.divergens

监测点	群落构成（门类）	优势门	优势种群（$y>0.02$）
青龙湖南栈道	蓝藻、绿藻、硅藻、金藻、隐藻、裸藻	金藻 Chrysophyta 硅藻 Bacillariophyta	分歧锥囊藻 D.divergens 小环藻 Cyclotella sp.
青龙湖大坝	蓝藻、绿藻、硅藻、金藻、隐藻、裸藻	金藻 Chrysophyta	分歧锥囊藻 D.divergens
东观鸟屋	蓝藻、绿藻、硅藻、金藻、隐藻	蓝藻 Cyanophyta 绿藻 Chlorophyta 隐藻 Cyptophytar	隐藻 Cryptomonas sp. 小球藻 Chlorella sp. 颤藻 Oscillatoria sp.
黄河公园	蓝藻、绿藻、硅藻、金藻、甲藻、隐藻、裸藻	金藻 Chrysophyta 硅藻 Bacillariophyta	锥囊藻 Dinobryon sp. 针杆藻 Synedra sp.

表 11.29　2017 年 12 月浮游植物密度（$\times 10^4$cells/L）

监测点	蓝藻门 Cya.	绿藻门 Chl.	硅藻门 Bac.	金藻门 Chr.	甲藻门 Pyr.	隐藻门 Cry.	裸藻门 Eug.	合计
苍龙湖投食点	69.16	622.48	691.64	829.97	0	69.16	0	2 282.41
苍龙湖河道口	69.16	207.49	138.33	968.3	0	69.16	0	1 452.44
青龙湖南栈道	138.33	345.82	414.98	484.15	0	69.16	69.16	1 521.61
青龙湖大坝	0	69.16	138.33	1 383.28	0	276.66	0	1 867.43
东观鸟屋	553.31	484.15	276.66	276.66	0	414.98	0	2 005.76
平均值	165.992	345.82	331.988	788.472	0	179.824	13.832	1 825.928
各门/%	9.09	18.94	18.18	43.18	0	9.85	0.76	100

表 11.30　浮游植物群落组、优势门和优势种群（2018.01）

监测点	群落构成（门类）	优势门	优势种群（$y>0.02$）
苍龙湖投食点	蓝藻、绿藻、硅藻、金藻	金藻 Chrysophyta	分歧锥囊藻 Dinobryon divergens
苍龙湖河道口	蓝藻、硅藻、金藻、裸藻	硅藻 Bacillariophyta 金藻 Chrysophyta	针杆藻 Synedra sp. 分歧锥囊藻 D.divergens
青龙湖南栈道	蓝藻、硅藻、金藻、隐藻、裸藻	金藻 Chrysophyta	分歧锥囊藻 D.divergens
青龙湖大坝	蓝藻、绿藻、硅藻、金藻、甲藻、隐藻	金藻 Chrysophyta	分歧锥囊藻 D.divergens
东观鸟屋	蓝藻、绿藻、硅藻、金藻、隐藻、裸藻	金藻 Chrysophyta	分歧锥囊藻 D.divergens
黄河公园	蓝藻、硅藻、金藻	蓝藻 Cyanophyta 硅藻 Bacillariophyta	色球藻 Chroococcus sp. 针杆藻 Synedra sp.

表 11.31 2018 年 1 月浮游植物密度（×10⁴cells/L）

监测点	蓝藻门	绿藻门	硅藻门	金藻门	甲藻门	隐藻门	裸藻门	合计
	Cya.	Chl.	Bac.	Chr.	Pyr.	Cry.	Eug.	
苍龙湖投食点	69.16	69.16	345.82	1 798.26	0	0	0	2 282.41
苍龙湖河道口	69.16	0	622.48	276.66	0	0	69.16	1 037.46
青龙湖南栈道	69.16	0	138.33	2 420.74	0	138.33	0	2 766.56
青龙湖大坝	69.16	69.16	69.16	1 590.77	0	69.16	0	1 867.43
东观鸟屋	69.16	69.16	276.66	3 596.53	0	69.16	0	4 040.68
平均值	69.16	41.496	290.49	1 936.592	0	55.33	13.832	2 406.9
各门 /%	2.87	1.72	12.07	80.46	0	2.30	0.57	100

表 11.32 浮游植物群落组、优势门和优势种群（2018.02）

监测点	群落构成（门类）	优势门	优势种群（y>0.02）
苍龙湖投食点	蓝藻、绿藻、硅藻、金藻、甲藻、隐藻	硅藻 Bacillariophyta	针杆藻 Synedra sp.
苍龙湖河道口	蓝藻、绿藻、硅藻、隐藻、裸藻	隐藻 Cyyptophyta	隐藻 Cryptomonas sp.
青龙湖南栈道	蓝藻、绿藻、硅藻、隐藻、裸藻	隐藻 Cyyptophyta	隐藻 Cryptomonas sp.
青龙湖大坝	蓝藻、绿藻、硅藻、隐藻、裸藻	隐藻 Cyyptophyta 硅藻 Bacillariophyta	隐藻 Cryptomonas sp.
东观鸟屋	蓝藻、绿藻、硅藻、隐藻	隐藻 Cyyptophyta	隐藻 Cryptomonas sp.
黄河公园	蓝藻、绿藻、硅藻、金藻	硅藻 Bacillariophyta	针杆藻 Synedra sp.

表 11.33 2018 年 2 月浮游植物密度（×10⁴cells/L）

监测点	蓝藻门	绿藻门	硅藻门	金藻门	甲藻门	隐藻门	裸藻门	合计
	Cya.	Chl.	Bac.	Chr.	Pyr.	Cry.	Eug.	
苍龙湖投食点	0	69.16	484.15	69.16	0	207.49	0	829.97
苍龙湖河道口	69.16	0	207.49	0	0	414.98	138.33	829.97
青龙湖南栈道	69.16	414.98	69.16	0	0	414.98	0	968.3
青龙湖大坝	69.16	138.33	414.98	0	0	345.82	69.16	1 037.46
东观鸟屋	0	69.16	207.49	0	69.16	414.98	0	760.8
平均值	41.496	138.326	276.654	13.832	13.832	359.65	41.498	885.288
各门 /%	4.69	15.62	31.25	1.56	1.56	40.63	4.69	100

表 11.34 浮游植物群落组、优势门和优势种群（2018.07）

监测点	群落构成（门类）	优势门	优势种群（$y>0.02$）
苍龙湖投食点	蓝藻、绿藻、硅藻、甲藻、隐藻、裸藻	蓝藻 Cyanophyta	腔球藻 *Coelosphaerium* sp.
苍龙湖河道口	蓝藻、绿藻、硅藻、隐藻、裸藻	蓝藻 Cyanophyta	腔球藻 *Coelosphaerium* sp.
青龙湖南栈道	蓝藻、绿藻、硅藻、隐藻、裸藻	蓝藻 Cyanophyta	平裂藻 *Merismopedia* sp. 色球藻 *Chroococcus* sp.
青龙湖大坝	蓝藻、绿藻、硅藻、隐藻、裸藻	绿藻 Chlorophyta 蓝藻 Cyanophyta	球囊藻 *Sphaerocystis* sp. 色球藻 *Chroococcus* sp.
东观鸟屋	蓝藻、绿藻、硅藻、甲藻、隐藻、裸藻	绿藻 Chlorophyta	实球藻 *Pandorina* sp.
黄河公园	蓝藻、绿藻、硅藻、甲藻、隐藻、裸藻	蓝藻 Cyanophyta	平裂藻 *Merismopedia* sp. 螺旋藻 *Spirulina* sp. 颤藻 *Oscillatoria* sp.

表 11.35 2018 年 7 月浮游植物密度（$\times10^4$cells/L）

监测点	蓝藻门 Cya.	绿藻门 Chl.	硅藻门 Bac.	金藻门 Chr.	甲藻门 Pyr.	隐藻门 Cry.	裸藻门 Eug.	合计
苍龙湖投食点	3 043.22	207.49	414.98	0	69.16	414.98	138.33	4 288.17
苍龙湖河道口	5 325.63	138.33	622.48	0	0	414.98	69.16	6 570.58
青龙湖南栈道	4 080.68	1 729.1	553.31	0	0	414.98	69.16	6 847.24
青龙湖大坝	1 452.44	1 798.26	414.98	0	0	414.98	207.49	4 288.17
东观鸟屋	553.13	2 005.76	691.64	0	207.49	276.66	69.16	3 804.02
平均值	2 891.02	1 175.788	539.478	0	55.33	387.316	110.66	5 159.592
各门/%	56.03	22.79	10.46	0	1.07	7.51	2.14	100

表 11.36 浮游植物群落组、优势门和优势种群（2018.10）

监测点	群落构成（门类）	优势门	优势种群（$y>0.02$）
苍龙湖投食点	蓝藻、绿藻、硅藻、裸藻	蓝藻 Cyanophyta	平裂藻 *Merismopedia* sp.
苍龙湖河道口	蓝藻、绿藻、硅藻、甲藻、裸藻	绿藻 Chlorophyta	集星藻 *Actinastrum* sp.
青龙湖南栈道	蓝藻、绿藻、硅藻、甲藻、裸藻	硅藻 Bacillariophyta	小环藻 *Cyclotella* sp.
青龙湖大坝	蓝藻、绿藻、硅藻、甲藻、隐藻、裸藻	隐藻 Cryptophyta	隐藻 *Cryptomonas* sp.

监测点	群落构成（门类）	优势门	优势种群（y>0.02）
东观鸟屋	蓝藻、绿藻、硅藻、隐藻、裸藻	隐藻 Cryptophyta	隐藻 *Cryptomonas* sp.
黄河公园	蓝藻、绿藻、硅藻、裸藻	硅藻 Bacillariophyta 蓝藻 Cyanophyta	针杆藻 *Synedra* sp. 螺旋藻 *Spirulina* sp.

表 11.37　2018 年 10 月浮游植物密度（ ×10^{4}cells/L ）

监测点	蓝藻门	绿藻门	硅藻门	金藻门	甲藻门	隐藻门	裸藻门	合计
	Cya.	Chl.	Bac.	Chr.	Pyr.	Cry.	Eug.	
苍龙湖投食点	1 452.44	276.66	345.82	0	0	0	0	2 074.92
苍龙湖河道口	276.66	622.48	345.82	0	0	0	69.16	1 314.16
青龙湖南栈道	69.16	69.16	207.49	0	0	0	138.33	484.15
青龙湖大坝	69.16	207.49	207.49	0	0	276.66	0	760.8
东观鸟屋	345.82	138.33	276.66	0	0	484.15	0	1 244.95
平均值	442.648	262.824	276.656	0	0	152.162	41.498	1 175.788
各门 /%	37.65	22.35	23.53	0	0	12.94	3.53	100

表 11.38　浮游植物群落组、优势门和优势种群（2018.11 ）

监测点	群落构成（门类）	优势门	优势种群（y>0.02）
苍龙湖投食点	蓝藻、绿藻、硅藻、甲藻、隐藻、裸藻	隐藻 Cryptophyta	隐藻 *Cryptomonas* sp.
苍龙湖河道口	蓝藻、绿藻、硅藻、金藻、甲藻、隐藻、裸藻	绿藻 Chlorophyta	栅藻 *Scenedesmus* sp.
青龙湖南栈道	蓝藻、绿藻、硅藻、隐藻	隐藻 Cryptophyta	隐藻 *Cryptomonas* sp.
青龙湖大坝	蓝藻、绿藻、硅藻、甲藻、隐藻、裸藻	隐藻 Cryptophyta	隐藻 *Cryptomonas* sp.
东观鸟屋	蓝藻、绿藻、硅藻、隐藻、裸藻	硅藻 Bacillariophyta	针杆藻 *Synedra* sp.
黄河公园	蓝藻、绿藻、硅藻、金藻	硅藻 Bacillariophyta	针杆藻 *Synedra* sp.

表 11.39　2018 年 11 月浮游植物密度（ ×10^{4}cells/L ）

监测点	蓝藻门	绿藻门	硅藻门	金藻门	甲藻门	隐藻门	裸藻门	合计
	Cya.	Chl.	Bac.	Chr.	Pyr.	Cry.	Eug.	
苍龙湖投食点	207.49	69.16	276.66	0	0	276.66	0	829.97
苍龙湖河道口	276.66	345.82	138.33	0	0	138.33	69.16	968.3

第 11 章　天鹅湖国家城市湿地公园与黄河公园水环境监测　　157

监测点	蓝藻门	绿藻门	硅藻门	金藻门	甲藻门	隐藻门	裸藻门	合计
	Cya.	Chl.	Bac.	Chr.	Pyr.	Cry.	Eug.	
青龙湖南栈道	69.16	0	276.66	0	0	622.48	0	968.3
青龙湖大坝	138.33	69.16	138.33	0	0	414.98	0	760.8
东观鸟屋	207.49	276.66	414.98	0	0	69.16	138.33	1 106.62
平均值	179.826	152.16	248.922	0	0	304.322	41.498	926.728
各门 /%	19.40	16.42	26.86	0	0	32.84	4.48	100

表 11.40　浮游植物群落组、优势门和优势种群（2018.12）

监测点	群落构成（门类）	优势门	优势种群（*y*>0.02）
苍龙湖投食点	蓝藻、绿藻、硅藻、金藻、甲藻、隐藻	金藻 Chrysophyta	锥囊藻 *Dinobryon* sp.
苍龙湖河道口	蓝藻、绿藻、硅藻、金藻、甲藻	硅藻 Bacillariophyta	针杆藻 *Synedra* sp.
青龙湖南栈道	蓝藻、绿藻、硅藻、金藻、甲藻	硅藻 Bacillariophyta 金藻 Chrysophyta	小环藻 *cyclotella* sp. 锥囊藻 *Dinobryon* sp.
青龙湖大坝	蓝藻、绿藻、硅藻、金藻、甲藻、隐藻	硅藻 Bacillariophyta	针杆藻 *Synedra* sp.
东观鸟屋	蓝藻、绿藻、硅藻、金藻、甲藻、隐藻	硅藻 Bacillariophyta	针杆藻 *Synedra* sp.
黄河公园	蓝藻、绿藻、硅藻、金藻、甲藻、隐藻	硅藻 Bacillariophyta	针杆藻 *Synedra* sp.

表 11.41　2018 年 12 月浮游植物密度（×10^{4}cells/L）

监测点	蓝藻门	绿藻门	硅藻门	金藻门	甲藻门	隐藻门	裸藻门	合计
	Cya.	Chl.	Bac.	Chr.	Pyr.	Cry.	Eug.	
苍龙湖投食点	0	69.16	207.49	414.98	69.16	69.16	0	829.97
苍龙湖河道口	138.33	0	484.15	207.49	0	0	0	829.97
青龙湖南栈道	0	69.16	345.82	207.49	69.16	0	0	691.64
青龙湖大坝	69.16	138.33	276.66	0	138.33	69.16	0	691.64
东观鸟屋	0	207.49	484.15	138.33	69.16	69.16	0	968.3
平均值	41.498	96.828	369.654	193.658	69.162	41.496	0	812.296
各门 /%	5.11	11.92	45.51	23.84	8.51	5.11	0	100

11.6 水体富营养状态分析

为了说明湖泊营养状态情况，采用0~100系列连续数字对湖泊营养状态进行分级：$TLI(\Sigma)<30$ 贫营养；$30 \leq TLI(\Sigma) \leq 50$ 中营养；$TLI(\Sigma)>50$ 富营养；$50<TLI(\Sigma) \leq 60$ 轻度富营养；$60<TLI(\Sigma) \leq 70$ 中度富营养；$TLI(\Sigma)>70$ 重度富营养。

在同一营养状态下，指数值越高，其营养程度越重（周立俭等，2008）。由表11.42可知，青龙湖营养状况为中度富营养及重度富营养，苍龙湖营养状况为轻度富营养及中度富营养。天鹅湖水层浅，不流动，沉积物为黑色淤泥，夏季发生蓝藻水华，造成鱼类死亡（如2017年7月）。浮游植物的群落构成（夏季蓝藻占优势）、密度（7月达 219669.40×10^4 cells/L）和优势种群显示该湖水体为重度富营养型（微囊藻、鱼腥藻为典型的重度富营养水体指示种）。冬季由于水温低，浮游生物基本处于休眠状态，浮游藻类密度下降（1242.00×10^4 cells/L），群落结构和优势种群发生演替（硅藻、金藻占优势），水质好于夏季。

表 11.42　天鹅湖水质情况

水域	青龙湖平均				苍龙湖平均			
时间	TP	TN	chla	$TLI(\Sigma)$	TP	TN	chla	$TLI(\Sigma)$
2016.12	0.170	3.47	50.33	69.22	0.090	2.39	14.2	58.58
2017.01	0.140	3.05	44.07	67.06	0.068	1.79	12.15	55.13
2017.02	0.170	2.1	29.1	64.34	0.086	1.15	18.4	56.02
2017.03	0.290	1.15	39.43	65.47	0.067	0.85	18.1	53.28
2017.07	0.467	2.48	47.27	72.26	0.150	1.64	39.73	63.98
2017.11	0.120	3.45	22.13	63.75	0.065	3.72	17.05	59.93
2017.12	0.147	3.4	10.51	61.26	0.080	2.53	13.35	57.98
2018.01	0.120	4.69	19.47	64.62	0.135	2.67	38.69	65.64
2018.02	0.230	2.71	31.93	67.4	0.080	1.49	22.95	57.94
2018.07	0.260	4.67	30.83	70.46	0.100	2.12	6.855	55.21
2018.10	0.103	2.91	14.23	60.20	0.100	2.86	13.31	59.64
2018.11	0.290	3.4	30.93	69.50	0.050	3.2	16.1	57.67
2018.12	0.097	2.42	33	62.83	0.045	1.94	53.2	60.23

参考文献

庞清江，亓剑，齐磊，等，2007.东平湖水生物现状及水质分析［J］.山东农业大学学报（自然科学版），（2）：247-251+256.

彭涛，陈蕾，陈志芳，等，2009.浮游植物检测样品浓缩方法的改进［J］.内蒙古环境科学，21（6）：87-88.

檀秀娟，2008.宝鸡市金渭湖水质测定及现状评价［D］.西安：西安建筑科技大学.

杨建新，祁洪芳，史建全，等，2005.青海湖水化学特性及水质分析［J］.淡水渔业（3）：28-32.

周立俭，姬光荣，冯晨，等，2008.基于多小波的浮游植物细胞图像边缘检测方法［J］.通信技术，（7）：242-243+246.

第12章
三门峡库区大天鹅越冬栖息地调查与评价

动物对栖息地的选择最基本的因素有 3 个，即水、食物、隐蔽物。将这一思路用于野生动物的生境研究，对于揭示许多脊椎动物的生境选择过程非常有用，而且简便易行（肖笃宁，2001）。虽然如此，但仅从野生动物的生理需要角度考虑还不够，还应考虑与野生动物生境安全密切相关的人类活动，即干扰这一非常重要的因子（舒莹，2004；靳晓华，2011；王星，2015）。研究野生动物的目的是为了更好地保护它们，野生动物保护首先是针对那些主要由于人类活动改变或破坏了它们的栖息地，导致其适宜生境的数量减少、破碎化以及质量降低，使原本在自然栖息地越冬的天鹅更多地进入城市中心内水域栖息。在实现人与自然共生的同时，过于集中的天鹅也会增加禽流感暴发风险，为此，在库区大天鹅栖息地分布调查基础上，开展了库区的栖息地适宜性评价。

选择三门峡水库作为研究区域，结合大天鹅栖息地的环境特征以及人类活动影响，选择影响大天鹅栖息的主要影响因子作为评价指标，通过 Logistic 回归分析和 K-means 聚类分析进行分级，得到大天鹅越冬栖息地适宜性结果并形成了保护修复建议，为库区大天鹅适宜栖息地的保护修复和大天鹅种群的合理分布提供了科学依据。

12.1 研究区概况

为了解三门峡库区内的大天鹅栖息地现状，实现大天鹅种群合理分布，选择研究区位于三门峡水库西起山西芮城县圣天湖，东至河南三门峡市王官村，东经

110°52′~111°19′E，北纬 34°37′~34°53′N。三门峡地处中纬度豫西山区，属半干旱的大陆性季风气候。降雨年内分布不均，集中发生在夏季（7—8 月），年降水量达 600~700 mm，蒸发量为降水量的 2~4 倍，年蒸发量为 1 600~2 200 mm。区域地势变化较大，总体呈北高南低，最高海拔 1 346 m，最低海拔 308 m，平均相差 1 038 m。

12.2　库区黄河流域大天鹅生境观测

本项目于 2015 年 11 月—2016 年 2 月前往三门峡水库湿地进行 4 次野外调查。调查采用样线法驾车与步行组合的方式沿着黄河两岸进行观察，到达大天鹅分布点时，下车观测天鹅所在地的环境情况，利用望远镜观察大天鹅日常行为并统计记录每一群大天鹅的数量和位置（图 12.1）。

图 12.1　对照地图开展现场研究，记录生境情况（a）和植物情况（b）

先用双筒望远镜寻找并靠近大天鹅栖息地，在适当的位置利用单筒或双筒望远镜清点数量。选择 3 个不同观测点定位并记录大天鹅群中心相对于该点的方位角（0~360°），基于观察点坐标和偏角数据，利用 Locate Ⅲ 软件确定大天鹅中心群的位置。同时拍照记录大天鹅的栖息生境，以便进行遥感影像的解译。在黄河中下游三门峡水库越冬的大天鹅栖息地主要包括：王官大天鹅保护区、天鹅湖国家城市湿地公园、三湾大天鹅景区、北村湿地、北营湿地、车村湿地、圣天湖湿地。

12.2.1　王官大天鹅保护区

王官大天鹅保护区位于三门峡市东部的王官村，区内有一处投食点，可投喂少量玉米粒［图 12.2（a）］。该栖息地环境近似野生生境［图 12.2（b）］。

在此处越冬的大天鹅主要分布在距离投食点较近的区域以及开阔的浅水区域

［图 12.3（b）］。在河水结冰期间，大天鹅主要在活水中或其周围活动，活动区域周围有林地、芦苇丛、农田淹没地等生境类型［图 12.3（a）］。

图 12.2　大天鹅取食玉米（a）和大天鹅在王官的栖息环境（b）

图 12.3　大天鹅栖息于远离岸边的冰面（a）和栖息于冰面靠近活水的区域（b）

12.2.2　三门峡市天鹅湖国家城市湿地公园

三门峡市天鹅湖国家城市湿地公园位于河南省三门峡市湖滨区，园区内有两湖：北侧的青龙湖和南侧的苍龙湖。两湖有 6 处投食点，玉米粒为主要补充食物，供大天鹅取食（图 12.4），湖周围有多种野生或人工栽培湿地植物。

在天鹅湖越冬的大天鹅受到投食影响，经常在投食的浅滩上栖息觅食，也有部分大天鹅在浅水处取食水中的植物（图 12.5）。由于禁止游客靠近大天鹅，游人对大天鹅的影响相对较小，但是部分游客衣着鲜艳对大天鹅的活动也有明显的影响。周围的环境包括林地、道路等类型，水中植被主要有芦苇群落、荷花群落等。

图 12.4 大天鹅在浅滩上取食玉米（a）和在浅滩周边水域活动（b）

图 12.5 大天鹅在浅滩上取食草本植物（a）和玉米粒（b）

12.2.3 三湾大天鹅景区

三湾大天鹅景区位于山西省平陆县黄河北部，中心地理坐标为 111°8′50″E，34°49′47″N，是以大天鹅为主题的旅游景点。每年冬季有 1 000~2 000 只大天鹅在这里栖息。大天鹅主要分布在景区内距离游客较近且靠近麦田的河岸、河中央等地［图 12.6（a）、图 12.7（a）］。由于这里允许游客对大天鹅投喂［图 12.6（b）］，因此，

图 12.6 大天鹅在近岸水中活动（a）、游人对大天鹅拍照、观赏（b）

大天鹅的数量在河岸边较多。另外，三湾景区为大天鹅种植大量冬小麦，在用玉米给大天鹅投食的同时，大天鹅也能上岸上取食麦苗。野外调查发现，三湾景区东部麦田里存在大量大天鹅粪便 [图 12.7（b）]，说明大天鹅对麦田栖息地存在偏好性。

图 12.7　大天鹅在水中近岸处活动（a）、麦田里发现大天鹅粪便（b）

12.2.4　北村北营车村湿地

北村、北营、车村湿地是黄河中下游地区的野生环境，位于三门峡天鹅湖与芮城圣天湖之间的黄河河段，这里没有人工投食。冬季在此停留的天鹅约 300~500 只，调查发现三处的大天鹅数量不稳定，但总和稳定，可能存在大天鹅在三处来回移动的情况。在北营、车村湿地，天鹅栖息的地方主要是距离河岸较远的洪泛区边缘，在春末是种植玉米的地方，冬季水位上升，部分洪泛区的玉米地被淹，成为大天鹅的栖息地（图 12.8）。北村湿地处于黄河流水由急变缓的地区，大天鹅多栖息于距离浅滩较近、水流相对较缓的区域，且周围有芦苇等植物丛生（图 12.9）。由于处在黄河河道，难免存在船只经过对天鹅的惊扰，调查发现在河两岸摆渡的轮船对大天鹅的惊扰不明显，但河道中如有快艇等噪声大、速度快的船只经过时，会对栖息的大天鹅造成明显的影响。

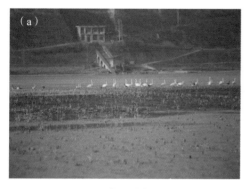

图 12.8　大天鹅栖息于玉米地浅滩上（a）和在不远处浅水区域活动（b）

图 12.9　大天鹅在浅滩边休息（a）和在近岸水中取食水草（b）

12.2.5　圣天湖景区

山西芮城县圣天湖景区位于山西省运城市芮城县南部，景区南部邻黄河，中心地理坐标为 110°54′E，34°43′N。每年约 1 000 只大天鹅在此越冬，大天鹅活动于此园区大面积浅水区域内，周围有大量湿地植物。此地冬季封闭管理，干扰较少，有两个投食点，每天投喂少量玉米粒。该栖息地环境近似野生生境。

大天鹅在圣天湖主要栖息于近岸的投食点附近和距离投食点较远的水域，野外调查发现有大量荷花、风花菜群落［图 12.10（a）］，可能是大天鹅的主要食物来源之一。距离河岸较远的滩涂上有大量的天鹅停留［图 12.10（b）］。由于圣天湖在冬季采取闭园管理，这里几乎没有游客干扰，大天鹅分布数量相对稳定。

图 12.10　大天鹅在莲藕区觅食（a）和在冰面、浅滩上休息活动（b）

12.3　影响因子选择和回归模型的构建

基于栖息地适宜性评价因子的选取原则和大天鹅对于栖息地的依赖性，结合相关野外调查数据和大天鹅栖息地选择的实测数据，从气象环境、地理环境、食物因素、干扰因素四个方面构建三门峡大天鹅越冬栖息地评价指标体系。利用遥感影像、数字高程模型、气象站点资料对各评价因子进行空间化，获取各采样点评价因子数值作为自变量、大天鹅实测数据作为因变量构建 Logistic 回归模型，并对各评价因子进行显著性检验（孙小凡等，2018）。运用此模型预测大天鹅发生概率的空间分布，采用K-Means 聚类分析对适宜点群分级，得到了三门峡大天鹅越冬栖息地适宜性分级图。采用误差分类混淆矩阵和 Kappa 系数对结果精度加以验证，对大天鹅越冬栖息地进行评价。

12.3.1　数据获取

2015 年 11 月—2016 年 2 月大天鹅越冬期间，每月在研究区对大天鹅越冬栖息地进行野外调查，利用双筒望远镜、GPS 观测记录天鹅活动位点和投食位点。研究采用 2015 年 6 月 11 日由中国资源卫星应用中心提供的（http://www.cresda.com/CN/）ZY–3（资源三号，图 12.11）卫星影像，分辨率为 5.8 m；2015 年 12 月 26 日由 USGS 提供（http://earthexplorer.usgs.gov/）的 Landsat OLI 影像，分辨率为 30 m。影像预处理主要包括辐射定标、大气校正、几何校正及影像裁剪。

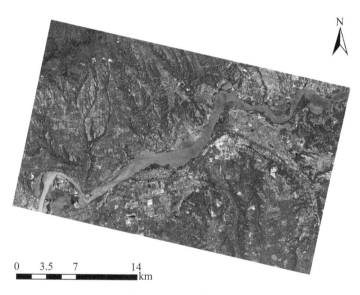

图 12.11　资源三号卫星影像（432 波段）

12.3.2　评价因子

本项目对评价因子的选择，不仅考虑自然条件对地形地貌的影响，还应分析人为活动对土地利用造成的影响，建立起保护自然环境和维系当地人民生活的水禽栖息环境。基于栖息地适宜性评价因子的选取原则和大天鹅对于栖息地的依赖性，结合相关野外调查数据和大天鹅实测数据。

在气象环境方面，选取大气温度、相对湿度、降水量作为评价因子；在地理环境方面，选取土地利用类型、选取高程、坡度、坡向、改进归一化水体指数（MNDWI）、归一化植被指数（NDVI）作为评价因子；在食物因素方面，选取投食点距离、小麦地距离作为评价因子；在干扰因素方面，选取道路距离、道路密度、居民地距离作为评价因子。综上所述，三门峡库区大天鹅越冬栖息地适宜性评价选取4个方面的评价指标共计14个（表12.1）。

表 12.1　评价指标体系

气象环境	大气温度
	相对湿度
	降水量
地理环境	土地利用类型
	高程
	坡度
	坡向
	改进归一化水体指数（MNDWI）
	归一化植被指数（NDVI）
食物因素	投食点距离
	小麦地距离
干扰因素	道路距离
	道路密度
	居民地距离

12.3.3　Logistic 回归模型

1. 自变量

对处理好的资源三号影像进行遥感解译和空间计算分析，建立研究区分类标准（表12.2）并获得土地利用现状图（图12.12），解译出研究区道路并生成道路距离图（图12.13）和道路密度图（图12.14），解译居民地生成居民地距离图（图12.15），利用 ENVI5.3 计算 NDVI（图12.16）、利用 Landsat-8 影像的绿光波段和中红外波段计算 MNDWI（图12.17）、利用 DEM（图12.18）数据生成坡度（图12.19）、坡向图（图 12.20）。利用气象站点数据对研究区进行克里金（Kriging）插值，得到反映研究区气候状态的大气温度（图 12.21）、相对湿度（图 12.22）、降水量图（图 12.23）。利用野外观测记录的投食点数据和解译的小麦地数据生成投食点距离图（图 12.24）和小麦地距离图（图 12.25）。

如图 12.12 所示，参照表 12.2 将研究区分为人工表面、林地、裸地、草地、沟渠、耕地、河流、坑塘、洪泛湿地 9 种土地利用类型。研究区总面积 849.2 km²，其中人工表面面积 158.17 km²、林地面积 239.85 km²、裸地面积 5.32 km²、草地面积 6.16 km²、沟渠面积 2.84 km²、耕地面积 373.57 km²、河流面积 19.98 km²、坑塘面积 6.62 km²、洪泛湿地面积 36.64 km²。

表 12.2　土地利用类型编码

编码	1	2	3	4	5	6	7	8	9
土地类型	人工表面	林地	裸地	草地	沟渠	耕地	河流	坑塘	洪泛湿地

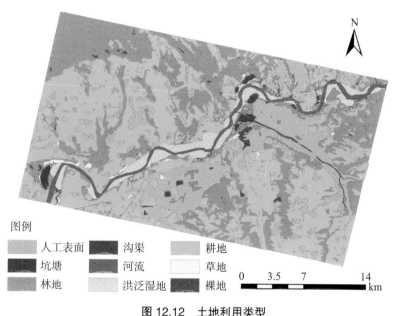

图例

人工表面　沟渠　耕地
坑塘　河流　草地
林地　洪泛湿地　裸地

图 12.12　土地利用类型

图 12.13、图 12.14 道路距离图和道路密度图显示道路主要分布在三门峡市和平陆县，道路距离的范围在 0~2 714 m，道路密度的取值范围是 0~5.98，图 12.15 显示居民地距离取值范围是 0~5 197 m。

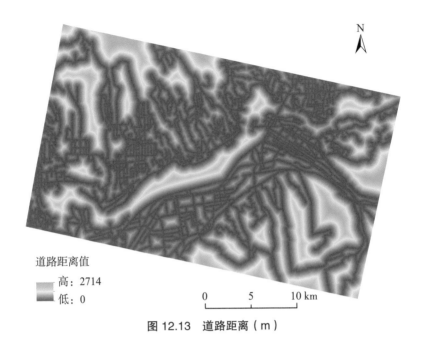

道路距离值

高：2714

低：0

0   5   10 km

图 12.13 道路距离（m）

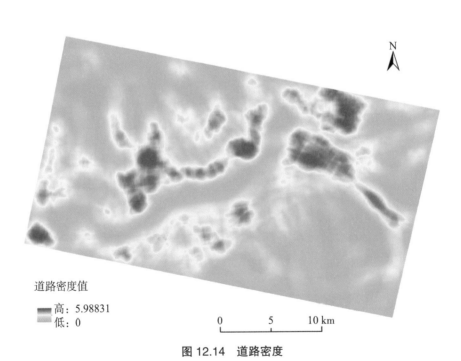

道路密度值

高：5.98831

低：0

0   5   10 km

图 12.14 道路密度

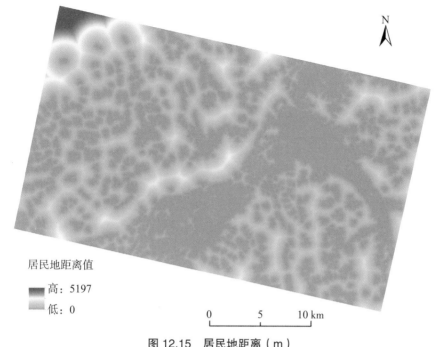

居民地距离值

高: 5197

低: 0

0   5   10 km

图 12.15　居民地距离（m）

　　图 12.16 表示 NDVI，NDVI 用于检测植被生长状态、植被覆盖度和消除部分辐射误差等。NDVI 能反映出植物冠层的背景影响，如土壤、潮湿地面、雪、枯叶、粗糙度等，且与植被覆盖有关（廖克等，2006；王丹丹，2019）。遥感影像中，NDVI 为近红外波段的反射值与红光波段的反射值之差与两者之和的比值，即（$NIR-R$）/（$NIR+R$），$-1 \leqslant NDVI \leqslant 1$，负值表示地面覆盖为云、水、雪等，对可见光高反射；0 表示有岩石或裸土等，NIR 和 R 近似相等；正值，表示有植被覆盖，且随覆盖度增大而增大（宋杨等，2011；许雪婷等，2017；丁一等，2018）。图 12.16 显示研究区的 NDVI 取值范围是 $-0.59\sim0.93$，NDVI 大于 0 的主要指林地、耕地、草地等有植被覆盖的区域，水体的 NDVI 值为负值。

　　图 12.17 表示 MNDWI，用遥感影像的特定波段进行归一化差值处理，以凸显影像中的水体信息。表达式：

$$MNDWI = [p (Green) - p (MIR)] / [p (Green) + p (MIR)]$$

　　此表达式是在对归一化差异水体指数分析的基础上，提出的改进归一化差异水体指数 MNDWI，并分别将该指数在含不同水体类型的遥感影像进行了实验，大部分获得了比归一化差分水体指数 NDWI 好的效果，特别是提取城镇范围内的水体（王文杰等，2006）。同时还发现 MNDWI 比 NDWI 更能够揭示水体微细特征，如悬浮沉积物的分布、水质的变化。另外，MNDWI 可以很容易地区分阴影和水体，解决了水体提取中难于消除阴影难题。

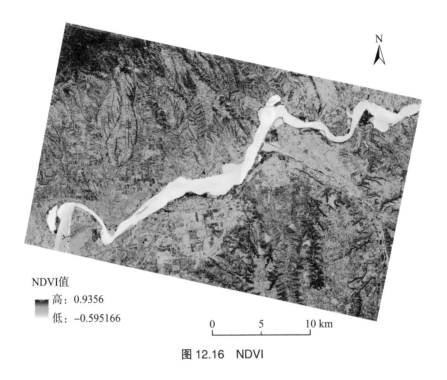

NDVI值

高: 0.9356
低: −0.595166

0   5   10 km

图 12.16   NDVI

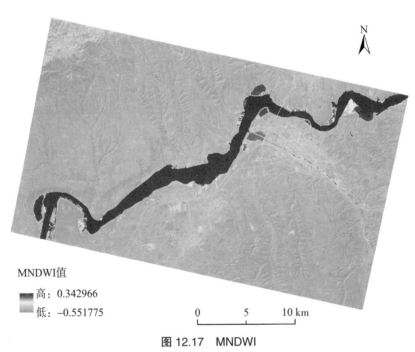

MNDWI值

高: 0.342966
低: −0.551775

0   5   10 km

图 12.17   MNDWI

图12.16、图12.20显示,研究区最高海拔1 346 m,最低海拔308 m,河流两岸是山地,总体地势西北稍高,东南稍低,河流所在附近海拔最低。坡度范围在 0~41°,山脉大都南北走向。

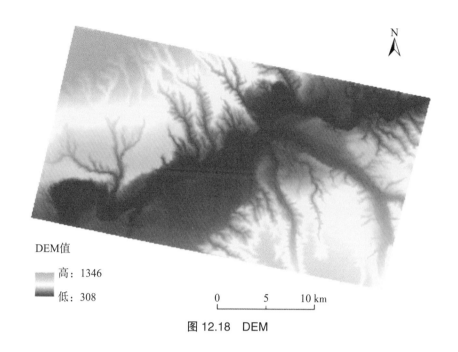

DEM值

高：1346

低：308

0　　　　5　　　　10 km

图 12.18　DEM

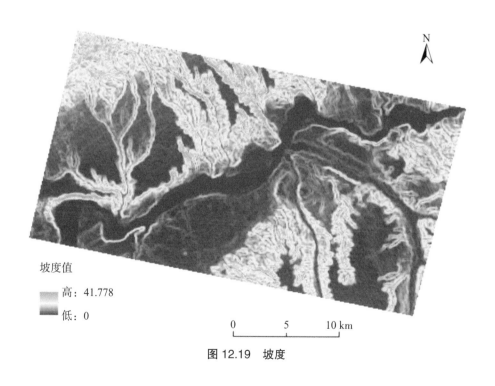

坡度值

高：41.778

低：0

0　　　　5　　　　10 km

图 12.19　坡度

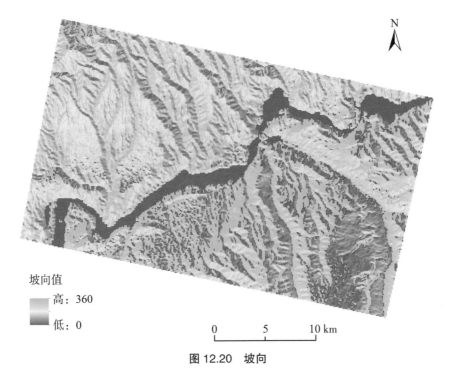

坡向值

高：360

低：0

0　　　5　　　10 km

图 12.20　坡向

　　图 12.21~ 图 12.23 表示研究区的大气环境数据，冬季平均气温范围是 0.95~1.34℃，相对湿度范围是 54.65~55.69 g/m³，降水量范围是 7.77~9.26 mL，由于研究区范围小，大气温度、相对湿度、降水量变化程度不明显。

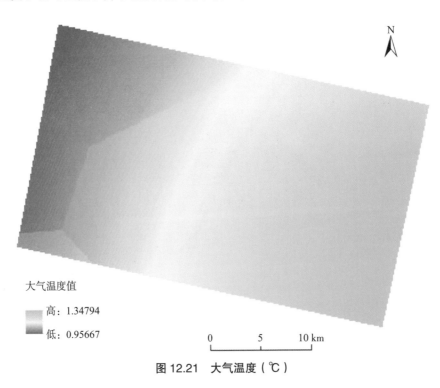

大气温度值

高：1.34794

低：0.95667

0　　　5　　　10 km

图 12.21　大气温度（℃）

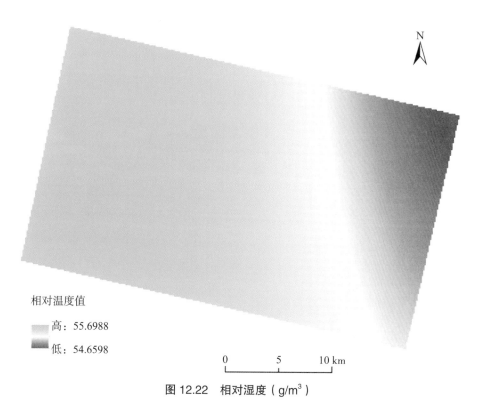

相对温度值

高：55.6988
低：54.6598

0　　5　　10 km

图 12.22　相对湿度（g/m³）

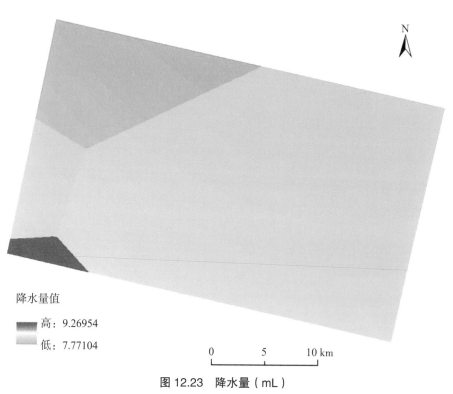

降水量值

高：9.26954
低：7.77104

0　　5　　10 km

图 12.23　降水量（mL）

图 12.24 表示投食点距离，范围是 0~19 917.3 m，红色区域距离投食点较近，绿色区域距离投食点较远。

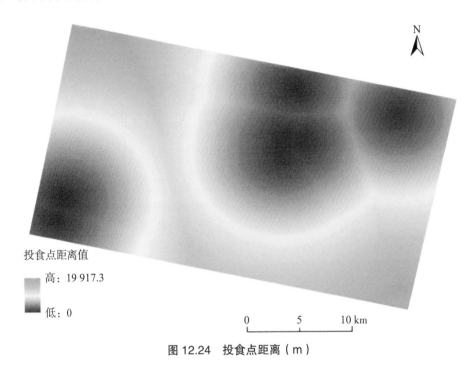

图 12.24　投食点距离（m）

图 12.25 表示小麦地距离，范围是 0~5 526.5 m，红色区域距离小麦地较远，绿色区域距离小麦地较近。

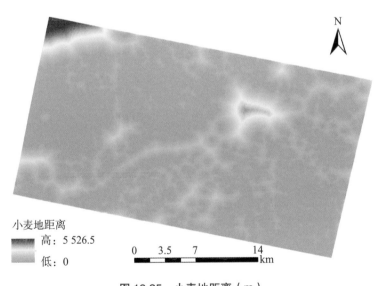

图 12.25　小麦地距离（m）

2. 因变量

Logistic 回归方法是基于数据的抽样，可以筛选出对事件发生与否影响较为显著的因素，同时剔除不显著的因素。已知一只成年天鹅的体长 1.4 m，所占面积约为 6.15 m²。根据大天鹅越冬期 4 次野外观测记录的大天鹅分布中心位点和数量，利用 Arcgis10.2 绘出大天鹅在研究区的分布矢量图。将大天鹅分布图转换成 30 m 分辨率的栅格图层（图 12.26），其中，有大天鹅分布区域设为 1，没有大天鹅分布区域为 0。

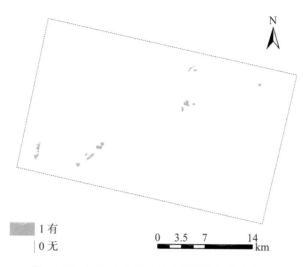

1 有
0 无

0   3.5   7   14
                    km

图 12.26　三门峡水库湿地大天鹅越冬的分布图

3. 随机抽样提取自变量值

为了避免数据的空间自相关性，本书选用随机抽样的方法选取均匀分布于整个研究区的 1 000 个观测点。利用 ArcGIS10.2 平台上的 Create random point 工具生成一定数量的随机点，通过 Extract Multi value to point 工具在各评价因子栅格图上提取相应值作为自变量的值（李洪等，2012；孙才志和闫晓露，2014）。以同样的方式在大天鹅分布图层上提取因变量的值，这样对于每一个抽样点，记录了其因变量和一系列的自变量值，最后作为 Logistic 回归模型的建模数据。

4. 自变量值无量纲化处理

在多指标的综合评价中，不同评价指标往往具有不同的量纲和量纲单位，为了消除量纲的影响，还应将各评价指标作无量纲化处理。根据研究的需要和数据的特点，使得消除了量纲和数量级的影响后，保留各指标间变异程度上的差异，经过处理后的数据能准确反映原始数据所包含的信息，对所有驱动因子的值采用均值化处理：

$$Y_{ij} = \frac{X_{ij}}{\bar{xi}}$$

式中：设综合评价中共有 n 个单位，m 个指标，$i = 1$, $2\cdots$, n；$j = 1$, 2, $\cdots$, m。X_{ij} 是第 i 个单位中第 j 个原始指标值，是每个单位下所有原始指标值的平均值。在本书中 n 为 14（大气温度、相对湿度、降水量、土地利用类型、高程、坡度、坡向、MNDWI、NDVI、投食点距离、小麦地距离、道路距离、道路密度、居民地距离 14 个单位），m 为 1 000（1 000 个随机采样点）。

12.4 影响因子的筛选和栖息地适宜性分级

12.4.1 回归方程构建及检验

通过相关性检验，表明各个自变量因子之间没有明显的相关性，通过标准化残差探测解释变量中的异常值，通过杠杆值探测解释变量中的强影响点。标准化残差散点图（图 12.27）表明，点群的标准化残差主要分布在 –2~2 之间，呈标准正态分布，对残差具有一定影响力，但没有异常点。杠杆值散点图（图 12.28）表明，杠杆值较小，均小于 0.1，但对预测变量具有一定的影响力。通过以上检测无异常值，适宜点群对评价模型具有影响力。

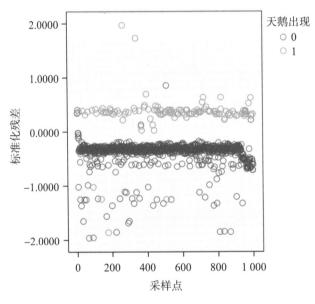

图 12.27　标准化残差散点图

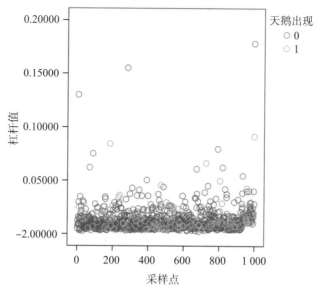

图 12.28　杠杆值散点图

　　通过以上检验，选取的自变量和因变量符合构建 Logistic 回归模型要求，经过最后筛选，最终剩下的 8 个因子满足方程。三门峡水库湿地大天鹅越冬栖息地选择的评价因子贡献率水平从大到小依次是投食点距离、道路距离、MNDWI、土地利用类型、道路密度、NDVI、小麦地距离和坡度（表 12.3）。其中，气象环境方面，由于研究区范围较小，大气温度、降水量、相对湿度变化不明显，对预测结果影响不显著。在地理环境方面，NDVI 和坡度的偏回归系数都为负值，说明大天鹅在越冬期不易生活在NDVI 很高的林地或者存在地形起伏较大的区域，MNDWI 和土地利用类型的系数同时为正值，说明大天鹅多生活在水面或地势平坦的洪泛湿地。在食物因素方面，投食点和小麦地距离为负值，说明大天鹅主要取食投放的玉米和小麦幼苗，距离投食点和小麦地距离越近，大天鹅出现的可能性越大。在干扰因素方面，道路距离的回归系数为正值，道路密度系数值为负值，表示大天鹅多栖息于距离道路较远、道路密度小的区域。

表 12.3　Logistic 回归模型评价因子回归系数指标

进入方程的因子	偏回归系数 β	标准误差 S.E	Wald 统计量	自由度	显著性水平	发生比 exp（β）
投食点距离	−5.858	1.109	13.031	1.00	0.000	0.003
道路距离	1.277	0.0261	10.364	1.00	0.000	3.586
MNDWI	1.126	2.129	9.568	1.00	0.000	3.083

进入方程的因子	偏回归系数 β	标准误差 S.E	Wald 统计量	自由度	显著性水平	发生比 $\exp(\beta)$
土地利用类型	1.036	0.201	7.236	1.00	0.005	2.818
道路密度	−1.485	1.963	7.542	1.00	0.015	0.226
NDVI	−0.965	0.423	5.358	1.00	0.035	0.381
小麦地距离	−0.981	2.142	4.023	1.00	0.042	0.372
坡度	−0.536	3.652	2.153	1.00	0.042	7.6959
β_0	−3.571	0.806	9.426	1.00	0.025	0.028

气象环境、地理环境、食物因素、干扰因素 4 个方面的 14 个因子进入筛选过程，由于大气温度等 6 个因子的 Wald 观测值所对应的概率 p 值大于显著性水平 α（0.05），不应拒绝零假设，认为该回归系数与 0 无显著性差异，因此在筛选过程中被剔除。剩余 8 个因子的概率 p 值小于显著性水平 α，应保留在方程中构建回归模型。最后经模型检验 Nagelkerke R^2 值为 0.842，接近 1，拟合度较好。

12.4.2　栖息地适宜性分级

由表 12.3 得到的各评价因子的系数权重 β 和各因子的发生比 $\exp(\beta)$ 值代入 Logistic 回归模型中，得到研究区大天鹅的发生概率，参照土地适宜性分级标准 FAO（Food and Agriculture Organization of the United Nation），对适宜点群进行分析对比，应用 K-means 聚类分析方法将研究区栖息地适宜点群分为 5 个等级，得到不同等级的聚类中心、各聚类的样本数（表 12.4），并确定分级评价标准。

表 12.4　三门峡水库大天鹅栖息地适宜性评价标准

适宜性分级	聚类中心值	聚类点数	评价特征
最适宜栖息	0.9883	113	土地开发程度低，环境抗干扰能力强
适宜栖息	0.7329	86	土地开发程度低，环境抗干扰能力较强，不影响大天鹅
基本适宜栖息	0.4694	137	土地开发程度中等，环境抗干扰能力中等，对大天鹅栖息有较小影响
不适宜栖息	0.2433	256	栖息地开发程度高，有大部分城镇用地，对大天鹅影响较大
不可栖息	0.0205	408	栖息地被开发程度很高，几乎不能自动恢复，严重影响大天鹅栖息

为了清晰地确定大天鹅栖息地适宜性在复杂空间中的等级结构受制约的时空尺度，按照 FAO 分级标准和适宜范围，在 ArcGIS 的空间分析模块下进行分类，得到研究区适宜性分级图（图 12.29）。

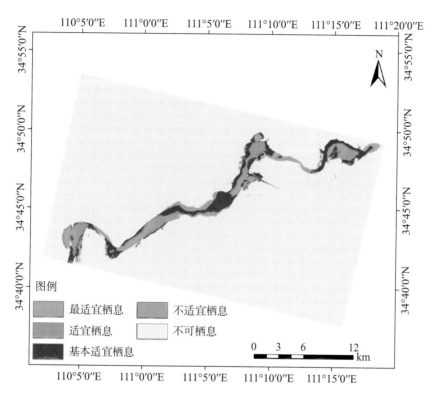

图 12.29　适宜性分级图

12.4.3　大天鹅实测验证

将大天鹅分布地区与适宜性点群分布图在 ArcGIS 中相叠加，随机选取 500 个样点来对回归预测分级数据与实测数据进行拟合验证。参照适宜性分类标准，对三门峡库区越冬大天鹅进行快速分类，应用 Logistic 回归模型对分类数据与上述栖息地适宜性等级进行回归评价。

根据大天鹅预测值与观察值的误差错判矩阵（表 12.5）可知，三门峡库区大天鹅预测数据与实测数据相比，Kappa 系数为 0.796，说明应用 Logistic 回归模型对栖息地进行适宜性分级与实测大天鹅栖息环境基本吻合，验证了本模型应用在实际中的效果较好，对未知区域大天鹅预测具有较好应用前景。

表 12.5　大天鹅误差错判矩阵分类表

观察值	预测值					
	1	2	3	4	5	%
1	65	8	2	0	2	84.4
2	1	34	6	3	0	77.27
3	0	7	28	2	0	75.67
4	0	3	7	53	0	84.12
5	1	8	4	27	238	85.3
Kappa 系数	—					79.6

12.5　主要栖息地类型和影响因素分析

通过对大天鹅主要栖息地的调查发现，大天鹅的栖息地类型包括：浅水河流、浅水湖泊、滩涂、农田等。此外，人工投食对大天鹅的吸引有正反馈作用（于海龙等，2019），噪声越大对大天鹅吸引有显著的负反馈作用。根据动物栖息地选择理论，动物选择栖息地主要考虑三个要素，即水、食物、隐蔽物。这里对于大天鹅主要环境因素是活水、食物、人为干扰。由于大天鹅是游禽，其生活过程需要饮水，栖息地多在水中或距离水源较近地区。大天鹅越冬期间需要补充能量以抵御严寒，维持生命活动，对食物的需求较大，因此，观察发现人工投食对大天鹅的分布有明显的影响。此外，荷花群落、风花菜群落、芦苇群落、小麦地、玉米地等大天鹅可以取食的植物群落对于大天鹅分布也有影响。这些植物分布于浅水环境或河岸带，这也是能常见到大天鹅在浅水区域活动的原因。大天鹅在库区存在多个种群，不同种群对人类活动的适应程度不同，导致部分种群大天鹅与人近距离接触，部分种群时刻与人类保持距离。

2015 年 11 月—2016 年 2 月对三门峡水库湿地进行的 4 次野外调查，基本摸清了库区越冬季节不同时期大天鹅的主要分布和活动区域，为开展库区大天鹅越冬栖息地选择和适宜性评价奠定了基础。

12.6　适宜栖息地的特征与人类影响

研究发现大天鹅多栖息于宽阔水域、地势较低的河流、滩涂湿地、洪泛湿地、水塘等远离林地的环境中。栖息地环境的主要特点是水面大、不结冰、浅水、水中有食物、周围无遮挡，这些因素能够保证大天鹅饮水、在水面自由活动、取食水底水草，且视野开阔。这与其他地方大天鹅的研究结果相同。廖炎发（1985）在青海湖大天鹅的越冬研究中表明，大天鹅主要栖息于有活水注入、水草丰茂、周围无遮挡的水池中。井长林等（1992）在新疆巴音布鲁克地区研究大天鹅的越冬表明，大天鹅的越冬栖息地主要在由泉眼形成的不冻河、不冻湖泊，水深 0.3~1.5 m，有水生绿色植物的水域。刘体应和张文东（1987）在研究山东滨州渤海湾的大天鹅越冬习性中，表明大天鹅集中分布在平均水深 0.6 m、地势平坦、水草丰富、视野空旷、人迹罕至的盐场蒸发圈。

　　大天鹅的栖息地还需要有丰富的食物。大天鹅属于杂食性动物，取食沉水植物的茎叶、挺水植物的根茎、农作物、湿生植物的果实等。冬季，由于温度较低，植物生长缓慢，大天鹅取食的野生植物有限。随着人类农业活动的扩张，原来的野生植被被农作物替代，秋季种植的冬小麦便成为大天鹅的重要食物。此外，在黄河三门峡段有一些保护区，这些区域对大天鹅都有适量的投食。

　　研究结果表明，投食和小麦地对大天鹅分布有显著影响，多数个体活动在投食点和小麦地附近。投食对大天鹅冬季的生活有一定的负面影响，比如逐渐减少大天鹅的野性，增加局部大天鹅的密度。但投食可使大天鹅种群数量保持较高水平，还可促进人与动物的和谐相处。其实，冬季对大天鹅进行投食并非我国特有情况。早在 1955 年，日本就开始给越冬大天鹅投食，并通过投食的方式对大天鹅有目的地招引和分散。到 90 年代日本投食地已经增加至 500 个，大天鹅栖息地和大天鹅数量都有所增加。

　　以往较少研究干扰因素对大天鹅的影响，可能是由于大天鹅的栖息环境相对隐蔽，人们尚未开发。但随着人类活动范围的扩张，大天鹅距离人越来越近，在研究大天鹅的栖息地过程中，不可避免的需要研究干扰程度。本研究主要考虑道路、人口对大天鹅的影响。道路距离天鹅越近，道路越密集，天鹅数量越少，因为道路上来往车辆的噪声对大天鹅的活动有严重影响，如遇到汽车急刹车或者长时间的鸣笛，大天鹅会向远离声源的方向游动。在距居民地近的地方大天鹅分布少，反之，分布多，这说明大天鹅倾向于远离人群聚集地。

　　将多元统计模型与遥感影像信息提取、GIS 空间分析技术等方法进行结合，用于开展大天鹅栖息地适宜性评价，可以保证较高的空间精确性，还能快速统计每个斑块的面积，为保护区管理和保护提供准确资料。

12.7　适宜栖息地在库区的分布和保护建议

　　（1）通过变量筛选出包括土地利用类型等 8 个因子构建 Logistic 模型，Nagelkerke R^2 统计量系数达到 0.842，较好地验证拟合程度，并且对大天鹅的预测精度与实测精度进行模型预测精度验证，计算得到大天鹅的 Kappa 系数为 0.796，说明其在评价本地区大天鹅栖息地适宜性方面，具有较好的预测精度，能够较好预测大天鹅越冬信息。

（2）根据大天鹅越冬适宜性分级图（图 12.29），分析大天鹅对越冬栖息地选择。在地理环境方面，大天鹅多栖息于宽阔水域或者地势较低的河流滩涂湿地和洪泛湿地，远离林地环境；在食物因素方面，大天鹅易于选择靠近投食点、靠近小麦地、远离林地的区域作为越冬栖息地；在干扰因素方面，大天鹅易于选择远离道路和道路密度较小的区域作为越冬栖息地。总体来说，大天鹅在越冬期多选择周边食物丰富、远离干扰源的宽阔水域或者靠近宽阔水域且地势较低的沼泽、滩涂湿地。

（3）提取最适宜大天鹅栖息区域，利用 ArcGIS10.2 进行几何计算，统计面积为 6.77 km²。最适宜栖息的区域集中分布 5 处，分别是圣天湖风景区、黄河湿地国家级自然保护区北村北营段、三湾大天鹅风景区、三门峡市天鹅湖国家城市湿地公园、黄河湿地国家级自然保护区王官段（表 12.6）。

表 12.6 最适宜栖息地分布区域范围

地点	经度（E）范围	纬度（N）范围	面积 /km²
芮城县圣天湖	110°53′42.67″～110°54′11.07″	34°42′45.25″～34°43′48.69″	1.93
北村至车村河段浅水区	110°57′42.53″～111°00′39.74″	34°42′08.82″～34°44′11.18″	1.98
平陆县三湾	111°08′48.95″～111°09′15.52″	34°49′25.73″～34°49′43.53″	0.35
三门峡青龙湖	111°07′5.21″～111°08′06.50″	34°46′24.63″～34°46′36.06″	0.71
三门峡苍龙湖	111°08′06.96″～111°08′47.08″	34°46′52.55″～34°46′38.92″	0.51
王官保护区	111°15′21.37″～111°15′38.92″	34°48′25.33″～34°48′33.64″	1.27

（4）根据研究结果，对越冬大天鹅保护提出几点建议：①主要大天鹅栖息地应减少车辆和人为活动干扰，保护大天鹅栖息环境和安全越冬；②控制投食，合理引导天鹅种群分布，防止出现大天鹅过于集中在某些区域的情况；③通过对整个库区多处尚未采取保护措施的自然栖息地（包括退化和遭到人类破坏的）开展生态修复，增加大天鹅最适栖息地面积。根据实地调查和适宜性评价结果，优先考虑北村、北营、车村、后地、王官等处进行生态修复与栖息地优化，为越冬大天鹅种群的合理分布提供条件。

参考文献

肖笃宁，2001.环渤海三角洲湿地的景观生态学研究［M］.北京：科学出版社.

王星，2015.盐城自然保护区丹顶鹤生境选择影响因素分析［D］.南京：南京林业大学.

舒莹，2004.黄河三角洲丹顶鹤生境变化分析及生境选择机制研究［D］.济南：山东师范大学.

靳晓华，2011.江苏盐城国家自然保护区业务化遥感监测技术研究［D］.呼和浩特：内蒙古师范大学.

孙小凡，张鹏，党超，2018.基于 GIS 的城市滑坡灾害易发性评价——以湖北省宜昌市城区为例［J］.水土保持通报，38（6）：7.

廖克，成夕芳，吴健生，等，2006.高分辨率卫星遥感影像在土地利用变化动态监测中的应用［J］.测绘科学，31（6）：5.

王丹丹，2019.胡家山小流域土壤水分和土壤养分时空异质性分析［D］.武汉：华中农业大学.

宋杨，程维明，柏延臣，等，2011.密云水库周边山区滑坡泥石流易发区预估［J］.地理科学进展，30（3）：9.

许雪婷，杨博文，曹嘉琪，等，2017.西南地区典型流域水电开发对下垫面时空变化的影响［J］.环境影响评价，39（4）：7.

丁一，曹丛华，程良晓，等，2018.基于线性混合模型和 NDVI 阈值法的 MODIS 影像黄海浒苔监测简［J］.生态学杂志，37（11）：7.

王文杰，申文明，刘晓曼，2006.基于遥感的北京市城市化发展与城市热岛效应变化关系研究［J］.环境科学研究，19（2）：44-48.

李洪，宫兆宁，赵文吉，等，2012.基于 Logistic 回归模型的北京市水库湿地演变驱动力分析［J］.地理学报，67（3）：11.

孙才志，闫晓露，2014.基于 GIS-Logistic 耦合模型的下辽河平原景观格局变化驱动机制分析［J］.生态学报，34（24）：13.

于海龙，牛童，陈光，等，2019.三门峡天鹅湖湿地公园大天鹅越冬初期食性分析［J］.野生动物学报，40（3）：12.

廖炎发，1985.在青海湖越冬的大天鹅［J］.野生动物学报，（3）.

井长林，马鸣，顾正勤，等，1992.大天鹅在巴音布鲁克地区越冬的调查报告［J］.干旱区研究，2（2）：61-63.

刘体应，张文东，1987.山东渤海湾大天鹅越冬习性的观察［J］.野生动物，（6）：24-25.

第13章

三门峡库区大天鹅栖息地恢复研究进展

13.1 研究目标

  根据前期研究获得的大天鹅适宜越冬栖息地环境条件，特别是三门峡库区大天鹅越冬栖息地适宜性评价的研究结果表明，大天鹅多选择周边食物丰富、远离干扰源的宽阔水域或靠近宽阔水域且地势较低的沼泽、滩涂湿地作为越冬期最适栖息地。为此，结合湿地修复技术、水鸟栖息地构建技术、湿地植被恢复技术和湿地生态系统食物链构建技术等，从地形、水文、植被等多方面对大天鹅栖息地生境优化技术开展了应用性研究，以期为后续的大天鹅栖息地恢复提供生境参数和可供借鉴的经验。

  其中，项目团队选择了黄河公园作为栖息地恢复和大天鹅生态招引工程技术的应用基地，根据上述最适栖息地条件，开展了栖息地恢复技术试验示范。同时，对天鹅湖国家城市湿地公园和黄河三门峡库区的大天鹅栖息地优化和恢复提出了相应方案，以期营造更多适宜大天鹅越冬的栖息环境，吸引更多大天鹅在湿地公园和库区越冬，并对恢复效果进行了监测，从而有助于不断完善恢复技术。其最终目标是在库区恢复多处大天鹅野外自然栖息地，减少由于适宜栖息地较少，大天鹅过于集中而造成的禽流感发生的风险，在库区为野生动物提供更多家园，促进地方生态旅游产业的发展。

13.2 已开展的栖息地修复项目和效果

13.2.1 青龙湖清淤和生境优化工程

2015 年之前，因周边污水处理厂长期向青龙湖排污，造成了青龙湖内污染物累积，底泥中高浓度的 N、P 是造成夏季水体异味和发生蓝藻水华的重要原因；同时，上千只大天鹅在青龙湖栖息，会向湖中及周边排放大量的排泄物，增加水质安全隐患，威胁水生态安全，导致病菌病毒等经过水体传播，威胁大天鹅种群的生态安全。采取清淤举措，可将底泥中重金属污染物和造成水质差的各种内源污染物包括水鸟粪便清除。

1. 清淤与栖息地生境优化技术要点

为确保清淤后的大天鹅栖息地生境得到优化，吸引更多大天鹅在此栖息，在清淤的同时，提出了以下主要的生境修复技术措施，并持续监测修复后的效果。

（1）确保清淤后湖水水位总体与清淤前一致。经过近年来的保护，青龙湖越冬天鹅数量不断上升，说明该湖的生境，特别是水位基本适合大天鹅栖息。因此，确保清淤前后水位总体一致很重要。在排水前对沿岸湖水做好水位标高的记录，排水后对不同区域的裸露地面标高实地测定，作为回填净土高度的参考依据。

（2）营造多样化的生境。利用此次清淤时机，对部分区域进行地形改造，形成新的浅滩和小岛，为天鹅和其他不同水鸟提供适宜的栖息地。岛和浅滩位置可选择目前大天鹅活动较少、人类干扰较轻，自然条件适宜（不需要太大土方回填量），且便于今后监测和管理的区域。岛应高出水面 50~60 cm，岛边和浅滩应有缓坡，部分被水淹，部分露出水面，便于不同水生植物生长和天鹅等水鸟活动。投食区附近可增设一部分浅滩和休息岛，避免觅食和休憩时过于拥挤。

（3）湖区沉水植物的恢复。在前期开展的植被调查中发现，天鹅湖内特别是青龙湖几乎无沉水植物，说明水质较差，水体透明度太低，或水位过高，限制了沉水植物的生长，而沉水植物是不少雁鸭类水鸟的重要天然食物来源。清淤并铺好表层土后，可扦插眼子菜、苦草等沉水植物的切段或幼苗（苦草喜在有缓流区域生长），沉水植物对于净化水质有较好的效果，而且是雁鸭类水鸟的重要食物来源。

（4）植物群落的配置。天鹅可食的植物种类广泛，主要有禾本科、莎草科、眼子菜科、菊科、十字花科、豆科、蔷薇科、百合科等。成鸟主要采食水生植物的根、茎、种子、绿叶，如眼子菜的茎叶、藕芽、扁秆薦草的球茎等。可以适当地开辟一片区域，分别种植茭、慈姑、藕、荸荠、扁秆薦草等对大天鹅具有较高营养价值的水生植物，通过天鹅对食物的选择性研究，为今后栖息地恢复的植物资源配置提供依据。

（5）参考王官库区的植物类群为天鹅湖植被恢复提供参考。根据三门峡王官库区植被调查的情况，了解主要沉水植物和挺水植物种类、群落类型和分布，引种这些本地物种到天鹅湖，并对天鹅取食这些植物的情况进行观测记录。

（6）水位控制和周边绿化。清淤后回填土方的厚度要能够确保补水后水位与原水位相近，补水时河道处深一些，天鹅活动区浅一些，周边尽量少用硬质堤岸（确因防洪需要必须采用的除外）。软质堤岸可通过种植湿地植物保持水土，净化水质，降低湖面源污染和美化环境，并为天鹅提供适宜的生境。

2. 清淤和生境优化后的效果

湿地公园 2014 年夏季按照以上技术措施实施清淤工程后，青龙湖中砂石岛和浅滩浅水区的面积成倍增加（图 13.1、图 13.2）。2014 年秋末冬初天鹅湖的越冬天鹅数量也成倍增加，由实施清淤和栖息地修复工程前的 2 000 余只增加到最多接近 6 000 只，而且天鹅主要在浅滩浅水区周边活动，说明了清淤和栖息地修复中增加了砂石岛和浅滩浅水区，适合天鹅觅食和休憩需要（图 13.3、图 13.4），也减少了滩岛上投食后大天鹅排队等候觅食的时间和争斗的发生，同时觅食的天鹅数量从修复工程前的近百只，上升到 500 只左右，因而吸引了更多的天鹅来到天鹅湖国家湿地公园栖息。

图 13.1 修复前青龙湖投食点
仅容纳少量天鹅

图 13.2 修复后的 5 处较大浅滩之一和周边
浅水区

图 13.3 修复后投食点一角同时容纳
数十只天鹅

图 13.4 觅食后的天鹅在修复后的
浅滩上休息

3. 生境优化提高了可食用植物多样性

生境改善的同时，湿地公园在青龙湖的南北两侧各种植了荷花、黄菖蒲、千屈菜等水生植物，为天鹅提供了植食性食物补充；同时靠近西北防浪墙附近，由于大面积浅滩浅水区的营造，为不同的湿生和挺水植物提供了适宜生长的水位条件，使该区域的植被由最初的芦苇、香蒲、水葱等少数大型挺水植物增加为多种湿生和小型挺水植物，主要有稗草、马唐、酸模叶蓼、光叶水苏、扁秆藨草、狗牙根、三叶鬼针、沼生蔊菜、钻叶紫菀、皱叶酸模、狗尾草、褐鳞莎草、飞蓬、苍耳等（图 13.5~图 13.9）。

图 13.5　修复后初夏浅滩及周边植被和
留守天鹅

图 13.6　浅滩上密集生长三叶鬼针等
湿生植物

图 13.7　10 月初天鹅到来前防浪堤浅滩
浅水区植被

图 13.8　在投食的浅滩上进行植物
生物量调查

图 13.9　褐鳞莎草、飞蓬、苍耳、沼生蔊菜、皱叶酸模等植物在初冬的
浅水区较为丰富

10月下旬天鹅迁徙到达青龙湖后，在投食的浅滩区除了觅食投喂的玉米外，也会觅食周边自然生长的植物，十字花科、蓼科、菊科、莎草科等野生植物都是它们比较喜爱的类群。从10月下旬—12月下旬2个月内，投食点附近多数植被叶、果实和稍嫩的茎，以及一些菊科植物糖分较高的根部被它们取食殆尽（图13.10~图13.13）。

图13.10　12月底大天鹅已将投食滩上
植物叶吃光

图13.11　天鹅啃食后投食区
植物所剩无几

图13.12　天鹅啃食根茎后剩下的沼生薄菜叶片

图13.13　天鹅啃食根茎后剩下的皱叶酸模叶片

青龙湖清淤和生境优化后浅滩浅水区成倍增加，湿生和挺水植物大量出现，为越冬大天鹅提供了理想的觅食和栖息场所，前来栖息的天鹅数量成倍增加，成功实现了大天鹅招引的目标，并为其他区域天鹅越冬栖息地恢复提供了有益的经验（图13.14）。

图13.14　胡东教授指导开展植物调查

13.2.2　青龙湖的水华防治措施

1.青龙湖水华发生的原因和条件

由于每年冬季在青龙湖栖息的天鹅数量巨大（最多时接近6 000只），大量粪便会排在湖水中或滩涂和岸边，冬季气温较低，这些粪便沉入湖底后不会促成大量蓝藻水华发生，但是夏季气温较高和湖水波动会将沉积的氮、磷等营养元素释放到水中，造成水体富营养化，并导致蓝藻水华爆发和大量鱼类因缺氧而死亡，水体表面会聚集一层厚厚的绿色油漆状的藻胞层（图 13.15、图 13.16），散发出腐臭气味，对水体和周边环境产生严重的负面影响。

图 13.15 　2017 年夏季青龙湖蓝藻水华
（湖西北）

图 13.16 　油漆状藻胞层和
岸边的死鱼

2. 青龙湖水华防治的方法

治理水体富营养化是世界性难题，但通过采取综合措施，能够取得较好的效果。根据多年的实践经验，生物措施效果最好，副作用最小。原理主要是要通过食物链将水中氮磷物质大量移除，从而避免或减轻水华发生。主要方法：一是通过移栽大量水生植物将氮磷等营养物质吸收，水生植物又可作为冬季天鹅的食物来源之一；二是通过放养鲢鳙鱼滤食浮游植物和浮游动物控制蓝藻种群数量，放养杂食性鲫鱼和鲤鱼，直接利用粪便（但鱼类放养不能在水华发生期间使用，水中缺氧会使鱼类很快死亡）；三是定期对封闭的湖区换水，降低内源氮、磷等营养元素含量，或促进水体流动增加水中氧含量，进而促进氮磷被转化利用；四是长期对水质进行监测，及时预警和采取措施。

3. 青龙湖水华防治的效果

通过采取水域周边种植挺水植物，水中种植沉水植物，定期引入黄河水对青龙湖进行水体置换等方法，2018 年和 2019 年夏季天鹅湖的青龙湖未再发生较严重的蓝藻水华现象，周边植被生长更为茂盛，景观进一步优化，为越冬大天鹅提供了较丰富的各类植物作为食物来源之一，促进了人与自然的和谐发展。

13.2.3 　苍龙湖的生境优化及效果

1. 苍龙湖生境特点

苍龙湖虽然与青龙湖只一桥之隔，并由一条水道连通，但由于水中挺水植物、浮水植物和沉水植物较丰富，靠东岸有大量荷花和芦苇等挺水植物，西岸有大量芦苇和香蒲，岸边有水花生，水中有荇菜，因而水质较好（图 13.17~ 图 13.19），2017

年夏未发生蓝藻水华（图 13.20）。合理的水生植物配置，不仅保持了苍龙湖相对良好的水质条件，还两次成就了野生天鹅在黄河流域越冬地野外繁殖成功（图 13.21、图 13.22）。

图 13.17　2017 年夏季同期苍龙湖水质清澈

图 13.18　苍龙湖盛开的荷花、芦苇和水面荇菜

图 13.19　荷花、荇菜（黄花）盛开和
远处的香蒲

图 13.20　同期的青龙湖发生了
较严重的水华

图 13.21　大天鹅在苍龙湖畔筑巢
（图中部树枝）

图 13.22　大天鹅首次在越冬地
野外繁育成功

2. 苍龙湖生境优化措施和效果分析

苍龙湖的水生植物在 2013 年之前数量并不是太多，2013 年开始，公园陆续开展了苍龙湖周边的植物种植，特别是东岸种植了较多的荷花，西岸增加了香蒲，南岸种植了千屈菜、黄花鸢尾及荷花，水边和水面自然生长的水花生和荇菜群落也

在不断扩张，水中还有沉水植物眼子菜，逐渐构成了较为丰富的水生植物系统，对水质起到了很好的净化作用，也成了受伤留守大天鹅的理想繁殖地（图 13.21~图 13.24）。

2015 年野生大天鹅首次在苍龙湖繁殖成功后，建议对苍龙湖进行适当的地形整理，将西岸芦苇滩地高程再降低 15~20 cm，使芦苇能更长时期地浸泡在水中，起到更好的水质净化作用。滩地降低高程的泥土可在靠近西岸和南岸隐蔽处修筑小岛，为更多天鹅和水鸟提供繁殖和休憩场所。同时，每年入冬前，应对西岸水生植物芦苇和香蒲采取刈割措施，将植物体内的大量营养物质带出湿地，进一步优化水质。

2017 年入冬前，湿地公园对苍龙湖西岸滩涂的芦苇开展了刈割，形成了面积近百亩的浅滩，其上兼有芦苇刈割时留下的部分可食用的野生植物，同时新设了西岸滩涂投食点，使过去因为苍龙湖水位较高，大部分区域水深在 1.5 m 左右（南岸河东岸较浅），天鹅缺少觅食和休憩场所的情况得到了明显改变，在苍龙湖越冬的大天鹅数量由过去的百余只，发展到 2018 年冬季的近千只，提高了苍龙湖作为越冬栖息地的利用率，也降低了青龙湖防浪堤前大天鹅的聚集程度。在苍龙湖的大天鹅既有相当数量（几十到近百只）在东岸无人打搅的荷花区觅食幼嫩藕茎和嫩芽，也有在水边和水中游弋觅食各类水生植物的，还有在东、西、北 3 个投食点觅食玉米的，避免了天鹅过于集中和食物较为单一的不足，为大天鹅越冬栖息地生境优化和食物来源多样化提供了成功的案例和可供借鉴的经验。

图 13.23　大天鹅出生不久的 7 只幼鸟

图 13.24　父母和幼鸟在巢区附近水域活动

13.3　建议开展的库区栖息地恢复工程

13.3.1　库区栖息地概况

黄河流经三门峡市，形成面积较大的沿黄湿地，三门峡库区放水后，夏季农户在黄河滩涂开展季节性耕作，为大天鹅等鸟类提供了丰富的食物来源，而秋季水库开始蓄水后形成的浅水滩涂区为大天鹅提供了适宜的觅食和栖息环境，从而使三门峡黄河湿地逐渐成为大天鹅喜爱的越冬栖息地。

经过调查了解大天鹅主要栖息在沿黄的湖滨区王官滩涂、灵宝冯佐至北营沿黄滩涂、灵宝老城渡口至孟村沿黄滩涂、陕县桥头沿黄滩涂等。大量越冬大天鹅在这一区域的分布引起了各级政府的高度重视，国务院于 2003 年 6 月批准建立了河南黄河湿地国家级自然保护区，2005 年三门峡市政府成立了河南黄河湿地国家级自然保护区三门峡管理处。近年来，三门峡市先后实施了一系列重大保护措施，并于 2014 年确定和公布湖滨区王官、黄河公园、天鹅湖湿地公园、灵宝的冯佐和北营、孟村、渑池南村六处大天鹅重点保护区。根据项目组的调查，在建成区以外，自然条件最好、面积较大、越冬大天鹅数量最多、最具生态保护价值的白天鹅自然栖息地有三处，分别如下：

王官滩涂（湖滨区王官村、马坡村和东坡村沿黄滩涂），属河南黄河湿地国家级自然保护区核心区和市政府划定的天鹅重点保护区，位于东经 111°14′18″~111°16′48″，北纬 34°47′53″~ 34°49′14″ 之间，面积 500 hm²。西至湖滨区王官村，东至东坡村，北至黄河河道中心，南界至沿黄公路北 200 m 处。

灵宝老城渡口、孟村黄河滩涂，属于河南黄河湿地国家级自然保护区核心区和市政府划定天鹅重点保护区，位于东经 111°54′32″~111°55′25″，北纬 34°40′28″~34°43′56″ 之间，面积 750 hm²，北至省界，南至孟村崖下滩涂地水泥路处，西至黄河河道中心，东至弘农涧河东岸岸堤外 200 m。

灵宝冯佐至北营沿黄滩涂，属于河南黄河湿地国家级自然保护区核心区和市政府划定天鹅重点保护区。北至黄河河道中心，南至北营村崖下治黄堤坝，西至老城村枣园滩地北，东至冯佐村杨树林西，面积 660 hm²。

13.3.2　大天鹅栖息地现状和存在问题

1. 大天鹅越冬栖息地分布区域及种群数量

自 20 世纪 80 年代，三门峡黄河湿地良好生态条件，吸引了大天鹅等大量珍稀水禽栖息越冬，随着对环境保护的重视和生态环境的改善，大天鹅的种群数量不断扩大。湖滨区王官、双龙湖、三水厂，陕州区城村、桥头，灵宝市北营—北村—冯佐、老城渡口—孟村等处的黄河滩涂和浅水区均成为大大鹅传统越冬栖息地，特别是灵宝北营、老城渡口和孟村、湖滨区王官等处的大面积滩涂区（图 13.25~ 图 13.31），都曾经有上千只的大天鹅越冬栖息，场面蔚为壮观，人们形容为"天鹅飞起不见天，天鹅落下不见地"。

图 13.25 王官黄河滩涂林带边缘及浅水区的大天鹅

图 13.26　老城渡口、孟村黄河滩涂的越冬大天鹅

图 13.27　孟村农田中觅食麦苗的大天鹅和觅食植物种子的灰鹤

图 13.28　北村黄河河道浅水区的大天鹅

图 13.29　北村黄河滩涂浅水区的大天鹅

图 13.30　北营栖息的大天鹅

图 13.31　北营滩涂大天鹅和野鸭

进入 21 世纪以来，在三门峡市政府的高度重视和各部门的密切配合下，当地不断加强对黄河湿地的保护力度，先后投资兴建了天鹅湖湿地公园和黄河公园两个生态公园，申报实施了三门峡库区湿地水禽栖息地恢复工程，通过换水清淤、湿地修复、设施完善、景观营造等举措，有效提高了黄河湿地生态系统稳定性，改善了天鹅栖息环境。特别是天鹅湖城市湿地公园的建设，使天鹅湖越冬大天鹅数量由最初的几十只上升到 2013 年的 3 000 多只，2014 年实施清淤和栖息地改造后，最高峰时达到 6 000余只，全市范围内逾万只。

通过近几年来的调查和研究，目前除了天鹅湖国家城市湿地公园的天鹅种群数量最大，越冬期稳定在 3 000~5 000 只左右之外，王官湿地和北营—冯佐湿地是保持最好的原生态自然湿地，大天鹅的越冬种群数量多时都能达到近千只，主要原因是人为干扰少，浅水区有沉水植物或老百姓种植的大豆、花生、红薯等作物，收获后遗留在地里可作为大天鹅的食物。同时王官湿地常常是大天鹅返回三门峡市越冬的"第一站"，大天鹅数量增多后才向周边迁飞，因此王官在三门峡市越冬天鹅保护中起着集散地和中转站的重要作用。

2. 大天鹅越冬栖息地的变化与存在的问题

近年来，随着社会经济发展，当地群众和少数基层部门，为追求经济效益，开始向滩涂进军，开发利用水面、围垦、养殖和发展旅游项目的问题十分突出，加之水库建成后，大量季节性裸露的滩涂被属地村组实际利用经营，保护区成立后土地权属不明晰，保护区对破坏湿地的行为没有执法权，属地政府没有把保护生态环境，特别是严格遵守自然保护区管理条例放在首位，对核心区湿地的占用熟视无睹，造成近期来，天鹅赖以生存的栖息地正在受到严重破坏，现状堪忧，突出表现在湖滨区王官湿地和灵宝后地天鹅重点保护区的违规建设项目上，在核心区随意筑坝围堰、修建鱼塘、搞农家乐、渔家乐等，天鹅栖息地受到蚕食和破坏的现象愈演愈烈。

（1）王官的大面积浅水滩涂是大天鹅在三门峡地区最重要的越冬栖息地之一，也是离市区最近的天然栖息地。调查结果显示，湿地植物种类丰富，是大天鹅理想栖息地。水库水位变化导致的滩涂裸露时间缩短影响了大豆等天鹅喜食作物的种植量，大量围堰的修建和养鱼及旅游活动均会对水位和湿地植被造成很大影响（图 13.32~图 13.34），使天鹅食物来源减少，人类修建的各种设施也会对天鹅产生不安全感。

（2）老城渡口上千亩浅水滩涂曾是越冬天鹅及雁鸭类理想的栖息地，植物种类较丰富，加上孟村周边农田种植的麦苗和豆类成为天鹅、大雁理想的食物来源。大堤和鱼塘的修建彻底破坏了浅水滩涂区，使大天鹅等越冬水鸟无处栖息（图 13.35、图 13.36）。麦田中硬化路面的修建，增加了人类干扰的强度，使车辆和人员能够轻易进入有野生动物栖息的麦地（图 13.37），大鸨、大天鹅、大雁等珍稀鸟类无法在其中安全觅食。

（3）陕县的桥头到七里一带曾经是天鹅理想的越冬地之一，由于环境的变化，麦田改为大量种植杨树，机动船捕鱼的干扰和农家乐、渔家乐的污染使越冬天鹅消失（图13.38）。

图 13.32　建设围堰前王官黄河滩涂的自然状况和水鸟

图 13.33　王官黄河湾滩涂自然面貌

图 13.34　王官黄河滩涂状况：堰扒开后（上）和围堰内无大天鹅（下）

图 13.35　老城渡口大面积的黄河滩涂区筑坝开发成为鱼塘

图 13.36　老城渡口大面积的黄河滩涂区新开发的鱼塘

图 13.37　孟村黄河滩涂区的麦田中修建的水泥路

图 13.38　陕县桥头到七里渔家乐船只捕鱼行驶

13.3.3　库区大天鹅栖息地恢复方案

1. 栖息地恢复的目标和原则

（1）目标

恢复三门峡库区大天鹅越冬栖息地面积和质量，稳步提高越冬大天鹅的数量。

（2）原则

①采取人工辅助，自然恢复为主的方针，恢复天鹅栖息地的自然生态原貌

人工以恢复地形和栖息地的微地貌为主，以满足大天鹅越冬对水位的要求，并补植和回引部分大天鹅所需的食源植物和栖息地的景观植被。自然恢复主要是在地形地貌整理的基础上，使黄河水能顺利进入新恢复的栖息地，同时依靠土壤种子库和黄河河水涨落带来的水生植物和动物物种，在相应的水位区域内形成湿地植被和实现生态系统的自我恢复。

②因势利导、因地制宜恢复栖息地环境的多样性

沿黄大天鹅栖息地的恢复，主要是为了满足越冬季节大天鹅觅食、休憩和夜宿的需要，使黄河湿地国家级自然保护区三门峡段和天鹅重点保护区能为天鹅和更多其他水鸟提供适宜的生境。因此，在利用现有地形的同时，通过微地貌的多样性设计形成不同水位高程和植被的多样性分布，实现栖息地生境的多样性。

③栖息地恢复与景观恢复相结合，提高生态旅游价值

栖息地恢复要舍去滩涂部分老百姓种植的"押宝地"和已建成的开发项目。为了将湿地恢复与美丽乡村建设和老百姓脱贫致富相结合，需要将栖息地恢复与湿地景观设计相结合，提高湿地景观的观赏价值，为开展生态旅游创造条件。

（3）不同区域栖息地恢复的方案

①湖滨区王官天鹅重点保护区

包括湖滨区王官天鹅重点保护区中段和西段。将中段围堰全部拆除以保证该区域

适宜天鹅栖息的水位。围堰使天鹅越冬栖息地内河水不能自然进入，将几处围堰开口拆到底部后，黄河水才能自然进入，并在林缘处形成现在的大面积天鹅栖息觅食所需的适宜水位。

围堰拆除过程中可将现有围堰堆成不连续的高矮不一的缓坡浅水滩涂区，作为天鹅休息时的适宜栖息地。现有的大面积浅水滩涂区不做过多人工改变维持现状即可。部分靠近水边的杨树林（包括最西段的部分区域）可根据实际需要进行退林还湿，并在退林还湿区域种植小麦和其他湿生和水生植物，作为大天鹅的越冬食物来源之一。

②湖滨区王官天鹅重点保护区东段

东部因地势较高，新围堰在拆除过程中可考虑降低高度，形成缓坡矮堤，蓄留住部分黄河水，作为越冬水鸟和夏季繁殖水鸟的适宜栖息地，并在其中种植芦苇、水葱、茭白、扁秆藨草等挺水植物和多种水鸟可食用的沉水植物。东部靠西原来的矮围内可种植莲藕等水生植物，并做适当的微地形整理，形成适合天鹅越冬栖息觅食和其他水鸟夏季繁殖和冬季越冬的环境，成为天鹅等水鸟的粮仓。该区域4—5月份可种植部分大豆、花生等具有一定经济效益的作物和部分湿生、水生植物，7—8月可种植天鹅喜食作物和其他水生植物。

③灵宝市老城渡口和孟村天鹅重点保护区

渡口滩涂区的鱼塘全部拆除后，要将恢复区高程降低到破坏之前的高度，并恢复浅水滩涂区原貌，种植水生植物和食物类作物。该区域恢复区面积在1 000亩以上，因此需要根据实际情况和生境多样性，进行微地形改造。拆除大堤内鱼塘恢复浅水滩涂区地貌，根据水位情况回引种植当地的湿生和水生植物及天鹅喜食类作物。弘农涧河是黄河支流，水量较丰沛和稳定，且靠近老城渡口（图13.39、图13.40）。在大天鹅栖息地湿地恢复过程中应对弘农涧河生境进行优化，为繁殖水鸟和越冬水鸟提供更多栖息地，并与湿地景观优化相结合，促进当地生态旅游发展。

图13.39 弘农涧河附近开发的鱼塘和开垦的农地

图 13.40　弘农涧河周边开垦（左）和水中鸭类（右）

孟村现有大面积的农田，可以退耕的应尽快退耕，根据地形地貌进行规划，可作为天鹅等水鸟和大鸨的栖息觅食地。

④灵宝冯佐、北营白天鹅重点保护区

北营村现有土堤拆除后可用于对滩涂进行恢复，将修堤拆除的土用于微生境改造，形成多样化的生境，种植湿生和水生植物，成为天鹅理想的越冬栖息地。

北村有大面积滩涂，规划为大天鹅喜食类作物和水生植物区并对周边地形改造，4—5月份以后种植水生植物或天鹅喜食作物。

冯佐可保持现状，鼓励群众种植大豆、花生、红薯等天鹅喜食作物，由保护区收购作为天鹅食物。应与探索建立湿地生态效益补偿机制相结合。

⑤陕县七里段退林还湿和栖息地重建

陕县桥头到七里段，历史上曾有大天鹅在此越冬，具有一定的种群数量。由于近年来三门峡库区水位变化和周边滩涂改为杨树林，使大天鹅的食物来源和栖息地环境发生变化（图13.41），加上人为活动影响的增加，已很难见到大天鹅等水鸟的踪迹。

图 13.41　陕县栖息地边坡树木丛生（左）和滩涂被杨树占据（右）

针对原有栖息地退化和生境改变的现状，可以通过微地形改造、退林还湿等恢复大天鹅及雁鸭类适宜的水位要求和安全条件，并通过湿地植被的恢复、种植大天鹅的食源性作物，达到生境恢复和满足天鹅对食物与安全两大因子的需要，吸引大天鹅等越冬水鸟来此栖息，夏天也可为鹭类等提供适宜的生境（图13.42）。

图13.42　浅水滩涂区、岛屿、半岛和林下大面积滩涂

在完成桥头农家乐和渔家乐设施的拆除后开始退林，春季前进行栖息地形整理，随后种植湿生和水生植物，恢复大天鹅等雁鸭类越冬生境及鹭类、鸬鹚类等涉禽的迁徙停歇和夏季鹭类的栖息觅食生境。考虑到湖滨区王官和陕县七里距市区较近，可在王官和七里划出一定面积的栖息地，明确权属由保护区直接管理，作为实验示范区，先行开展栖息地恢复。栖息地恢复的方案需要将调查数据与栖息地选择的研究结果相结合，并形成一套完整、实用的设计方案。

第14章

三门峡库区大天鹅的种群动态研究

近年来，三门峡库区越冬大天鹅种群总数呈现上升趋势，但在 2014 年冬季禽流感疫情暴发后的第一个冬季（2015 年冬），库区种群整体数量下降（李淑红等，2017）。通过查阅文献并结合已开展的研究工作得出，三门峡库区越冬大天鹅种群数量已居全国第一，成为国内最大越冬地。从 2014 年底爆发 H5N1 禽流感疫情后至2019 年 4 个越冬期，项目组持续跟踪监测了库区越冬大天鹅种群数量，为全面掌握库区大天鹅种群数量的时空变化，开展越冬大天鹅种群保护提供科学依据。

14.1 研究方法

14.1.1 野外调查

采用样线法和固定点观测法于 2015 年 11 月—2019 年 3 月，历经 4 个越冬期（2015年冬—2018 年冬），项目组步行或驱车对整个三门峡库区范围内的大天鹅种群数量进行了全面系统调查。根据前期的工作，选择了 6 个主要分布地点，即天鹅湖、圣天湖、三湾、王官、北营北村车村、黄河公园。

调查时间为越冬期每月的中下旬（16—24 日），3 月份为上旬（2—8 日），每月至少开展 1 次调查，每次调查 2~3 d，每次调查间隔 25~30 d。为尽量保证数据准确，每次调查在 2 d 内完成，并在 2018 年 11 月—2019 年 2 月进行了同步调查（多名调查人员在不同大天鹅栖息地同时进行观测统计）。面积较大的栖息地采取多人同时分区观测的方法，面积较小的栖息地采用固定点观测法。对数量小于 1 000 只的群体采用直接计数法，数量大于 1 000 只的群体，根据地形特征人为分区统计数量后汇总，以保证数据的准确。同时记录调查日期、时间、经纬度、天气情况等。

14.1.2 数据处理

各类型数据先用 Kolmogorov–Smironov Test 检验数据的正态性，若符合正态分布，则选用单因素方差分析（one–way ANOVA）检验或 T 检验来验证数据的差异性（根据样本数量），若不符合，则选择非参数检验 Mann–Whitney U 检验（双独立样本）或 Kruskal–Wallis H 检验（多独立样本）方法，显著性水平设置为 $\alpha = 0.05$。所有数据使用 MSExcel 2003 和 SPSS 19.0 软件处理。

14.2 种群数量及其与温度的关系

14.2.1 调查结果

大天鹅每年 10 月底飞抵三门峡库区，首批到达日期一般为 10 月 26 日左右，数量大约在 100 只以下，在 3 月初成群飞离，3 月 10 日已经基本全部飞离，在库区平均停留 128 d。在 11 月、12 月、次年 1 月、次年 2 月稳定存在。研究团队为掌握大天鹅迁徙动态，在 3 月初也进行一次调查。调查结果见表 14.1。

表 14.1　三门峡库区大天鹅种群数量（只）（2015—2019）

调查时间	调查地点						库区总量
	天鹅湖	圣天湖	三湾	王官	北营北村车村	黄河公园	
2015 年 11 月	2 200	未调查	422	82	780	15	3 499
2015 年 12 月	3 581	1 198	625	148	183	95	5 830
2016 年 1 月	2 560	1 264	980	448	391	55	5 698
2016 年 2 月	1 491	996	839	56	134	13	3 529
2016 年 3 月	130	0	0	0	0	11	141
2016 年 11 月	3 083	996	833	320	1 027	156	6 415
2016 年 12 月	3 050	1 223	775	202	503	133	5 886
2017 年 1 月	3 820	2 632	909	319	463	24	8 167
2017 年 2 月	3 056	1 221	1 342	273	248	83	6 223
2017 年 3 月	322	0	0	0	0	0	322
2017 年 11 月	3 884	1 948	975	336	977	161	8 281
2017 年 12 月	3 876	1 217	1 394	421	2 270	465	9 643
2018 年 1 月	4 239	1 650	1 200	130	95	178	7 492

（续）

调查时间	调查地点						库区总量
	天鹅湖	圣天湖	三湾	王官	北营北村车村	黄河公园	
2018 年 2 月	2 057	36	352	80	0	4	2 529
2018 年 3 月	1 718	0	0	0	0	0	1 718
2018 年 11 月	2 877	853	712	400	234	136	5 212
2018 年 12 月	3 431	1 256	1 458	646	713	346	7 850
2019 年 1 月	3 521	1 379	1 123	770	516	401	7 710
2019 年 2 月	2 646	342	2 247	0	0	115	5 350
2019 年 3 月	0	0	0	0	0	0	0
合计	51 542	18 211	16 186	4 631	8 534	2 391	101 495
占总体比例	50.28%	18.75%	15.79%	4.52%	8.32%	2.33%	1
平均值	2 713	1 012	852	244	449	126	5 395
最大值	4 239	2 632	2 247	770	2 270	465	9 643

14.2.2　三门峡库区越冬大天鹅种群总量

三门峡库区越冬大天鹅种群数量年平均值（7 872 ± 1 569）只（Mean ± SD）。在2015—2017 年冬季稳步上升，2018 年冬略有回落，但总体稳定。最大值出现在 2017 年冬季越冬期的 12 月，达到 9 643 只；数量最少年份为 2015 年冬季越冬期，最大值为 5 830 只，见图 14.1。采用单因素方差分析对 4 个越冬期的种群数量进行差异性分析，结果得出：不同越冬期之间种群数量差异不显著（F=0.477，df=19，P=0.703），不同越冬期大天鹅种群总量无显著差异。由图 14.2 可以看出每个越冬期种群数量变化趋势是相同的，都为先升高再降低，越冬中期（12 月、次年 1 月）数量达到最大，越冬前期（11 月）和越冬后期（2 月）数量较少，与大天鹅迁徙规律具有一致性。

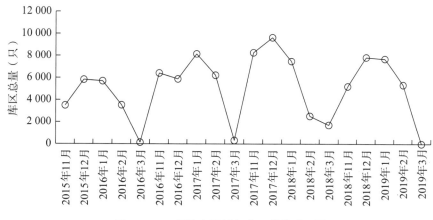

图 14.1　三门峡库区越冬大天鹅种群总量

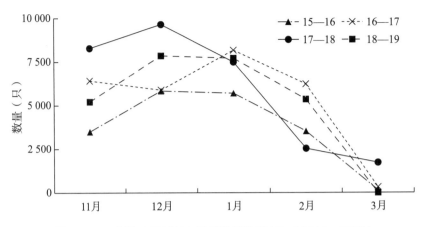

图 14.2　三门峡库区越冬大天鹅种群数量变化（2015—2019）

2015 年 11 月—2019 年 3 月，共 20 个月份库区内越冬大天鹅种群总量成正态分布（$P>0.05$），且具有极显著差异（$t=7.88$，$df=18$，$P=0.000$），月际之间数量有明显波动。这说明越冬大天鹅种群总量是有明显变化的，与迁徙规律一致，见图 14.3。

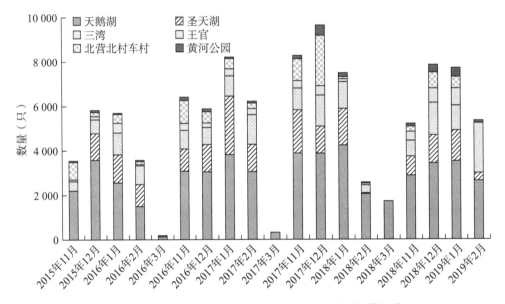

图 14.3　三门峡库区主要栖息地越冬大天鹅种群数量组成

因大天鹅在 11 月、12 月、次年 1 月、次年 2 月这 4 个月份稳定存在，所以对单独一个越冬期各月份种群数量数据进行差异性检验时去除 3 月初数据。结果表明：2015 年冬季大天鹅总量月际间差异极显著（$t=7.136$，$df=3$，$P=0.006$），2016 年冬季库区总量月际间差异极显著（$t=13.085$，$df=3$，$P=0.001$），2017 年冬季大天鹅总量月际间差异显著（$t=4.505$，d$f=3$，$P=0.02$），2018 年冬季大天鹅总量月际间差异极显著（$t=9.039$，d$f=3$，$P=0.003$），总体上 4 个越冬期皆为越冬中期种群数量最大。

14.2.3　不同栖息地种群数量

根据表 14.2 可知各栖息地种群数量年度最大值和离散程度。2015 年冬至今 4 个越冬期：天鹅湖大天鹅种群数量（3 790±326）只，波动较小，每年数量较稳定；圣天湖大天鹅种群数量（1 806±627）只，波动较小；三湾大天鹅种群数量（1 491±537）只，波动较小；王官大天鹅种群数量（490±195）只，波动较大；北营北村车村大天鹅种群数量（1 198±728）只，波动较大；黄河公园大天鹅种群数量（279±181）只，波动较大。

表 14.2　三门峡库区各栖息地越冬大天鹅种群数量（只）（年最大值）

年份	天鹅湖	圣天湖	三湾	王官	北营北村车村	黄河公园
2015 年冬	3 581	1 264	980	448	780	95
2016 年冬	3 820	2 632	1 342	320	1 027	156
2017 年冬	4 239	1 948	1 394	421	2 270	465
2018 年冬	3 521	1 379	2 247	770	713	401
均值（Mean）	3 790	1 806	1 491	490	1 198	279
标准差（SD）	326	627	537	195	728	181

采用单因素方差分析对 4 个越冬期各栖息地大天鹅数量占比进行分析，得出大天鹅在不同栖息地的分布比例有极显著差异（$F=34.229$，d$f=114$，$P=0.000$），其中，在天鹅湖占绝对优势，平均占到库区总量的 50.28%，其次为圣天湖，占总量 18.75%，再其次为三湾（15.79%）、北营北村车村（8.32%）、王官（4.52%）、黄河公园（2.33%）。LSD 多重比较结果显示天鹅湖与其他 5 个栖息地数量占比有极显著差异（$P=0.000$），王官和黄河公园两地数量占比较少，与其他栖息地皆有显著差异（$P<0.05$），圣天湖和三湾之间占比差异不显著（$P>0.05$）。

天鹅湖大天鹅数量最多在 2018 年 1 月，圣天湖大天鹅数量最多在 2017 年 1 月，三湾大天鹅数量最多在 2019 年 2 月，王官大天鹅数量最多在 2019 年 1 月，北营北村车村大天鹅数量最多在 2017 年 12 月，黄河公园大天鹅数量最多在 2017 年 12 月（图 14.4）。可以看出 2017 年冬季各栖息地大天鹅种群数量普遍较大，2017 年冬季库区总量亦为 4 年中最大。各个栖息地大天鹅数量在 12 月下旬—1 月下旬之间达到最大值，即越冬中期的种群数量最大。

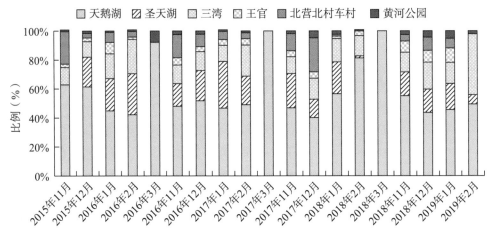

图 14.4　三门峡库区各栖息地大天鹅种群数量月际占比

14.2.4　种群数量与温度关系

采用 4 个越冬期各栖息地的平均数量来作为种群数量比上各栖息地水域面积（北营北村车村根据大天鹅实际位点测量面积）得到种群密度结果如图 14.5。可以看出人工投食对大天鹅种群分布和数量有显著影响。只有北营北村车村没有人工投喂食物，种群密度却最低（270 只 /km²）。

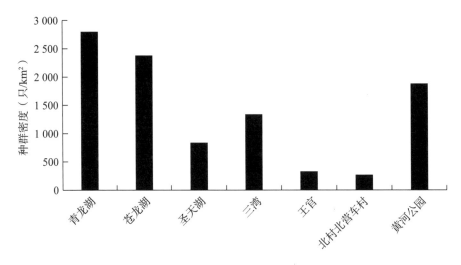

图 14.5　三门峡库区各栖息地大天鹅种群密度

采用 Person 相关性分析，对 2015 年 11 月—2019 年 2 月库区种群数量与月平均温度进行相关性分析，结果表明种群数量与月平均温度呈极显著负相关（$R=-0.617$，$P=0.005$，$N=19$），见图 14.6。证明温度越高，库区大天鹅数量越少；温度越低，大天鹅飞往库区越多。11 月份部分大天鹅在迁徙的路上，没有全部到达越冬地。

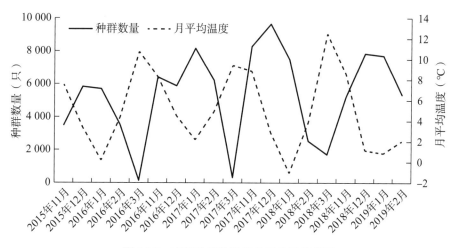

图 14.6　库区种群数量与月平均温度关系

采用 Person 相关性分析，对 2015 年 11 月—2019 年 2 月库区种群数量与月最高温度进行相关性分析，结果得出种群数量与月最高温度呈极显著负相关（$R=-0.678$，$P=0.001$，$N=19$），与月平均温度结果一致，见图 14.7。

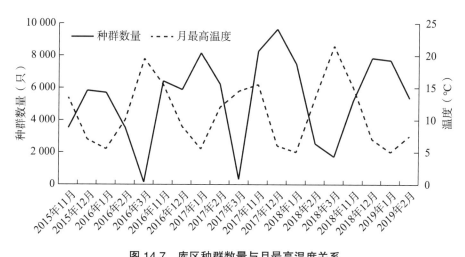

图 14.7　库区种群数量与月最高温度关系

采用 Person 相关性分析，对 2015 年 12 月—2019 年 2 月库区种群数量与月最低温度进行相关性分析，结果得出种群数量与月最低温度呈负相关（$R=-0.431$，$P=0.065$，$N=19$）。对数据进行调整，将前一个月的月最低温度数据与种群数量进行 Person 相关性分析，结果得出种群数量与前一个月的月最低温度呈显著正相关（$R=0.577$，$P=0.012$，$N=18$），见图 14.8，表明温度对大天鹅数量具有时滞效应，与李佳等（2014）研究气候变化对鄱阳湖白琵鹭种群数量影响的结果一致。

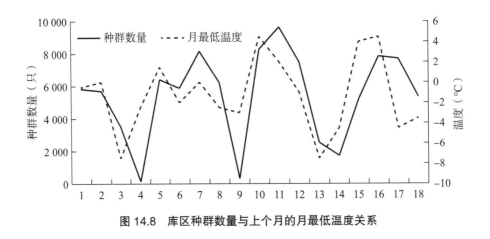

图 14.8　库区种群数量与上个月的月最低温度关系

14.3　种群数量变化的原因分析

14.3.1　库区大天鹅数量增加的原因

目前中国境内越冬大天鹅种群总量还未有人通过调查研究给出明确答案，但通过之前的研究可以得知，2012 年冬季山西平陆黄河湿地（属于三门峡库区）越冬大天鹅数量达 1 806 只，2011 年冬季青海湖记录到 2 700 多只大天鹅，2011—2012 年山东荣成越冬数量达 1 511 只，2011 年陕西榆林停歇地记录到 5 006 只（张国钢等，2014）。张进江（2012）在 2010 年 12 月在三门峡库区记录到 900 只左右大天鹅。因此可以估计出 2010—2012 年中国境内越冬大天鹅种群总量不会超过 13 000 只。

2013 年之后大天鹅在中国境内的越冬分布格局有了明显变化。2014 年底在河南省三门峡市天鹅湖国家城市湿地公园观测中记录到大天鹅数量达 6 000 余只。田晓燕等在 2015 年冬季调查山东荣成天鹅湖大天鹅种群数量时发现数量最多为 1 086 只，与 10 年前相比，荣成天鹅湖越冬大天鹅种群数量减少较多（田晓燕等，2016）。

在 2019 年 1 月在三门峡库区共记录到大天鹅 7 900 只，在山东荣成天湖记录到大天鹅 1 700 只，并通过新闻报道了解到在 2018 年 12 月陕西省黄河流域有近 3 000 只越冬大天鹅。结合前人的研究成果，推测中国境内的越冬大天鹅种群总量在 15 000 只，而这其中近万只都集中在三门峡库区越冬，其重要程度不言而喻。那么三门峡库区从 2013 年之后越冬大天鹅种群数量增长如此迅速的原因是什么？从三门峡当地的村民口中得知，在 10 年甚至 20 年前，每年来三门峡越冬大天鹅不超过 500 只，而且很可能只是停歇。张进江等（2012）研究发现由于食物量减小和水面结冰等原因，在三门峡的大天鹅会向南或其他地区迁飞，1 月份数量急剧减少，这反映出三门峡库区大天鹅数量是近 8 年以来明显增加的。大天鹅数量增加的原因可能是由气候变暖和人为作用共同导致的。

气候条件是影响生物生存的主要环境因子，气候变化对鸟类种群的影响已经受到国内外越来越多的关注，世界自然基金会（World Wide Fund for Nature，2007）报告指出，许多鸟类的生存受到全球气候变化所构成威胁。国内外专家学者已经就气候变化对鸟类的影响进行了广泛全面的研究，且获得了诸多进展。研究者们认定气候变化是造成一些鸟类在种群动态（Gasner，2010；Weiqing et al.，2013）、物候（包括产卵期、迁徙期、迁徙距离等）（Butler，2003；Both et al.，2004；Li et al.，2009）、繁殖率（Stokke et al.，2005）、进化（Karell et al.，2011）、地理分布（Chen et al.，2011；Du et al.，2009）等方面发生变化的主要因素。面对气温的升高，很多物种的分布区北移或向更高海拔地区转移，有些鸟类物种会将它们的繁殖时间和迁徙日期等季节性节律提前，通过改变物候时间来适应气候变化（Walther et al.，2002；Parmesan and Yohe，2003）。李长看等（2010）研究了黄河中下游流域气温变化趋势，结果得出 1951—2008 年郑州气温迅速上升，黄河中下游地区许多鸟类居留型发生了变化，有向北扩散的趋势。20 年前，冬季在湖北、湖南、四川等南方省份还会发现大天鹅，但近年来，大天鹅有"不过黄河"的趋势，越冬地最南在黄河流域。

此外，人为因素也是三门峡库区大天鹅种群迅速增长的原因。在 2011 年三门峡市荣获"大天鹅之乡"称号，自此，冬季来三门峡欣赏"白天鹅"成了重要旅游项目。三门峡市政府为了保证大天鹅顺利越冬实施了人工补充食物的计划，通过人工投喂玉米保证大天鹅冬季食物补充。国内很多大天鹅栖息地如山东荣成也有类似做法。三门峡市还设立"三门峡市大天鹅招引生态工程研究与示范"科技项目，通过系统研究越冬大天鹅食性、行为、栖息地选择和承载力、栖息地修复技术、恢复天鹅湖植被等内容，使适宜天鹅栖息和觅食的湖区面积有较大增加。充足食物和适宜栖息环境使得大天鹅不再往南越冬，并促使三门峡库区成为大天鹅最重要越冬地。2018 年冬季三门峡库区越冬大天鹅种群总量（7 850 只）同比 2017 年（9 643）有所减少，这与黄河中下游流域其他地区开展人工投喂玉米来招引大天鹅的举措有关。"鸟为食亡"，在气候和环境相似的条件下哪里有充足食物，哪里更加安全，大天鹅就会去哪里越冬。

14.3.2 各栖息地大天鹅数量变化及其原因

天鹅湖作为库区大天鹅数量占比最大的栖息地，有着独特优势，4 个越冬期大天鹅种群数量波动较小且数量稳定。天鹅湖作为三门峡城市湿地公园，水位、植被等环境因子稳定，大天鹅越冬期间人工投喂食物也有保证，所以大天鹅数量变动小。圣天湖大天鹅种群数量总体稳定，波动较小，大面积的开阔湖面为大天鹅提供了活动空间。三湾大天鹅种群数量有一定波动，游人可以投喂玉米与大天鹅进行互动，近年来随着投喂力度加大，总量有增加趋势。王官大天鹅种群数量波动明显，易受人工投喂强度和自然食物量影响，主要体现于夏季水库枯水期间人们是否会种植大天鹅可食的农作物，有的年份没有农作物只有杂草，限制了大天鹅种群数量。北营北村车村大天鹅种群数量波动较大，这三处属于野外自然环境，大天鹅选择这里栖息主要因为在夏季枯水期时这里会种植玉米和大豆，极端天气和食物量的多少对大天鹅种群数量影响较大。黄河公园大天鹅种群数量总体呈增长趋势，但有所波动，因其为 2014 年新设计的天鹅越冬栖息地，越冬天鹅数量从 2015 年冬季的百余只上升到 2017 年冬季的近 500 只，数量受人工投食量和游人干扰强度影响。与往年不同，因 2019 年 2 月三门峡水库大坝维修，库区王官、北营北村车村区域内干涸，暂时无大天鹅踪迹。

14.3.3　种群密度与栖息地评价

北营北村车村区域周围空旷没有遮挡，风力较大，植被较少，只有被水淹没的农田中有少量植物，大天鹅可采食的植物很少。北营北村车村有很大的水域面积，但大天鹅数量却比人工投食的湖少，种群密度比人工栖息地低很多，原因是区域中浅水区面积较少，不适合大天鹅休息和采食，大天鹅适宜觅食的水深为 0.5 m 以下。

天鹅湖（青龙湖和苍龙湖）的种群密度最大，到达 2 700 只/km²。作为库区数量占比最大的栖息地，天鹅湖有着独特的优势。青龙湖和苍龙湖有水道连通，苍龙湖水面植被茂盛近似自然环境，游人距离大天鹅较青龙湖远，一些警惕性强的天鹅和身体瘦弱些的天鹅会选择在苍龙湖栖息；青龙湖水面面积大，浅滩多，人工投食量大，游人距离也较近，一些身强力壮的个体或家庭倾向于在青龙湖栖息。充足的食物和稳定的环境使得天鹅湖大天鹅种群密度最大。

黄河公园的种群密度达到 1 880 只/km²，与其湖中有湖心岛是密不可分的，调查时注意到黄河公园中的大天鹅在湖心岛的浅滩上夜栖，湖心岛周围水域较浅适宜大天鹅觅食活动。三湾比圣天湖的种群数量少但种群密度大，分析原因是其人工投食强度大，景区内有专门为大天鹅种植小麦的田地，浅滩面积也较圣天湖大。王官的水域面积较大，但浅滩和浅水面积有限，人工投食强度在几个半人工栖息地中适中，投食点仅有一处。周围高大的乔木也限制了大天鹅的起飞，导致其种群密度较低，与野外环境类似。杜博等（2018）利用 GIS 空间分布技术结合 Logistic 回归模型对三门峡库区进行大天鹅栖息地选择研究，结果得出三门峡水库由于冬季食物匮乏，大天鹅在越冬期多选择靠近人类投食点和种植冬小麦的区域，主要越冬栖息地的土地利用类型为植物覆盖较少、坡度较缓的开阔坑塘水面、滩地和洪泛湿地，与本书的研究结果一致。

14.4　迁徙动态及其影响因子

大天鹅秋季迁徙始于 9 月下旬—10 月，具体时间则取决于天气状况。春季迁徙主要始于 3—4 月。研究中发现，越冬初期首批到达的大天鹅一般在 50 只以下，一般在每年 10 月 25 日左右于夜晚抵达三门峡库区。而此后几乎每一天早晨天鹅湖中都会多几十只大天鹅，可以推测出大天鹅一般在夜晚进行迁飞，这可能与能量消耗、体内水分保留（Schmaljohann，2008；Gerson，2011）、被捕捉风险等有关。

通过研究发现大天鹅每年迁离越冬地的时间有所不同，在 2015—2016 年和 2016—2017 年越冬期，大天鹅在 3 月 8 日前已经全部迁离三门峡库区，而 2017—2018 年越冬期，大天鹅在 3 月 13 日还有近 1 500 只没有飞离三门峡库区，分析原因是气候差异、食物、种内竞争等多因素造成的。候鸟迁离栖息地的时间受到温度影响（Wijk $et\ al.$，2012），温度的累积增加有利于脂肪的储存（Clausen $et\ al.$，2003），影响其迁离越冬地的日期。三门峡库区 2015—2016 年和 2016—2017 年越冬期 2 月份的月平均温度为 4.37℃和 4.91℃，而 2017—2018 年越冬期的月平均温度为 3.89℃。独立样本 T 检验表明 2018 年与 2017 年、2016 年 2 月平均气温无显著差异（P_1=0.310，P_2=0.630）。虽然统计学意义上月份间温度差异不显著，但 2017—2018 年越冬期 2 月平均温度低了 1.02℃，使得 2017—2018 年越冬期大天鹅迁离时间晚于 2015—2016 年和 2016—2017 年越冬期。

候鸟的迁徙时间不仅受温度的制约（Ahola $et\ al.$，2004），还有内源性节律和光周期等因素的调控（Vardanis $et\ al.$，2011；Ramenofsky $et\ al.$，2012）。研究发现 2017—2018 年越冬期北营北村车村存在大量来不及收获就被水淹没的玉米，大天鹅种群数量最多达到了 2 300 只，它们在越冬前期和越冬中期取食洪泛区农田中被水淹没的玉米，而到了越冬后期，玉米被取食殆尽，这些大天鹅没有储存够足够的能量支撑迁飞的能量消耗，于是飞到了有人工投食的且"本地"大天鹅已迁走的天鹅湖补充能量，等到 3 月中旬再迁飞。根据观测，2018 年天鹅湖确实在 3 月 5 日后天鹅数量出现上升，而北营北村车村的大天鹅此时消失不见。还有一种可能是 2017—2018 年越冬期库区种群数量为 4 年中最大，种内竞争加剧，使得部分个体没有贮存足够的迁飞能量，从而推迟迁飞时间。总之，大天鹅的迁飞日期受到多方面因素的影响。

金洪梅（2017）研究发现河南三门峡是中亚迁徙路线上大天鹅的主要越冬地，蒙古国、俄罗斯是其繁殖地，内蒙古是大天鹅在我国境内的主要迁徙停歇地。大天鹅春季的迁徙路线是河南三门峡—内蒙古—俄罗斯。李淑红（2017）研究表明大天鹅的春季迁徙路线为迁离其越冬地黄河三门峡库区之后，沿黄河中上游（晋豫段、陕晋段和内蒙古段）及支流（延河、无定河、秃尾河、汾河等）向北方迁徙，飞越我国阴山山脉后抵达蒙古国的中部和西部的繁殖地换羽。

14.5　三门峡库区大天鹅伴生水禽

在 2015 年 11 月—2019 年 2 月野外调查期间还发现在三门峡库区越冬的水鸟除

大天鹅外，还有：苍鹭（*Ardea cinerea*）、大白鹭（*Ardea albus*）、小白鹭（*Egretta garzetta*）、夜鹭（*Nycticorax nycticorax*）、普通鸬鹚（*Phalacrocorax carbo*）、大鸨（*Otis tarda*）、鸿雁、灰雁（*Anser anser*）、豆雁（*Anser fabalis*）、绿头鸭、斑嘴鸭、赤麻鸭、翘鼻麻鸭（*Tadorna tadorna*）、凤头潜鸭（*Aythya fuligula*）、红头潜鸭、绿翅鸭（*Anas crecca*）、针尾鸭（*Anas acuta*）、琵嘴鸭（*Anas clypeata*）、普通秋沙鸭（*Mergus merganser*）、骨顶鸡、小鸊鷉（*Podiceps ruficollis*）、凤头鸊鷉（*Podiceps cristatus*）、鸳鸯（*Aix galericulata*）。其中，骨顶鸡是与大天鹅共同出现频率最高的水鸟，在每个栖息地都能见到几百只的骨顶鸡，它们与大天鹅相处融洽，共用滩涂地。两者都会取食浅滩上的玉米，骨顶鸡也采食草籽和浅滩上的小型昆虫和软体动物，与大天鹅的食性有差异。骨顶鸡体型较小，体重是大天鹅的1/15，警戒性比大天鹅要强，很多时候可以为大天鹅提供预警保护。红头潜鸭、苍鹭、普通鸬鹚与大天鹅一起出现的频率也较高，它们与大天鹅的生态幅相似，但食性不同，因而互不相扰。

参考文献

杜博，宫兆宁，茹文东，等，2018.三门峡水库越冬大天鹅栖息地选择研究［J］.湿地科学，16（3）：370-376.

金洪梅，2017.大天鹅中亚迁徙路线野鸟流感病毒监测研究［D］.哈尔滨：东北林业大学.

李淑红，2017.三门峡库区越冬大天鹅的活动区、迁徙与禽流感传播的相关性研究［D］.北京：中国林业科学研究院.

李长看，张光宇，王威，2010.气候变暖对郑州黄河湿地鸟类分布的影响［J］.安徽农业科学，38（6）：2962-2963.

田晓燕,陆滢,陈琤,等,2016.荣成天鹅湖越冬前期大天鹅数量分布与行为研究[J].湿地科学与管理，13（8）：76-83.

张国钢，董超，陆军，等，2014.我国重要分布地大天鹅越冬种群动态调查［J］.四川动物，33（3）：456-459.

张进江，2012.黄河三门峡库区大天鹅越冬生态研究［D］.郑州：河南农业大学.

AHOLA M, LAAKSONEN T, SIPPOLA K, *et al.*，2010.Variation in climate warming along the migration route uncouples arrival and breeding dates［J］.Global Change Biology，10（9）：1610-1617.

BOTH C, COWIE R J, EEVA T, et al.，2004. Large-Scale geographical variation confirms that climate change causes birds to lay earlier［J］.Proceedings Biological Sciences,

271（1549）：1657−1662.

BUTLER C J, 2010.The disproportionate effect of global warming on the arrival dates of short−distance migratory birds in North America ［J］.Ibis, 145（3）：484−495.

CHEN I C, HILL J K, OHLEMULLER R, *et al.*, 2011. Rapid Range Shifts of Species Associated with High Levels of Climate Warming ［J］. Science, 333（6045）：1024−1026.

CLAUSEN M, GREEN P, ALERSTAM T, 2003. Energy limitations for spring migration and breeding：the case of brent geese Branta bernicla tracked by satellite telemetry to Svalbard and Greenland ［J］.Oikos, 103：426−445.

DU Y, ZHOU F, ZHOU X L, 2009.The impact of global warming on China avifauna. ［J］. Acta Zootaxonomica Sinica, 34（3）：664−674.

GASNER M R, JANKOWSKI J E, CIECKA A L, *et al.*, 2010. Projecting the local impacts of climate change on a Central American montane avian community ［J］. Biological Conservation, 143（5）：1250−1258.

GERSON A R, GUGLIELMO C G, 2011. Flight at Low ambient humidity increases protein catabolism in migratory birds ［J］. Science, 333（6048）：1434−1436.

KARELL P, AHOLA K, KARSTINEN T, *et al.*, 2011. Climate change drives microevolution in a wild bird ［J］. Nature Communications, 2（1）：208.

PARMESAN C, YOHE G, 2003. A globally coherent fingerprint of climate change impacts across natural systems ［J］. Nature, 421（6918）：37−42.

RAMENOFSKY, M, 2012. Reconsidering the role of photoperiod in relation to effects of precipitation and food availability on spring departure of a migratory bird ［J］. Proceedings Biological Sciences, 279（1726）：15.

SCHMALJOHANN H, BRUDERER B, LIECHTI F, 2008. Sustained bird flights occur at temperatures far beyond expected limits ［J］. Animal Behaviour, 76（4）：1133−1138.

STOKKE B G, PAPE M A, BERNT−ERIK S, *et al.*, 2005. Weather in the breeding area and during migration affects the demography of a small long−distance passerine migrant ［J］.The Auk,（2）：637−647.

VARDANIS Y, KLAASSEN R, STRANDBERG R, *et al.*, 2011. Individuality in bird migration：routes and timing ［J］. Biol Lett, 7（4）：502−505.

WALTHER G R, POST E, CONVEY P E, *et al.*, 2002. cological responses to recent climate change ［J］. Nature, 416（6879）：389−395.

WEIQING Y, JIAN Y, LEI G, *et al.*, 2013. Impacts of Environmental Variation on Population Structure of Birds［J］. Environmental Science and Management，38（05）：166-169.

WIJK R，KÖLZSCH A，KRUCKENBERG H，*et al.*，2012. Individually tracked geese follow peaks of temperature acceleration during spring migration［J］. Oikos，121（5）：655-664.

第**15**章

三门峡库区越冬大天鹅成幼组成

作为中国最重要的大天鹅越冬地之一，三门峡库区的大天鹅幼鸟数量和幼鸟比例一直以来未有学者进行研究。掌握大天鹅的成幼组成，可初步预测种群的发展趋势，反映栖息地质量优劣，以及大天鹅迁徙过程中发生的一些事件，也是研究濒危物种能否持续繁衍和提出科学保护策略的前提。幼鹅（当年新增的个体）占大天鹅种群总数的比例，可反映当年大天鹅种群数量的增长情况，常直接称为幼鸟比例。积累多年的成幼组成资料可以研究环境变化对幼鸟数量和种群动态的影响，结合繁殖地的气候环境等因子可分析幼鸟比例变化的原因，研究不同越冬时期幼鸟比例可以预测大天鹅迁徙顺序，由于幼鹅个体在繁殖季节观察较困难，因此常在秋季或冬季观察收集幼鸟信息（战永佳，2007）。本章探讨了三门峡库区越冬大天鹅成幼组成及影响因素。

15.1 研究方法

15.1.1 数据采集

采用样线法与固定点观测法于2016年11月—2019年2月，历经3个越冬期，对三门峡库区大天鹅种群成幼组成进行全面系统调查。根据前面第3章大天鹅分布地的研究，选择6个大天鹅主要栖息地进行调查，即天鹅湖、圣天湖、三湾、王官、北营北村车村、黄河公园。

调查时间为越冬期每月的中下旬（15—23日），3月为大天鹅迁飞前，每次调查间隔 26~30 d。因需要区分成鹅与幼鹅，尽量选择天气晴朗视线良好的日期，为保证数据准确，每次调查都在 2 d 内完成。调查人员相互配合，分别使用 20~60 倍单筒望远镜（Leica）观测统计幼鹅数量，8 倍双筒望远镜（Swarovski）统计种群总数，同时记录采样日期、时间、经纬度。因每月调查大天鹅成幼组成和种群数量时的日期不同，统计出大天鹅种群数量有所差别，故本章库区种群数量与上一章种群数量有所出入，但差别不大。后期分析时按迁徙动态分为越冬前期（11 月）、越冬中期（12 月、次年 1 月）、越冬后期（次年 2 月、次年 3 月）。

15.1.2　成幼鹅的判定

大天鹅一般 4 年性成熟，分为 3 个年龄组：1 龄以内的为幼龄组，1~3 龄的亚成体组，4 龄以上的成年组。大天鹅幼鸟体被灰色绒毛，头和颈部较暗，一年后它们才完全长出和成鸟的羽毛相同的白羽毛。幼鸟嘴先端、跗跖及蹼为黑色，并向鼻孔延伸，嘴基部灰白发青或粉红色，到冬季逐渐变黄，体型较成体稍小，脖子较细。大天鹅全身的羽毛均为雪白的颜色，雌雄同色，雌略较雄小，全身洁白，仅头稍沾棕黄色。虹膜暗褐色，嘴黑色，上嘴基部黄色，此黄斑沿两侧向前延伸至鼻孔之下，形成一喇叭形，嘴端黑色，跗跖、蹼、爪亦为黑色。幼鸟全身灰褐色，头和颈部较暗，下体、尾和飞羽较淡，嘴基部粉红色，嘴端黑色，体重 7~12 kg，体长 120~160 cm（赵正阶，2001），见图 15.1。

图 15.1　大天鹅的成体与幼体

15.1.3　数据处理

数据差异性检验先用 Kolmogorov-Smironov Test 检验数据的正态性，若符合正态分布则选用独立样本 T 检验或采用单因素方差分析检验差异性（根据样本数量），若不符合则选择非参数检验 Mann-Whitney U 或 Kruskal-Wallis H 检验方法，显著性水平设置为 $\alpha=0.05$。所有数据使用 MSExcel 2003 和 SPSS 19.0 软件处理。

15.2 成幼组成与幼鸟比例

15.2.1 成幼组成

2016 年 11 月—2019 年 2 月共 14 次成幼组成调查数据见表 15.1。

表 15.1　2016 年 11 月—2019 年 2 月三门峡库区大天鹅成幼组成（只）

调查地点	2016 年 11 月		2016 年 12 月		2017 年 1 月		2017 年 2 月		2017 年 3 月	
	总	幼	总	幼	总	幼	总	幼	总	幼
青龙湖	2 003	230	2 980	256	3 497	424	2 828	381	266	122
苍龙湖	228	66	601	206	658	136	492	45	28	14
圣天湖	930	229	1 223	225	1 316	227	1 221	217	0	0
三湾	897	225	775	108	909	120	1 342	223	0	0
王官	320	71	202	69	319	46	273	42	0	0
北营北村车村	606	209	555	178	620	127	248	48	0	0
黄河公园	156	40	133	22	24	6	83	15	0	0
合计	5 140	1 070	6 469	1 064	7 343	1 086	6 487	971	294	136
幼鸟比例 /%	20.82		16.45		14.79		14.97		46.26	

调查地点	2017 年 11 月		2017 年 12 月		2018 年 1 月		2018 年 2 月		2018 年 3 月	
	总	幼	总	幼	总	幼	总	幼	总	幼
青龙湖	2 800	495	2 726	472	3 443	596	1 988	442	1 648	385
苍龙湖	1 004	212	1 285	257	750	130	69	10	177	76
圣天湖	1 948	373	1 217	227	1 651	285	36	12	0	0
三湾	975	199	1 394	174	1 200	160	352	66	0	0
王官	336	69	421	86	130	20	80	18	0	0
北营北村车村	977	364	2 270	537	95	15	0	0	0	0
黄河公园	161	56	465	150	178	30	4	0	0	0
合计	8 201	1 786	9 778	1 903	7 447	1 236	2 529	548	1 825	461
幼鸟比例 /%	21.55		19.46		16.59		21.67		25.26	

调查地点	2018 年 11 月		2018 年 12 月		2019 年 1 月		2019 年 2 月		2019 年 3 月	
	总	幼	总	幼	总	幼	总	幼	总	幼
青龙湖	2 291	335	2 201	400	2 626	352	2 012	365	–	–
苍龙湖	586	114	1 230	206	895	109	634	213	–	–
圣天湖	853	280	1 256	238	1 379	321	342	80	–	–
三湾	712	105	1 458	169	1 123	160	2 247	384	–	–

（续）

调查地点	2018年11月		2018年12月		2019年1月		2019年2月		2019年3月	
	总	幼	总	幼	总	幼	总	幼	总	幼
王官	400	100	646	123	770	207	0	0	–	–
北村北营车村	234	71	713	161	516	154	0	0	–	–
黄河公园	136	74	346	89	401	142	115	32	–	–
合计	5 212	1 079	7 850	1 386	7 710	1 445	5 350	1 074	–	–
幼鸟比例/%	20.70		17.66		18.74		20.07		–	

由表 15.1 可知 2016 年冬库区最大幼鸟数量为 1 086 只，2017 年冬库区最大幼鸟数量为 1 903 只，2018 年冬库区最大幼鸟数量为 1 445 只，3 个越冬期有所差别。

2016 年冬越冬期的越冬前期和越冬中期幼鸟数量几乎相同，而种群数量不断增加，说明携带幼鸟的家庭在 11 月就已经抵达三门峡库区，而后抵达库区的多是亚成体和成鹅。2017 年越冬期的越冬前期幼鸟数量为 1 786 只，进入越冬中期幼鸟数量随着种群总量先增加后减少，证明在越冬前期有些携幼家庭还未全部抵达库区，直到进入 12 月份携幼家庭全部抵达，而次年 1 月种群数量和幼鸟数量皆有所下降，证明已经有些携幼家庭迁离三门峡库区飞往其他越冬地。2018 年冬越冬期的越冬前期幼鸟数量为 1 079 只，进入越冬中期幼鸟数量持续增加，而种群数量先增加后略有减少，证明越冬前期有部分携幼家庭还未抵达三门峡库区，到越冬中期才全部抵达。2019 年 1 月种群数量比 2018 年 12 月少，但幼鸟数量略有增加，分析原因有两种，一是数据采集的误差，二是库区中部分成体和亚成体迁离库区，其他地区的幼鸟飞来库区。

15.2.2 库区幼鸟数量

如图 15.2，3 个越冬期的幼鸟数量随越冬时期变化规律基本一致，都为越冬中期

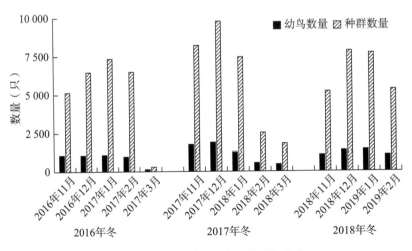

图 15.2 三门峡库区大天鹅成幼组成

幼鸟数量达到最大，但达到最大值的月份有所不同，分析原因为迁徙动态的差异和环境因素导致。调查中发现各栖息地早、中、晚不同时间种群数量和幼鸟数量皆有变化，分析原因为大天鹅会在库区中流动，所以未单独对各栖息地幼鸟数量做详细分析，而是以整个库区为整体分析幼鸟的数量变化。

15.2.3 库区幼鸟比例

分析幼鸟比例需要考虑不同时期的种群数量，随着越冬期的推进，越冬中期种群数量达到最大。本书选取越冬期内种群数量最大月份的幼鸟比例代表当年的幼鸟比例，结果得出：2016 年冬越冬期幼鸟比例 14.79%（2017 年 1 月），2017 年冬越冬期幼鸟比例 19.46%（2017 年 12 月），2018 年冬越冬期幼鸟比例 17.66%（2018 年 12 月），3 个越冬期幼鸟比例有所差别，与种群数量成正比，种群数量大的年份幼鸟比例亦高。3 个越冬期的幼鸟比例变化趋势具有一致性，皆为越冬前期高，进入越冬中期后降低，越冬后期又升高（图 15.3）。

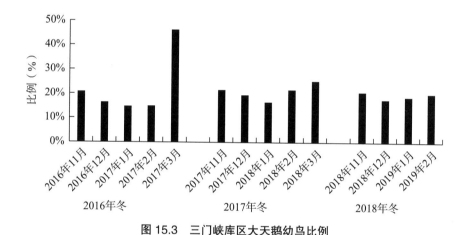

图 15.3 三门峡库区大天鹅幼鸟比例

15.3 幼鸟比例与迁徙规律

开展野外观察实验无法避免误差，受设备和视线的影响，幼鸟的数量可能与实际值有所出入。调查时发现越冬前期幼鸟基本以在家庭群中形式出现，跟随双亲，观察统计起来相对容易。随着越冬时期的推进，部分幼鸟离开双亲与大群混在一起或单独活动，观察统计难度增大。而越冬后期部分幼鸟羽毛灰色不明显，会被当成成体而忽略，这些误差都会导致对幼鸟数量的把控不准确，目前国内学者没有更好的方法避免这些误差。

15.3.1　越冬前期幼鸟比例随迁入种群数量增加

持续研究的 3 个越冬期，三门峡库区的幼鸟比例在 14.79%~19.46% 之间（N_1=7 343，N_2=9 778），刘体应和张文东（1987）对山东垦口大天鹅的研究得出幼鸟比例 20%，黄河三角洲大天鹅幼鸟比例 9%~18%，廖炎发（1982）对青海湖越冬大天鹅研究表明幼鸟比例 12%~17%，Rees 等（1991）对冰岛的大天鹅研究表明幼鸟比例 26%，可见大天鹅幼鸟比例在不同地区、不同年份有所差异，与繁殖成功率、环境因素密切相关。

如图 15.4，在三门峡天鹅湖越冬前期的成幼组成观察统计研究中发现，幼鸟比例会随着种群数量增大而升高，说明携幼家庭开始陆续抵达。马鸣（1993）研究结果指出携幼家庭较晚飞到越冬地，受到环境的影响每年幼鸟比例呈现波动，繁殖成功率也不同，与本书的研究结果一致，携幼家庭会在迁徙路上停歇地补充食物营养保证幼鸟顺利飞到越冬地故而较晚到达越冬地，这印证了越冬中期幼鸟数量达到最大的现象。

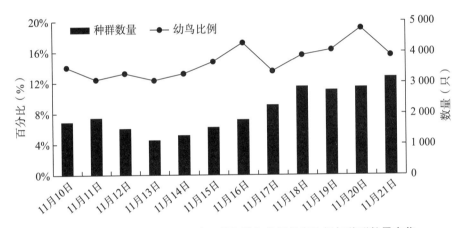

图 15.4　2018 年 11 月三门峡天鹅湖越冬前期幼鸟比例与种群数量变化

15.3.2　越冬后期幼鸟比例升高与迁离顺序

通过幼鸟比例的变化，可以推测大天鹅的迁徙顺序，若结合繁殖地的幼鸟比例可推测在迁徙过程中幼鸟的死亡率。调查时发现越冬后期新配对的成体和脱离幼体的双亲会先行迁徙，飞离越冬地进而更早地飞往繁殖地进行生殖活动，马鸣（1993）在巴音布鲁克等的研究指出春季最先到达繁殖地的多为配对成体，亚成体稍晚，与本书的研究结果一致。雄性候鸟较雌性个体更早到达繁殖地（Haapanen，1991；Newton，2007）。李淑红（2017）对三门峡库区大天鹅的研究发现成鸟和幼鸟在迁离越冬地日期上并无显著性差异，但雄性大天鹅较雌性更早迁离越冬地，与本书结果略有不同，分析原因为李淑红通过 GPS 跟踪器来跟踪成鹅和幼鹅的迁徙动态时，携带跟踪器的幼鹅可能没有脱离双亲，会跟随父母一起返回繁殖地，而实际上有些幼鸟已经脱离双亲形成幼鸟群体，它们会贮存足够的能量再开始迁飞。

通过 3 个越冬期的幼鸟比例变化规律（图 15.2）分析可以得出，越冬后期成鸟和亚成先迁飞，留下部分集群幼鸟稍晚迁飞。尤其在 2016 年冬越冬后期（2017 年 3 月），种群总量仅剩 294 只，说明大部分大天鹅个体已经迁徙，而幼鸟数量达到 136 只，幼鸟比例达到 46.26%，证明了在越冬后期幼鸟的迁徙时间晚于成鸟。

李淑红（2017）研究结果显示大天鹅春季迁徙途中利用停歇地的数量、停留的时间和迁离停歇地的时间在不同年龄组和性别上均无显著性差异，但成鸟较幼鸟离开停歇地的时间早，且利用停歇地的数量较少，说明了成鸟直接飞往繁殖地，而幼鸟更多的利用停歇地的食物等资源，与 Haapanen（1991）结论一致，离开较早的大天鹅个体属于繁殖种群，非繁殖种群倾向更多的停歇地和停留时间。

气候对鸟类迁徙的影响很大，气温、气压和风力等因素皆对鸟类迁徙产生影响。鸟类迁徙时间及迁徙策略会随着气候条件和栖息地环境变化而改变（侯韵秋等，1998；Battley et al.，2001；万冬梅等，2002；马志军等，2005；高立波，2007）。对于鸟类迁徙来说，其繁殖地、越冬地和迁徙停歇地都是至关重要的（马志军等，2005）。

15.3.3 成鹅与幼鹅的能量代谢与迁徙

对在三门峡库区救治后恢复健康的 6 只成鹅和 5 只幼鹅进行 7 d 笼养日食量实验，成鹅与幼鹅用栅栏隔开同处一间相同半封闭式笼舍。结果显示人工饲养状态下，成鹅平均每天吃掉 278 g 玉米，幼鹅每天吃掉 172 g 玉米，幼鹅食量为成鹅的 62%，具有显著差异（$P<0.05$）。成鹅每天排便量湿重 223.13 g，幼鹅每天排便量湿重 102.68 g，幼鹅排便为成鹅的 46%。采用全自动氧弹式热量仪（精科仪器 JKR-5 型）对成鹅和幼鹅的摄入能与粪便能做热量检测，结果得到成鹅每天摄入能量 546 kcal，粪便能量 68.36 kcal，消化率 87.48%；幼鹅每天摄入能量 336 kcal，粪便能量 27.13 kcal，消化率 91.90%。根据笼养实验的结果得知，幼鹅的日食量与摄入能低于成鹅，所以幼鹅春季迁飞的能量贮备过程要更长些，迁徙晚于成鹅。在野外条件下，成鹅需要更多地担任警戒任务，进食占日行为时间分配比例与笼养投喂条件有一定差异。

参考文献

高立波,钱法文,杨晓君,等,2007.云南大山包越冬黑颈鹤迁徙路线的卫星跟踪[J].动物学研究，（4）：353-361.

侯韵秋,李重和,1998.中国东部沿海地区春季猛禽迁徙规律与气象关系的研究[J].

林业科学研究，11（1）：24-29.

李淑红，2017.三门峡库区越冬大天鹅的活动区、迁徙与禽流感传播的相关性研究［D］.北京：中国林业科学研究院.

廖炎发，1985.在青海湖越冬的大天鹅［J］.野生动物学报，（3）.

刘体应，张文东，1987.山东渤海湾大天鹅越冬习性的观察［J］.野生动物，（6）：24-25.

马鸣，1993.野生天鹅［M］.北京：气象出版社.

马志军，李博，陈家宽，2005.迁徙鸟类对中途停歇地的利用及迁徙对策［J］.生态学报，25（6）：9.

万冬梅，高玮，赵匠，等，2002.辽宁猛禽迁徙规律的研究［J］.东北师大学报：自然科学版，34（2）：6.

战永佳，陈卫，李玉华，等，2011.北京野鸭湖湿地自然保护区越冬灰鹤觅食栖息地选择研究［J］.四川动物，30（5）：810-813.

赵正阶，2001.《中国鸟类志》上卷（非雀形目）［M］.吉林：科学技术出版社.

REES E C, BLACK J M, SPRAY C J, *et al*., 1991.The breeding success of Whooper Swans *Cygnus cygnus* nesting in upland and lowland regions of Iceland-a preliminary analysis［J］.Wildfowl，133：365-373.

HAAPANEN A, HELMINEN M, SUOMALAINEN H K, 1977. The summer behaviour and habitat use of the whooper swan *Cygnus c cygnus*［J］. Riistatieteellisiae Julkaisuja，9（1）：19-43.

NEWTH J L, BROWN M J, REES E C, 2011. Incidence of embedded shotgun pellets in Bewick's swans *Cygnus columbianus bewickii* and whooper swans *Cygnus cygnus* wintering in the UK［J］. Biological Conservation，144（5）：1630-1637.

BATTLEY P F, DEKINGA A, DIETZ M W, *et al*., 2001. Basal metabolic rate declines during long-distance migratory flight in great knots［J］. The Condor，103（4）：838-845.

第16章

三门峡库区越冬大天鹅家庭群特征

集群是动物个体对外界环境的一种反应，有利于动物发现和逃避天敌，提高个体适合度。然而，大型集群可能会引起天敌的注意，增加疾病传播的风险，增加个体之间的竞争，从而降低个体的适合度（Avilés and Bednekoff，2007）。因此，在给定的环境中，动物的种群规模存在最优数。同一片区域不同物种的集群大小不同，同一物种在不同生境的集群大小也会发生变化。在不同的集群类型中，个体可以获得不同的受益（张国钢等，2016；邵明勤等，2017），从而采用不同的集群策略（李凤山和马建章，1992）。这些差异的研究有助于理解鸟类的生存状况和适应对策。目前关于大天鹅越冬期的家庭群特征研究较少，对于大天鹅家庭群的定义也比较模糊，因大天鹅具有家族特征，研究采用较成熟的大型鸟类家庭群判定方法对大天鹅家庭群特征进行研究，有助于了解越冬地大天鹅家庭群大小和家庭群组成，为初步推测大天鹅的繁殖成功率和窝卵数情况及三门峡库区大天鹅的保护提供必要的基础研究资料。

16.1　研究方法

16.1.1　数据收集

2016年11月—2017年2月和2018年11月—2019年2月，即2016年冬和2018年冬2个越冬期采用样线法和固定点观测法对三门峡库区6处大天鹅主要分布地点进行家庭群大小和家庭群组成调查，研究地点包括：天鹅湖、圣天湖、三湾、王官、北营北村车村、黄河公园。每月中下旬（18—23日）开展一次调查，每次调查持续 1~2 d 时间，每次调查时间间隔 20~30 d，前面提到过，大天鹅每年 10 月底飞到三门峡库区越冬，次年 3 月初大部分已经飞离，故在 11 月、12 月、次年 1 月、次年 2 月大天鹅种群数量较稳定，选取这 4 个月采集家庭群特征数据较准确。运用 20~60 倍单筒望远镜（Leica）和 8 倍双筒望远镜（Swarovski）对大天鹅家庭群进行观测，为保证准确，尽量选择距离大天鹅群体较近的观测点。根据大天鹅的迁徙动态可将越冬期分为越冬前期（11 月）、越冬中期（12 月、次年 1 月）、越冬中后期（次年 2 月）。

16.1.2 家庭群判定

把家庭群分为 2 成 0 幼、2 成 1 幼、2 成 2 幼、2 成 3 幼、2 成 4 幼、2 成 5 幼、2 成 6 幼、2 成 7 幼、2 成 8 幼、"含亚成"、"1 成 N 幼"这 11 种组成类型。野外调查时认为在至少包括 1 只成鹅情况下几只大天鹅的行为明显区别于其他个体，如同时向一个方向游动、转向、行动一致、或远离其他个体，为一个家庭群。家庭群大小为一个家庭群内的大天鹅数量（只）。

根据年龄把大天鹅分成 3 个类：幼体小于 1 年、亚成体 1~3 年、成体大于 4 年。由于在野外情况下大天鹅亚成体与成体外观区别不明显，故判定时只认为两只成鹅和若干幼鹅之外的与它们行为一致的与成鹅近似的个体为亚成体。"含亚成"家庭群即为 2 只成鹅与若干幼鹅和亚成体组成的群体。

由 1 只成鹅带领若干幼鹅的家庭都归为"1 成 N 幼"。目前对大型鸟类家庭群的判定没有同一标准，车烨等（2018）对黑颈鹤家庭群警戒行为进行研究时，没有把"2 成 0 幼"算在内，李凤山（1992）研究越冬黑颈鹤集群利益时把"2 成 0 幼"算在家庭群内，邵明勤等（2014）对鄱阳湖越冬灰鹤和白枕鹤的集群特征研究时把"2 成 0 幼"算在家庭群内，邵明勤（2017）对鄱阳湖白头鹤（*Grus monacha*）、白鹤（*Grus leucogeranus*）、白枕鹤和灰鹤集群特征时空变化研究时把"2 成 0 幼"算在内，本项研究亦将"2 成 0 幼"算在家庭群内。

16.1.3 数据处理

将大天鹅的家庭群大小和家庭群组成数据进行汇总统计。家庭群大小的差异性检验先用 Kolmogorov-Smironov Test 或 Shapiro-Wilk 检验数据的正态性（根据样本量大小而定），若符合正态分布则选用单因素方差分析检验数据的差异性，若不符合，则选择非参数检验 Mann-Whitney U 检验（双独立样本）或 Kruskal-Wallis H 检验（多独立样本）方法。

家庭群组成的差异性检验先用 Kolmogorov-Smironov Test 检验数据的正态性，若符合正态分布则选用配对样本 T 检验数据的差异性，若不符合则选择非参数检验 Mann-

Whitney U 检验方法，显著性水平设置为 $\alpha = 0.05$。

所有数据用 MSExcel 2003 和 SPSS19.0 软件进行分析。

16.2 家庭群大小与组成

16.2.1 家庭群大小

1. 不同年份家庭群大小

2016 年 11 月—次年 2 月，历经 1 个越冬期，共记录到大天鹅家庭群 1 554 群次，平均家庭群大小（3.75±1.68）只。2018 年 11 月—次年 2 月，历经 1 个越冬期，共记录到大天鹅家庭群 671 群次，平均家庭群大小（4.41±1.99）只（图 16.1）。K–S Test 结果显示这两个越冬期的家庭群大小都不属于正态分布（$P=0.000$），Mann–Whitney U 检验得出 2016 年冬与 2018 年冬家庭群大小存在极显著差异（$Z=-6.98$，$P=0.000$）。

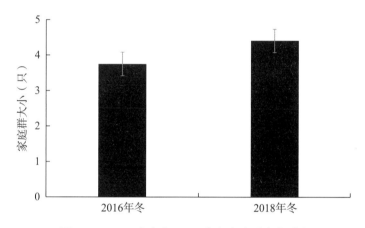

图 16.1　2016 年冬与 2018 年冬家庭群大小对比

2. 不同月份家庭群大小

各月份家庭群调查结果见表 16.1。

表 16.1　三门峡库区越冬大天鹅家庭群大小

调查时间	家庭群 / 频次	家庭群大小 / 只（Mean ± SD）
2016 年 11 月	589	4.19 ± 1.76
2016 年 12 月	294	3.72 ± 1.77
2017 年 1 月	482	3.41 ± 1.54
2017 年 2 月	189	3.25 ± 1.29

调查时间	家庭群 / 频次	家庭群大小 / 只 （Mean ± SD）
2018 年 11 月	248	4.84 ± 2.11
2018 年 12 月	70	4.74 ± 1.87
2019 年 1 月	205	4.38 ± 2.01
2019 年 2 月	148	3.57 ± 1.48

对所有月份家庭群大小数据进行 Kolmogorov-Smironov Test 正态性检验，结果得出均不符合正态性分布（表 16.2），故采用非参数检验中 Kruskal-Wallis H 检验方法得出各月之间至少有 1 个月与其他月差异极显著（$P=0.000$），再通过 Mann-Whitney U 检验两两比较得出在家庭群大小上 2016 年 11 月与 2016 年 12 月差异极显著（$P=0.001$），2016 年 11 月与 2017 年 1 月差异极显著（$P=0.000$），2016 年 11 月与 2017 年 2 月差异极显著（$P=0.000$），2016 年 12 月与 2017 年 2 月差异极显著（$P=0.005$），2016 年冬季其他月份两两比较差异不显著（$P>0.05$）。2018 年 11 月与 2019 年 2 月差异极显著（$P=0.000$），2018 年 12 月与 2019 年 2 月差异极显著（$P=0.000$），2019 年 1 月与 2019 年 2 月差异极显著（$P=0.000$），2018 年冬季其他月份两两比较差异不显著（$P>0.05$）。

表 16.2　家庭群大小数据正态性检验结果

月份	正态性检验			
	Kolmogorov-Smirnova		Shapiro-Wilk	
	df	P	df	P
2016 年 11 月	589	0	589	0
2016 年 12 月	294	0	294	0
2017 年 1 月	482	0	482	0
2017 年 2 月	189	0	189	0
2018 年 11 月	248	0	248	0
2018 年 12 月	70	0	70	0
2019 年 1 月	205	0	205	0
2019 年 2 月	148	0	148	0

16.2.2　家庭群组成

2016 年 11 月—2017 年 2 月，各月份家庭群组成见图 16.2，其中 2016 年 11 月 "2 成 1 幼" 家庭占比最大（21.22%），其次是 "2 成 0 幼" 家庭（19.69%），随着幼鸟数量增多比例逐渐下降；2016 年 12 月 "2 成 0 幼" 家庭占比最大（34.01%），其次是 "2

成 2 幼"家庭（18.03%）；2017 年 1 月"2 成 0 幼"家庭占比最大（37.55%），其次是"2 成 1 幼"家庭，随着幼鸟数量增加比例递减；2017 年 2 月"2 成 0 幼"家庭占比最大（37.55%），其次是"2 成 2 幼"家庭（21.16%）。通过结果可以看出，总体上 2016 年冬季越冬期幼鸟数量超过 5 个以上的家庭比例极低，"单亲"家庭比例较低，"含亚成"家庭比例很低，可能由于家庭群判定方法导致，也与亚成体野外观察时难于分辨有关。家庭群中有相当一部分是配对未携幼的家庭（2 成 0 幼），"2 成 1 幼"和"2 成 2 幼"家庭的比例很大，说明 2016 年大天鹅双亲受各种因素影响倾向于抚养 1~2 个幼鸟，这与育幼成本和繁殖压力有关，这样的选择有助于利益的最大化。"单亲"家庭比例低，"2 成 0 幼"家庭进入 12 月份比例增加，与"单身"成体开始配对有关。

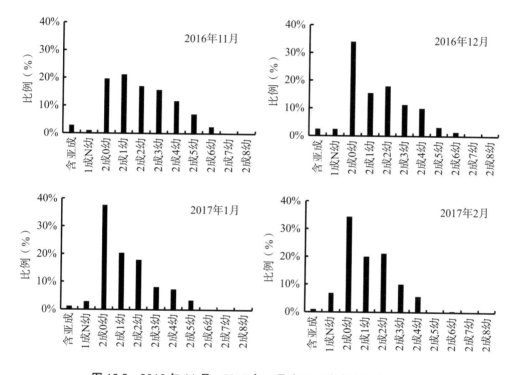

图 16.2　2016 年 11 月—2017 年 2 月（2016 年冬）家庭群组成

　　2018 年 11 月—2019 年 2 月，各月份家庭群组成见图 16.3，其中 2018 年 11 月"2 成 0 幼"家庭占比最大（27.02%），其次是"2 成 4 幼"家庭（19.35%）；2018 年 12 月"2 成 4 幼"家庭占比最大（22.86%），其次是"2 成 0 幼"家庭（17.14%）；2019 年 1 月"2 成 0 幼"家庭占比最大（28.78%），其次是"2 成 4 幼"家庭（16.59%）；2019 年 2 月"2 成 0 幼"家庭占比最大（33.11%），其次是"2 成 2 幼"家庭（17.57%）。通过结果可以看出总体上 2018 年冬季越冬期幼鸟数量超过 6 个以上的家庭比例极低，"单亲"家庭比例较低，"含亚成"家庭比例也较低，"2 成 4 幼"和"2 成 3 幼""2 成 5 幼"家庭的比例很大，说明 2018 年大天鹅双亲更倾向于抚养 2~5 只幼鸟。

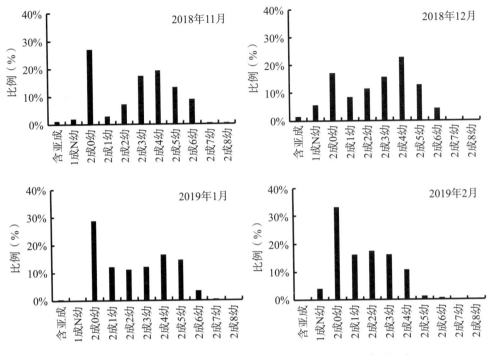

图16.3 2018年11月—2019年2月（2018年冬）家庭群组成

2016年冬季与2018年冬季年度总体家庭群组成见图16.4。2016年冬与2018年冬"2成0幼"家庭比例接近，说明不同年份"配对不携幼"或新配对的家庭比例较稳定。

采用Shapiro-Wilk检验数据正态性，结果得出都两年数据都属于正态分布（2016:df=11，P=0.063；2018：df=11，P=0.193）。因样本量不同，将家庭群组成转换为百分比形式，采用配对样本T检验得出两年份间家庭群组成无显著差异（t=0，df=10，P=1）。两个越冬期家庭群组成样本箱线图见图16.5，样本间四分位数差异不大，但中位数有明显差别。虽然从总体上分析无显著性差异，但从其样本的中位数与图16.4中各类型家庭比例可以看出2018年冬季"2成4幼""2成5幼"家庭比例明显高于2016年冬季，2016年冬季"2成1幼"家庭比例明显高于2018年冬季，这与家庭群大小具有极显著性差异的结果相互印证，表明不同年份家庭群组成虽然在统计学意义上差异不显著，但实际情况却有所差别，这与不同年份的窝卵数、繁殖成功率、幼鸟死亡率不同有关。

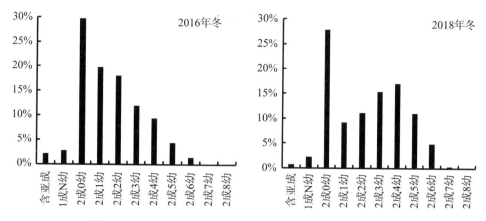

图 16.4　2016 年冬与 2018 年冬总体家庭群组成年度对比

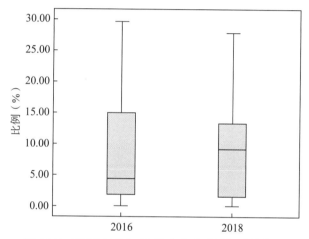

图 16.5　2016 年冬与 2018 年冬家庭群组成箱线图

16.3　家庭群中幼鸟数量的数学期望与实际数量

16.3.1　家庭群中幼鸟数量的数学期望

在概率论和统计学中，数学期望（Mean）（或均值，亦简称期望）是试验中每次可能结果的概率乘以其结果的总和，是最基本的数学特征之一（陈海能和王文琴，2018）。利用观察到的数据得到携幼家庭群中幼鸟的数学期望，反映出携幼家庭幼鸟数量平均值的大小，见图 16.6。结果得出其数学期望与家庭群大小具有一致性，2016年冬大天鹅幼鸟的数学期望为 1.7，即携幼大天鹅家庭平均拥有 2 只幼鸟；2018 年冬大天鹅幼鸟的数学期望为 2.4，即携幼大天鹅家庭平均拥有 3 只幼鸟。

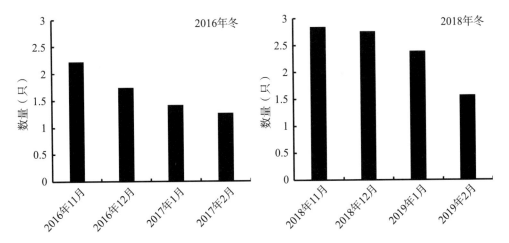

图 16.6　2016 年冬与 2018 年冬三门峡库区越冬大天鹅各月份幼鸟数学期望

16.3.2　携幼家庭群大小与幼鸟数量

为了研究越冬期不同阶段的幼鸟与双亲之间的跟随程度,这里引入"携幼家庭群"概念,即只统计有幼鸟的家庭大小和幼鸟数量,得到每个月份携幼家庭平均大小和平均幼鸟数量,结果见表 16.3。

表 16.3　三门峡库区越冬大天鹅携幼家庭群大小与幼鸟数量

调查时间	携幼家庭群大小 / 只	携幼家庭幼鸟数 / 只	家庭群 / 频次
2016 年 11 月	4.77	2.8	473
2016 年 12 月	4.61	2.6	194
次年 1 月	4.24	2.2	301
次年 2 月	3.91	1.9	124
2018 年 11 月	5.88	3.9	181
2018 年 12 月	5.31	3.3	58
次年 1 月	5.34	3.3	146
次年 2 月	4.35	2.3	99

2016 年冬季与 2018 年冬季,携幼家庭群大小变化趋势一致,皆随着越冬期的推进而逐渐减小,携幼数量也逐渐减小。2016 年冬季的月平均家庭群大小从越冬前期(11月)4.77 只逐渐降低到越冬后期(次年 2 月)的 3.91 只,携幼数量从 2.8 只降低到 1.9 只。2018 年冬季的月平均家庭群大小从越冬前期(11 月)5.88 只逐渐降低到越冬后期(次年 2 月)的 4.35 只,携幼数量从 3.9 只降低到 2.3 只。证明随着越冬期的推进,持续

有幼鸟离开父母。

2016年冬季的年平均携幼家庭群大小（4.38只，*N*=1092）低于2018年冬季的年平均携幼家庭群大小（5.22只，*N*=484）。对两越冬期携幼家庭群大小数据进行正态性检验，结果得到均不服从正太分布（*P*<0.05）。故采用双独立样本Mann-Whitney U检验对两个越冬期年平均携幼家庭群大小进行差异性分析，结果得到两年差异极显著（*Z*=-10.280，*N*=1 576，*P*=0.000）。表明不同年份大天鹅的携幼家庭群大小有明显差异，幼鸟数量亦有显著差别（*P*<0.01）。

16.4 家庭群大小变化的原因分析

16.4.1 大天鹅窝卵数

不论是家庭群大小还是家庭群组成都与大天鹅的窝卵数有关，王继武（1984）在对乌鲁木齐人工饲养的大天鹅的生殖观察中发现其窝卵数为4~7枚，Rees（1991）研究发现繁殖地冰岛8月份大天鹅平均窝卵数3.1只，而到达越冬地下降到2.6只，个别年份平均窝卵数会达到3.4~3.6只。在俄罗斯远东地区，大天鹅秋季之前的窝卵数为2.25~2.9。2015年5月25日，两只经过救治的栖息在三门峡市天鹅湖国家城市湿地公园苍龙湖的野生大天鹅成功繁殖孵化出7只"天鹅宝宝"，到第二年春季成活6只，是国内首次在越冬地繁殖成功的大天鹅。不同年份不同地区的窝卵数是有差异的，在迁徙途中幼鸟的死亡率也影响越冬地家庭群特征。

16.4.2 影响家庭群大小的因素

在一个越冬期内研究家庭群大小必须要考虑种群数量的变化，一般情况下大天鹅越冬中期时种群数量达到最大并稳定存在，携幼家庭较晚飞到越冬地、亚成体较早飞到越冬地。研究表明大天鹅家庭群分为两种形式，一种混在大的集群中的，另一种是独立存在且没有相对固定的领域的。人工投食点浅滩附近竞争较激烈，多是些亚成体或未配对成体和已配对未携幼的成体。配对携幼的家庭更趋向于在水面更为开阔、竞争压力小的区域活动。如在天鹅湖的两个湖内，青龙湖投食量大、浅滩面积大，大天鹅数量多，竞争力大；苍龙湖投食量小，大天鹅数量少，在苍龙湖携幼的家庭占比更大。

1.月际变化的原因

随着越冬期的推进，家庭群大小逐渐减小，与实际观察到的情况相符。越冬中期开始许多"单身"成体开始配对，形成新的"2成0幼"家庭。越冬后期许多大天鹅幼鸟聚集在一起，脱离成鸟，大天鹅父母离开幼鸟后返回原繁殖地进行下一轮生殖活动。

2.年度变化的原因

2016 年冬季越冬期的平均家庭群大小（3.75 只）小于 2018 年冬季越冬期的平均家庭群（4.41 只），不同的家庭群大小与双亲抚养后代压力和可获取的利益有相关性，推测是因为 2018 年夏季繁殖地的气候条件好，营养充足，大天鹅拥有更多的能量与营养，使窝卵数增加，幼鹅的孵化成功率增加。此外，近些年来三门峡库区对大天鹅越冬期食物的补充也使得大天鹅有足够的能量飞回繁殖地进行生殖活动，育幼成本的降低导致大天鹅双亲可以抚养更多幼鸟。对鄱阳湖越冬白鹤（李言阔，2014）与东方白鹳（缪泸君，2013）的研究表明越冬地的气候会影响鸟类未来几年的种群数量，越冬初期月平均温度与两年后甚至 5 年后的种群数量成正相关，这就是所谓的"时滞效应"，越冬地气候也会对大天鹅的窝卵数和繁殖成功率产生间接性影响。

16.4.3　家庭群组成变化的原因分析

1.月际变化分析

根据迁徙动态将越冬期分为前、中、后期。野外调查时发现越冬前期家庭群比较容易观察，因种群密度没有达到最大，各个家庭之间存在排斥，空间上家庭之间比较分散。进入越冬中期相对不容易观察，种群密度达到最大，许多亚成体喜欢集群在一起，具有领地行为，有些携幼家庭在领地上和食物上竞争不过大的集群，转而去竞争小的湖泊或区域。越冬后期很多幼鸟已经离开双亲，"2 成 4 幼"比例有所降低，幼鸟聚集成群，与幼鸟分离的双亲进入新一轮发情期，在越冬后期先行飞离越冬地，新配对的大天鹅也会在越冬后期先行迁离。部分幼鸟会跟随成鸟一起迁飞，还有部分幼鸟聚集在一起储备能量为迁飞做准备，这些幼鸟体质相对较弱，需要多储备能量稍晚些迁飞，在 3 月初飞离越冬地。

2.年际变化分析

大天鹅具有育幼行为，育幼行为狭义地讲，是双亲对出生后的卵或仔的照顾方式，广义上讲是从配对、交媾、筑巢、产卵、育幼直至"子""女"独立前所有护卫行为。动物的育幼形式在无双亲照顾、单亲照顾到双亲共同育幼的范围变化（张晓爱，1999）。大天鹅属于高级的双亲共同育幼，保证了幼鸟的成活率，追求"质"而不是追求"量"。育幼势必会有资源的获取，受到环境资源的制约，选择抚养几只幼鸟可以达到利益最大化是每个繁殖期大天鹅面临的问题。虽然从总体上分析 2016 年冬大天鹅家庭群组成与 2018 年冬无显著性差异，但从其样本中位数与各类型家庭比例可以看出 2018 年冬大天鹅家庭中"多幼鸟"家庭比例更大，3 只及以上幼鸟的家庭占全部家庭比例 48.75%，2016 年冬仅为 27.47%（图 16.7）。

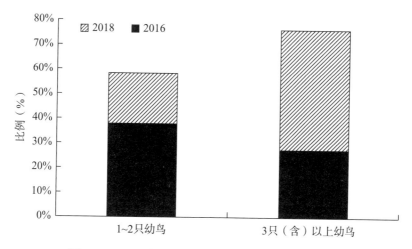

图 16.7　2016 年冬与 2018 年冬总体家庭群组成对比

大天鹅 20 岁时仍然具有繁殖能力，家庭群中有"携幼的"和"只配对不携幼的"的家庭。同时也有研究发现很多配对的大天鹅终生不繁衍后代，这与遗传因素有关。马鸣等（1993）发现每年携幼的家庭组的数量是波动的，根据年景的好坏不同，可能由食物、能量、气候等因素共同决定。通常参加繁殖数不超过种群数量的 30%，幼龄组（1 年以内个体）比例与配对不携幼的数量成负相关，平均只有 17.5%，与本书研究结果相一致。研究中 2016 年冬与 2018 年冬"2 成 0 幼"家庭比例为 29.67% 和 27.87%，比例接近，说明不同年份"配对不携幼"或新配对的家庭比例较稳定，这种情况与大天鹅的年龄结构和栖息地环境有关。

参考文献

车烨，杨乐，李忠秋，2018.西藏拉萨越冬黑颈鹤家庭群的警戒同步性[J].生态学报，38（4）：1375-1381.

李凤山，马建章，1992.越冬黑颈鹤的时间分配、家庭和集群利益的研究 [J].野生动物 (3)：36-41+29.

李言阔，钱法文，单继红，等，2014.气候变化对鄱阳湖白鹤越冬种群数量变化的影响 [J].生态学报，34（10）：2645-2653.

缪泸君，李言阔，李佳，等，2013.鄱阳湖国家级自然保护区东方白鹳（*Ciconia boyciana*）种群数量变化与气候的关系 [J].动物学研究，34（6）：549-555.

邵明勤，蒋剑虹，戴年华，等，2017.鄱阳湖 4 种鹤类集群特征与成幼组成的时空变化 [J].生态学报，37（6）：1777-1785.

张国钢，陈丽霞，李淑红，等，2016.黄河三门峡库区越冬大天鹅的种群现状［J］.动物学杂志，51（2）：190-197.

张晓爱，1999.鸟类育幼行为的进化［J］.生物学通报，（3）：15-16.

AVILÉS J M，BEDNEKOFF P A，2007. How do vigilance and feeding by common cranes *Grus grus* depend on age，habitat，and flock size? ［J］. Journal of Avian Biology，38（6）：690-697.

REES E C，BLACK J M，SPRAY C J，*et al.*，1991. The breeding success of Whooper Swans *Cygnus cygnus* nesting in upland and lowland regions of Iceland-a preliminary analysis ［J］. Wildfowl，133：365-373.

第17章

三门峡库区越冬大天鹅环志回收

鸟类环志是指将国际通行的印有所做环志的国家、机构、地址（信箱号）和鸟环类型、编号等特殊标记的材料如镍铜合金或铝镁合金等佩戴或植入鸟类身体对其进行标记，一般为鸟的跗跖部（脚环）、颈部、翅根、鼻孔，之后将标记好的鸟放回大自然，通过再捕获、野外观察、无线电跟踪或卫星跟踪等一些方法来获得鸟类生物学和生态学信息的科研活动，是研究候鸟迁徙规律的有效途径，也是监测鸟类资源和栖息地变化的重要手段。鸟类环志在国际上已有一百多年的历史，但我国的鸟类环志工作起步较晚，有组织、有计划地开展候鸟迁徙研究始于 1983 年的青海湖首次环志放飞试验，20 世纪 90 年代初全国年均环志数量仅 5 000 只左右（楚国忠和侯韵秋，1998）。持续系统的环志观测回收，可以进行大天鹅的寿命、种群结构、迁徙时间和路线、归巢能力、配对变化、领地行为、栖息地选择、日活动节律、觅食行为、死亡率、成熟年龄、存活率、种群动态及保护管理等多方面的研究（马鸣等，2004）。

大天鹅颈部红色和蓝色的塑料环上印着的白色英文字母和阿拉伯数字是唯一的，相当于它们的身份证。本书通过对越冬地大天鹅环志的回收，查看每年来三门峡库区越冬的大天鹅是否具有栖息地选择偏好，是否存在不同栖息地之间的游荡与流动，通过环志信息确定其繁殖地，测算迁徙距离，推测迁徙路线。环志资料有助于大天鹅种群的管理与保护，同时为其他研究工作者提供参考。

17.1 研究方法

采用样线法与固定点观测法于 2014 年 2 月—2019 年 1 月的 6 个越冬期期间每月展开三门峡库区大天鹅环志回收工作，调查范围西起山西省芮城县圣天湖，东至河南省三门峡市王官湿地，直线距离 36 km，地理坐标范围为 110°54′~111°17′E，34°41′~34°50′N。每次调查持续 2~4 d，按照自东向西的方向，覆盖所有大天鹅可能出现的地点，在密集分布地点根据地面环境设置 2~5 个观察点，黄河沿岸地区驱车进行观测，行驶速度 3~5 km/h。为避免与形态同大天鹅较为相似的小天鹅混淆，调查人员尽可能接近大天鹅进行观察，距离较远时采用 20~60 倍单筒望远镜（Leica）观察，近距离时则直接采用 8 倍双筒望远镜（Swaeovski）对大天鹅进行观察并记录统计其环志信息（包括颈环编号、发现时间、发现地点等）。利用 GPS（Trimble）记录观察点的位置坐标，同时记录日期、时间、气候、风力等。使用 MSExcel 2003 和 SPSS 19.0 软件对大天鹅环志信息进行统计与处理。

17.2 环志数据的回收

17.2.1 环志回收数据

2014 年 2 月—2019 年 1 月，回收到 721 次有效环志信息，观察到 243 只不同环志编号的大天鹅，其中天鹅湖回收到的环志最多（表 17.1）。通过张国钢等（2016）研究的环志信息和全国鸟类环志中心得到的反馈，有 73 只大天鹅可以确定其来自 16 个繁殖地，还有 171 只未知繁殖地的大天鹅，未知繁殖地的环志大天鹅占到了所有回收到环志的 70%。其中蓝色环志 E 系列，蓝色环志 F 系列，蓝色环志 C 系列，大部分为在三门峡库区所环志的，没有得到繁殖地国家和地区的反馈故不知道其繁殖地位置。

表 17.1　2014—2019 年三门峡库区环志回收统计

发现地点	回收环志 / 个	已知繁殖地环志 / 个	未知繁殖地环志 / 个	已知繁殖地数量 / 个
天鹅湖	235	73	162	16
圣天湖	19	7	12	4
三湾	17	11	6	7
王官	7	2	5	3
北营北村车村	8	4	4	3
黄河公园	4	1	3	2

研究中，16 个已知繁殖地位于蒙古北部或西北部，分别是：阿奇特湖（坐标：49°27′32″N，90°25′22″E）、埃塞湖（坐标：49°58′00″N，99°54′21″E）、艾拉格湖（坐标：48°05′56″N，99°12′19″E）、巴格湖（坐标：50°21′32″N，93°14′21″E）、臣勒阁湖（坐标：49°45′58″N，101°00′46″E）、达尔汗湖（坐标：51°11′50″N，99°24′38″E）、霍赫湖（坐标：48°09′46″N，99°33′46″E）、卡尔湖（坐标：49°06′10″N，91°49′16″E）、昆特湖（坐标：48°16′58″N，102°20′47″E）、赛尔加湖（坐标：48°56′37″N，101°58′14″E）、苏赫特湖（坐标：48°06′37″N，99°10′31″E）、陶勒包湖（坐标：48°31′18″N，90°06′59″E）、特尔金白湖（坐标：50°17′57″N，92°21′38″E）、特斯河口（坐标：50°28′15″N，93°03′59″E）、乌布苏湖（坐标：48°54′24″N，93°23′23″E）、雅尔塔湖（坐标：48°05′56″N，99°12′19″E）。

通过 Arcgis10.2 软件定位，测量出这些繁殖地与三门峡库区直线距离 2 300~1 800 km。

回收到的环志多集中在天鹅湖，这与天鹅湖大天鹅的数量占比成正比。2016 年冬季回收到 271 次有效信息，这些环志的大天鹅来自 15 个繁殖地，由于 2014 年 2 月只进行了 1 个月的调查，所以回收到的环志信息较少（21 次），如图 17.1。

2016 年 11 月开始，了解到三门峡库区也开展了大天鹅环志工作，即在越冬地给大天鹅实施环志，回收到的蓝的环志 E 系列、蓝色环志 F 系列、蓝色环志 C 系列，多为在三门峡库区所环志。而蓝色环志 1T 系列、蓝色环志 0T 系列、红色环志 A 系列多为蒙古国环志，即在繁殖地环志的。其中蓝色环志 1T30 为日本研究组织于 2011 年夏在蒙古国西部的特尔金白湖所环志，其主要目的是为研究鸟类迁徙路线和国际禽流感监测（张勇，2013），2013 年在尕海—则岔自然保护区被监测到。

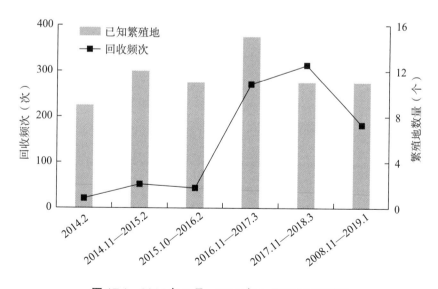

图 17.1　2014 年 2 月—2019 年 1 月环志回收情况

17.2.2 在三门峡越冬两年以上的大天鹅

调查研究发现共86只佩戴不同环志的大天鹅在三门峡库区停留超两个越冬期，占到了所观测到环志的35%，其中蓝色1T85号大天鹅从2014年2月（2013年冬）开始至今（2018年冬）连续6个越冬期都来到三门峡库区越冬，见表17.2。

表 17.2　三门峡库区停留两个越冬期以上天鹅的环志

颈环编号	越冬周期	存在时间（20XX 年 XX 月）	出现地点
1T85	6	14.2—19.1	天鹅湖
0T31	5	14.2、16.1—19.1	天鹅湖、黄河公园
0T33	5	15.2—19.1	天鹅湖
0T57	5	14.11—19.1	天鹅湖
1T73	5	14.12—19.1	天鹅湖、圣天湖、王官、北村
1T84	5	14.2—14.12、16.11—19.1	天鹅湖、三湾
1T97	5	14.12—19.1	天鹅湖
A80红	5	14.12—19.1	天鹅湖、圣天湖
C19红	5	14.2—15.2、16.12—19.1	天鹅湖
F33红	5	14.2、15.12—19.1	天鹅湖
0T83	4	14.2—17.2	天鹅湖、三湾
0T86	4	15.2、16.11—19.1	天鹅湖
1T54	4	15.12—19.1	天鹅湖、三湾
1T80	4	14.12、16.11—19.1	天鹅湖
1T81	4	14.12—17.12	天鹅湖、圣天湖
A50	4	16.1—19.1	天鹅湖、圣天湖、三湾
A65	4	16.1—19.1	天鹅湖
G68	4	14.2—17.2	天鹅湖
G69	4	14.2、17.2—19.1	天鹅湖、圣天湖
0T05	3	16.12—19.1	天鹅湖

颈环编号	越冬周期	存在时间（20XX 年 XX 月）	出现地点
0T50	3	14.2、16.11—17.2、18.11—19.1	天鹅湖、三湾
0T52	3	14.12、16.11—18.12	天鹅湖
0T58	3	14.11—15.11、17.12—19.1	天鹅湖、圣天湖、北村
0T95	3	15.2、16.11—18.11	天鹅湖
1T86	3	16.12—18.12	天鹅湖、王官
1T87	3	16.11—18.11	天鹅湖
1T94	3	16.11—18.11	天鹅湖
1T96	3	16.11—19.1	天鹅湖
1T98	3	16.12—19.1	天鹅湖
A19 红	3	16.1—18.1	天鹅湖、北营北村
A31	3	16.11—19.1	天鹅湖
A35	3	16.11—19.1	天鹅湖
A53	3	16.2—17.12	天鹅湖
A57 红	3	14.2—16.2	天鹅湖、三湾
A69	3	16.12—19.1	天鹅湖
E03	3	17.3—18.11	天鹅湖
E04	3	17.1—19.1	天鹅湖、王官
E11	3	17.1—18.11	天鹅湖
E26	3	17.1—18.11	天鹅湖
E35	3	17.2—19.1	天鹅湖
E39	3	17.2—19.1	天鹅湖
E47	3	17.2—19.1	天鹅湖、三湾
E67	3	16.12—19.1	天鹅湖
E69	3	16.12—19.1	天鹅湖
F44 红	3	14.2、16.12—17.12	天鹅湖、王官

颈环编号	越冬周期	存在时间（20XX 年 XX 月）	出现地点
F55 红	3	16.12—19.1	天鹅湖、三湾、北营北村
0T19	2	16.11—18.1	天鹅湖
0T92	2	16.11—18.11	天鹅湖
0T96	2	14.12、16.11—17.2	天鹅湖
1T02	2	17.2、18.11—19.1	三湾
1T91	2	15.11—17.1	天鹅湖、三湾
1T95	2	16.11—18.1	天鹅湖
A14	2	15.2、17.2	天鹅湖
A20	2	16.1—17.2	天鹅湖
A29 红	2	15.2—16.2	天鹅湖、圣天湖
A30	2	16.2—16.11	天鹅湖、圣天湖
A34	2	15.2、16.11—17.2	天鹅湖
A44	2	15.2、16.12—17.1	天鹅湖
A52	2	16.11—18.3	天鹅湖
A54	2	16.1—17.2	天鹅湖、圣天湖
A55 红	2	15.10—17.1	天鹅湖
A63	2	16.1—17.1	天鹅湖
A66	2	16.11—17.12	天鹅湖
A74 红	2	16.12—17.12	天鹅湖
A96	2	17.1—18.1	天鹅湖
A97	2	17.1—18.1	天鹅湖
A99	2	17.1—18.3	天鹅湖
C15 红	2	16.1—16.2、18.12—19.1	天鹅湖、圣天湖
C55 红	2	14.2—15.2	天鹅湖
C79 红	2	14.2—15.2	天鹅湖

颈环编号	越冬周期	存在时间（20XX 年 XX 月）	出现地点
E06	2	17.2、19.1	天鹅湖
E08	2	17.1—17.2、18.11—19.1	天鹅湖
E14	2	17.1—18.2	天鹅湖
E22	2	17.1—17.12	天鹅湖
E23	2	17.1—17.11	天鹅湖
E25	2	17.1—17.12	天鹅湖
E31	2	17.1、18.11—18.12	天鹅湖
E32	2	17.3—18.2	天鹅湖
E45	2	17.12—19.1	天鹅湖、圣天湖
E48	2	17.11—19.1	天鹅湖
E52	2	17.11—19.1	天鹅湖
E62	2	16.12—18.3	天鹅湖
E64	2	16.12—18.12	天鹅湖
E72	2	16.12—17.12	天鹅湖
E77	2	16.12—18.1	天鹅湖、王官
G70	2	14.2—14.12	天鹅湖

注：颈环编号除汉字标注的，其余均为蓝色环志。

根据相关报道，2008 年 2 月在圣天湖拍摄到 2007 年 7 月在蒙古达克哈德环志的 A18 红环志大天鹅，而本项目组 2016 年 11 月在圣天湖也见到过此环志大天鹅。推测其已经在三门峡库区越冬 10 年以上。

17.2.3　库区内大天鹅的游荡

如表 17.3 所示，共有 44 只不同环志的大天鹅至少在两个栖息地出现过。同一个越冬期在天鹅湖与三湾都出现过的大天鹅颈环号为 0T50、0T83、1T54、1T84、1T98、A14、A50、A52、A55 红、A56、A57 红、A73 红、E10、E47、1T91 这 15 只。利用 ArcGIS 软件定位，测量两地直线距离为 5.2 km。同一个越冬期天鹅湖与王官同时出现过的大天鹅颈环号为 1T86、B14、C18、C79 红、E77、F44 红、F99、E04 这 8

只，两地直线距离为 11.5 km。同一个越冬期天鹅湖与圣天湖同时出现过的大天鹅颈环号为 1T81、2T14、A17、A29 红、A54、A80 红、C15 红、E35、E40、E44、G69、E45、A30 这 13 只，两地直线距离为 24 km。同一个越冬期天鹅湖与黄河公园同时出现过的大天鹅颈环号为 E00、E05、E68、0T31 这 4 只，两地直线距离为 6.3 km。同一个越冬期天鹅湖与北营北村车村同时出现过的大天鹅颈环号为 A19 红这 1 只，两地直线距离为 18.5 km。F55 红号大天鹅在天鹅湖、三湾、北村北营车村都出现过，0T58号大天鹅在天鹅湖、圣天湖、北村北营车村都出现过，1T73 在天鹅湖、王官、北村、圣天湖都出现过。这说明存在不同的大天鹅个体在三门峡库区主要栖息地之间来回游荡的现象，这与李淑红（2017）的研究结果相一致。同时发现天鹅湖的大天鹅前往其他栖息地最频繁，分析原因是天鹅湖位于这几个栖息地的中部，同时也是大天鹅种群数量最大的栖息地，所以与其他栖息地的种群交流较频繁。

表 17.3　三门峡库区记录到游荡大天鹅及其繁殖地

颈环编号	出现地点	繁殖地
0T50	天鹅湖与三湾	艾拉格湖
0T83	天鹅湖与三湾	特尔金白湖
1T54	天鹅湖与三湾	陶勒包湖
1T84	天鹅湖与三湾	特尔金白湖
1T98	天鹅湖与三湾	特尔金白湖
A14	天鹅湖与三湾	达尔汗湖
A50	天鹅湖与三湾	—
A52	天鹅湖与三湾	赛尔加湖
A55 红	天鹅湖与三湾	臣勒阁湖
A56	天鹅湖与三湾	—
A57 红	天鹅湖与三湾	赛尔加湖、阿奇特湖
A73 红	天鹅湖与三湾	赛尔加湖
E10	天鹅湖与三湾	—
E47	天鹅湖与三湾	—
1T91	天鹅湖与三湾	特尔金白湖
1T86	天鹅湖与王官	特尔金白湖

颈环编号	出现地点	繁殖地
B14	天鹅湖与王官	—
C18	天鹅湖与王官	埃塞湖
C79 红	天鹅湖与王官	赛尔加湖
E77	天鹅湖与王官	—
F44 红	天鹅湖与王官	昆特湖
F99	天鹅湖与王官	—
E04	天鹅湖与王官	—
1T81	天鹅湖与圣天湖	艾拉格湖
2T14	天鹅湖与圣天湖	—
A17	天鹅湖与圣天湖	达尔汗湖
A29 红	天鹅湖与圣天湖	达尔汗湖
A54	天鹅湖与圣天湖	—
A80 红	天鹅湖与圣天湖	赛尔加湖
C15 红	天鹅湖与圣天湖	埃塞湖
E35	天鹅湖与圣天湖	—
E40	天鹅湖与圣天湖	—
E44	天鹅湖与圣天湖	—
G69	天鹅湖与圣天湖	—
E45	天鹅湖与圣天湖	—
A30	天鹅湖与圣天湖	达尔汗湖
E00	天鹅湖与黄河公园	—
E05	天鹅湖与黄河公园	—
E68	天鹅湖与黄河公园	—
0T31	天鹅湖与黄河公园	—
A19 红	天鹅湖与北营北村车村	达尔汗湖

颈环编号	出现地点	繁殖地
F55 红	天鹅湖、三湾、北村	埃塞湖
0T58	天鹅湖、圣天湖、北村	—
1T73	天鹅湖、王官、北村、圣天湖	艾拉格湖

注：颈环编号除汉字标注的，其余均为蓝色环志。

17.3 环志数据的应用

17.3.1 禽流感的传播

三门峡库区是大天鹅的重要越冬地，2014年12月底库区发生高致病性禽流感疫情（农业部新闻办公室，2015）。在三门峡库区越冬大天鹅的已知繁殖地，于2005—2010年期间，曾经爆发过严重的禽流感疫情（Sakoda et al., 2010），例如，2006年在埃塞湖繁殖的一些大天鹅感染了H5N1高致病性禽流感，而在三门峡库区越冬的大天鹅许多来自此湖（张国钢等，2016）。因此，三门峡库区越冬大天鹅存在发生高致病禽流感的潜在风险，需要加以科学防控。

17.3.2 大天鹅对越冬地的选择

每年秋季多数大天鹅会按时飞回其传统的越冬地（马鸣，1993），2016年冬季开始在三门峡库区环志的一批蓝色F系列和E系列大天鹅，第二年飞回库区的比例很高，说明大天鹅对其越冬地具有选择性。长期的观测调查发现大天鹅的环志有破损脱落的现象，导致一些已经飞回越冬地的大天鹅没有被重新回收，同时，不排除有些环志个体在离开越冬地后死亡，或者没有选择飞回三门峡库区。

蒙古国繁殖地和中国越冬地的平均迁徙距离为（2 081.13 ± 372.25）km（李淑红等，2017），与本书使用繁殖地坐标与回收环志地坐标直线距离测量的结果一致。研究发现三门峡库区发现的这些环志大天鹅的繁殖地距离中国另一个重要的大天鹅越冬地山东荣成约2 900 km，目前未见有飞去荣成越冬的大天鹅，但已发现有在陕西境内越冬的环志大天鹅。

17.3.3 水鸟在越冬地之间游荡原因

调查时发现佩戴环志的大天鹅重复出现在库区不同栖息地，说明大天鹅种群在不同栖息地之间具有游荡现象。张国钢等（2016）对三门峡库区大天鹅越冬种群的研究，发现颈环号为 0T45、0T50、1T54、A14、A52、A55 红、A96、F55 的 8 只大天鹅在三门峡天鹅湖与平陆三湾之间往返活动，颈环号为 A72、C18、C59、C74、C79 红的 5 只大天鹅在三门峡天鹅湖与王官湿地之间游荡，颈环号为 0T94、A17、C37 的 3 只大天鹅在三门峡天鹅湖与芮城圣天湖之间游荡，颈环号为 A18 红、C09 的 2 只大天鹅在山西平陆三湾和芮城圣天湖间游荡。

天鹅湖、三湾、圣天湖这些主要栖息地都存在游客、噪声等人为活动干扰，在一定限度内，大天鹅能够适应人类活动，超过一定限度时便迁离该栖息地，待干扰消失，才有可能回来。调查发现黄河主河道有快艇迅速穿流而过，噪声较大，经过两岸山体的反射进一步加强，栖息在北营北村车村的天鹅距离快艇约 500 m 就已惊扰迁飞。自然栖息地的食物量往往有限，随着食物量的减少，大天鹅不得不到其他食物量丰富的栖息地觅食。不论人工还是自然栖息地，在当日食物量有限的情况下，某一栖息地随着大天鹅数量增加，对食物的竞争逐渐变得激烈，部分大天鹅由于争抢不过其他个体，吃不到足够食物而迁飞至其他栖息地取食，这也是导致大天鹅迁飞的原因。

除了人为干扰、食物匮乏、种内竞争等因素，水鸟的游荡可能还有其他因素待考证。鸻鹬类水鸟在越冬地会有小规模的迁移，迁移的原因通常是特殊的天气状况。如在连续降雨的时期，黑腹滨鹬在加利福尼亚 4 个中心海滩的数量减少了 44%~84%，之后中心海滩环志的 6~7 只黑腹滨鹬在内陆地区被发现。大杓鹬在越冬期间也会由于天气或月相的原因，在相距 30 km 的海岸泥滩和农作区之间迁移。戴年华等（2013）对鄱阳湖小天鹅在越冬期间的种群动态变化研究发现，小天鹅在越冬地进行小范围内迁移的结果，可能与食物丰富度、水位等因素有关。

参考文献

楚国忠，侯韵秋，1998.中国鸟类环志的现状与展望［J］.生物学通报，（3）：12-14.

戴年华，邵明勤，蒋丽红，等，2013.鄱阳湖小天鹅越冬种群数量与行为学特征［J］.生态学报，33（18）：5768-5776.

李淑红，2017.三门峡库区越冬大天鹅的活动区、迁徙与禽流感传播的相关性研究［D］.北京：中国林业科学研究院.

马鸣，Leader P，英克劲，等，2004.新疆鸟类环志简报［J］.干旱区研究，21（2）：183-186.

马鸣，1993.野生天鹅［M］.北京：气象出版社.

张国钢，陈丽霞，李淑红，等，2016.黄河三门峡库区越冬大天鹅的种群现状［J］.

动物学杂志，51（2）：190–197.

张国钢，董超，陆军，等，2014. 我国重要分布地大天鹅越冬种群动态调查［J］. 四川动物，33（3）：456–459.

SAKODA Y，SUGAR S，BATCHLUUN D，*et al*，2010. Characterization of H5N1 highly pathogenic avian influenza virus strains isolatedfrom migratory waterfowl in Mongolia on the way back from the southern Asia to their northern territory［J］.Virology，406（1）：88–94.

附录　大天鹅研究彩色照片

一、三门峡市天鹅湖国家城市公园的天鹅

二、大天鹅项目考察和研讨

青龙湖东侧观鸟楼前曾经的投食点　　　　青龙湖东侧观鸟楼前环志大天鹅及幼鸟

苍龙湖湿地中的越冬大天鹅   苍龙湖荷花塘处觅食的大天鹅

青龙湖西侧新构造的浅滩岛   浅滩上集群的大天鹅

大天鹅在香蒲群落边觅食   被啃食掉根茎的沼生薄菜

青龙湖西侧构造滩涂附近的天鹅   黄河公园湖心岛上觅食小麦苗的大天鹅

高武、陈卫教授（左1、2）和研究生　　　　洪剑明、马鸣等专家组 2014 年 2 月考察中

考察中（左1高如意、右1马鸣）　　　　湿地公园李云峰主任在研讨会上发言

介绍研究计划（左至右为洪剑明、陈光和马鸣）　　　高武教授在研讨会上发言

三、大天鹅食物资源

1. 人工投喂食物——玉米

青龙湖原投食点（玉米）：细长型较为拥挤

青龙湖新增多处浅滩投食区（玉米）：容纳更多大天鹅

2. 大天鹅在青龙湖的自然食物

青龙湖西北原有的浅水和浅滩区生长有香蒲、芦苇、沼生眼子菜、皱叶酸模、酸模叶蓼、褐鳞莎草等湿地植物，其中沼生蒻菜、皱叶酸模的根茎是天鹅喜食的部分。此外，大天鹅喜食冬小麦的幼苗和莲藕的藕尖和幼芽及莲叶。

褐鳞莎草　　飞蓬　　　苍耳　　　　沼生蒻菜　　皱叶酸模

大天鹅在青龙湖荷叶间觅食

大天鹅在苍龙湖觅食莲藕的藕尖

大天鹅在黄河边的麦地里觅食

散落在麦地里大天鹅粪便